PRINCIPALES PUBLICATIONS DE L'AUTEUR

Recherches zoologiques et histologiques sur les Zoanthaires du golfe de
Marseille, avec 17 pl. (Annales des sciences naturelles, 1880).

Sur les organes du goût des Poissons osseux (Comptes rendus de l'Académie
des sciences, 21 mars 1881).

Anatomie du *Distomum clavatum*, avec 2 pl. (Revue des sciences naturelles
de Montpellier, 15 mars 1881).

Recherches sur l'histologie des Holothuries, avec 5 pl. (Annales du Musée
de Marseille, t. I, août 1883).

Sur la structure des otocystes de l'*Arenicola Grubii*, Clap. (Comptes rendus
de l'Académie des sciences, 24 mars 1884).

Structure des élytres de quelques *Polynoë* (Zoologischer Anzeiger de Carus,
mars 1885. Leipzig).

Étude anatomique sur le *Siphonostoma diplochaetos*, avec 4 pl. (Annales du
Musée de Marseille, t. III, mars 1887).

Structure histologique des téguments et appendices sensitifs de l'*Hermione
hystrix* et du *Polynoë Grubiana* (Archives de zoologie expérimentale, 2ᵉ série,
t. V, 1887).

Études histologiques sur deux espèces du genre *Eunice*, avec 5 pl. (Annales
des sciences naturelles, 1887).

LYON. — IMPRIMERIE PITRAT AINÉ, 4, RUE GENTIL.

Les Sens

CHEZ

LES ANIMAUX INFÉRIEURS

PAR

E. JOURDAN

CHARGÉ DE COURS A LA FACULTÉ DES SCIENCES DE MARSEILLE
PROFESSEUR A L'ÉCOLE DE MÉDECINE

Avec 48 figures intercalées dans le texte

PARIS

LIBRAIRIE J.-B. BAILLIÈRE ET FILS
RUE HAUTEFEUILLE, 19, PRÈS DU BOULEVARD SAINT-GERMAIN

1889

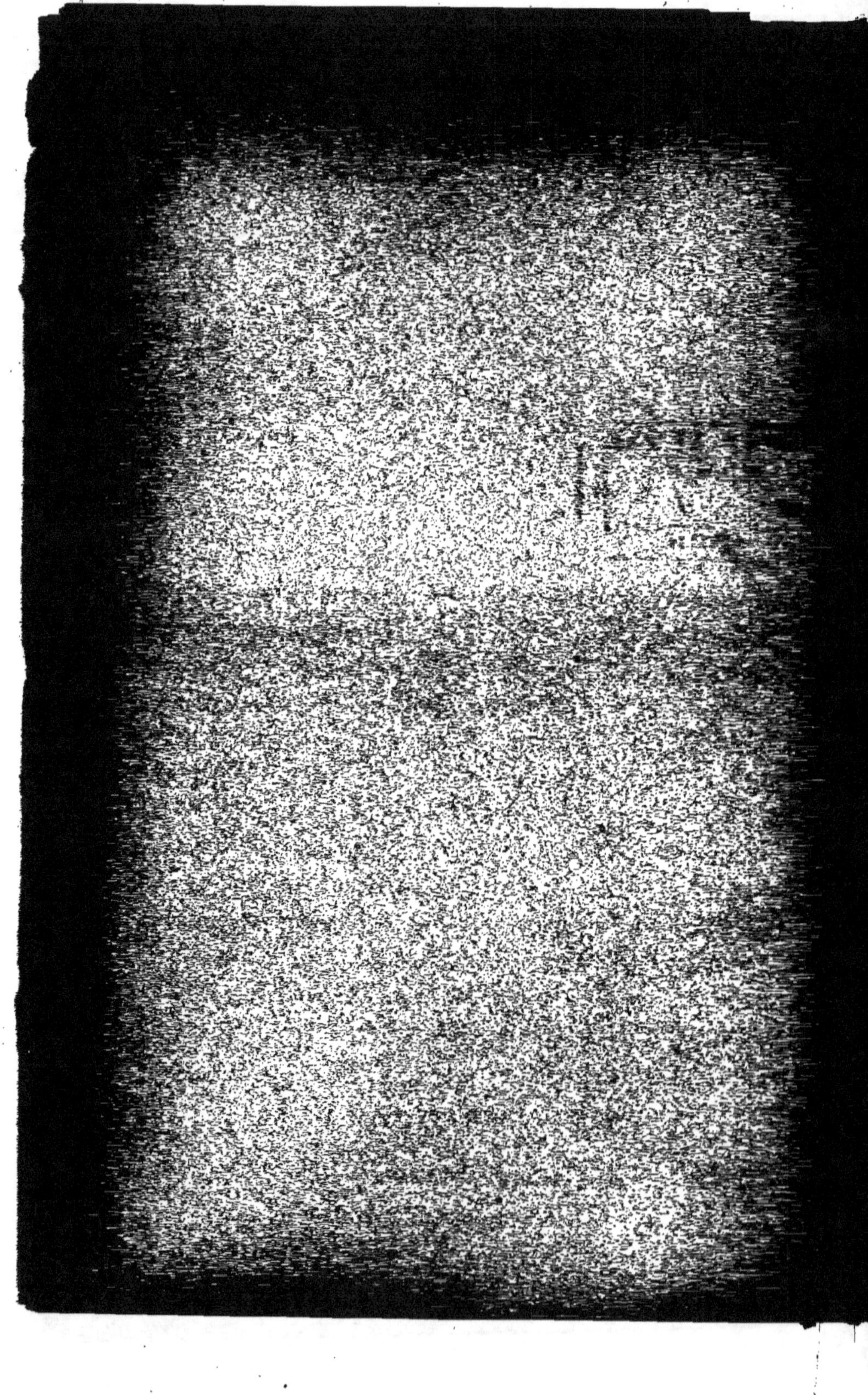

Les Sens

CHEZ

LES ANIMAUX INFÉRIEURS

INTRODUCTION

Les phénomènes que nous qualifions chez nous de sensation ont une double origine. Ils peuvent avoir pour point de départ certaines facultés telles que l'imagination ou la mémoire ; ou bien dépendre de changements qui s'effectuent dans le milieu extérieur et que nous percevons à l'aide d'organes spéciaux. Ces organes, qui chez l'homme sont bien différenciés, et adaptés à la perception de modifications spéciales d'ordre physique ou chimique, portent le nom d'*organes des sens*. Mais pour qu'une sensation existe, il faut que chacun de ces organes soit en relation avec un groupe spécial de cellules nerveuses et la nature de la sensation dépend à la fois de la terminaison nerveuse qui la reçoit et du ganglion nerveux qui la perçoit. Chez l'homme les actions senties à la périphérie sont donc perçues par les centres nerveux où elles subissent les élaborations qui leur donnent tous leurs caractères propres ; c'est là que nous utilisons les notions qui nous viennent de nos sens et que après les avoir analysées, nous agissons, conformément à l'avis qui nous a été donné.

Nous avons formé le projet de résumer aussi clairement que possible les données actuelles que la science possède sur la structure et le mécanisme fonctionnel des appareils sensitifs chez les animaux inférieurs, c'est-à-dire chez les Invertébrés. Les lignes précédentes nous permettent d'avancer, sans crainte d'être démenti, que nous ne saurions avoir la prétention de connaître la nature exacte des sensations que les animaux perçoivent. Nous ne pouvons en juger que par comparaison avec nous, et si la chose est encore possible pour ceux qui réalisent un plan analogue à celui sur lequel nous sommes construits, c'est-à-dire pour les Vertébrés, elle l'est de moins en moins à mesure que nous nous éloignons.

L'Homme d'après ce qu'il observait sur lui-même a groupé ses sensations d'origine périphérique en cinq principales et il les a attribuées à tout autant d'organes qu'il a désignés sous les noms de *toucher*, *d'olfaction*, de *goût*, de *vue* et d'*ouïe*. Les physiologistes et les naturalistes partant de ces idées pour base, se sont efforcés de retrouver chez les animaux les mêmes organes et les mêmes fonctions : ils ont été ainsi conduits à étudier, par exemple, le toucher ou la vue dans la série animale.

Malheureusement, nous trouvons déjà autour de nous des êtres inférieurs à nous comme facultés intellectuelles et qui, cependant, l'emportent par quelques-uns de leurs sens : il nous suffira de citer l'odorat chez le Chien, la vue chez les Oiseaux de proie ; en descendant plus bas nous rencontrons encore des organismes qui perçoivent à l'aide de leur odorat des sensations si fugaces et si délicates que la comparaison n'est plus possible et que nous aurions le droit de nous sentir humiliés. Quelques-uns de ces organismes, et ils sont nombreux, vivant dans un milieu physique différent du nôtre, perçoivent les qualités des corps qui les entourent dans des conditions que nous ne saurions bien comprendre puisque nous n'y vivons pas. Il nous est même permis de concevoir que des sens nouveaux, en rapport avec les nécessités vitales si différentes chez ces êtres et chez nous, ont pu prendre naissance.

Ainsi nous sommes obligés d'admettre d'abord que les limites si nettes qui séparent nos différents organes des sens n'existent pas toujours chez les animaux, ensuite qu'un sens peut en suppléer un autre et prendre sa place et enfin que des fonctions et des organes, dont les similaires ne se rencontrent pas chez nous, peuvent exister.

Ces considérations semblent nous inviter à ne pas suivre le plan adopté par la grande majorité des auteurs qui nous ont précédé ; c'est-à-dire à ne pas étudier dans des chapitres distincts les différentes fonctions sensitives. Il semble que nous devrions examiner successivement dans chaque grande classe du règne animal la structure et le mécanisme des différents organes des sens, sans nous préoccuper de leur rôle ; nous pourrions ainsi laisser plus facilement dans le doute leurs fonctions réelles ; souvent, en effet, les observations et les expériences nous feront tellement défaut qu'il nous sera

difficile de les classer physiologiquement, de leur assigner avec certitude un rôle bien déterminé. Nous avons
été fortement tentés d'adopter cet ordre d'exposition qui
tranchait ainsi en la supprimant la difficulté d'interprétation fonctionnelle que nous venons de signaler : mais
nous nous heurtions à plusieurs difficultés. En étudiant
les différents organes des sens successivement dans
chaque classe, les comparaisons de structure deviennent
fort pénibles et nous sommes exposés à des répétitions
que nous tenons à éviter : il devient difficile de suivre
les modifications qui ont transformé un organe rudimentaire chez un type inférieur en un appareil presque
parfait chez les formes plus élevées en organisation.

Nous avons donc pensé qu'il était préférable de décrire
successivement dans tout autant de chapitres les organes
du toucher, du goût, de l'odorat, de la vue et de l'ouïe.
Nous avons cru aussi qu'il était prétentieux, au moins
dans l'état actuel de la science, d'étudier des fonctions
qui existent certainement, comme le sens de la direction et d'autres encore mal dénommées. Plusieurs traités
ou manuels de zoologie ainsi que la plupart des ouvrages
d'anatomie comparée renferment des données générales
sur les organes des sens des Invertébrés ; mais nous ne
connaissons guère en France comme publication se
rapportant spécialement à ce sujet que les Leçons de
M. J. Chatin, publiées en 1880 [1].

---

[1] Joannès Chatin, *Les organes des sens dans la série animale*, leçons d'anatomie
et de physiologie comparée faites à la Sorbonne.

Parmi les auteurs que nous avons mis à contribution pour cette étude, il y en a deux dont les noms se sont souvent rencontrés sous notre plume ; ce sont ceux de MM. les professeurs Forel et Plateau, dont les observations patientes peuvent être considérées comme des modèles. MM. Plateau et Forel non seulement nous ont communiqué tous leurs travaux, mais nous ont aidé de leurs conseils ; aussi est-ce pour nous un devoir et un plaisir de les remercier du concours bienveillant qu'ils nous ont prêté.

M. le professeur Marion a été l'inspirateur de ce petit livre et nous manquerions à tous nos devoirs en ne pas remerciant ici notre excellent maître et ami pour les encouragements et l'appui qu'il n'a cessé de nous prêter dans le cours de notre carrière scientifique.

Enfin, nous devons aussi des remerciements bien sincères au concours dévoué d'un jeune artiste de talent, M. Gustave Martin, attaché au laboratoire de zoologie de la Faculté des sciences de Marseille, qui a bien voulu reproduire à notre intention, quelques-uns des dessins extraits de mémoires originaux qui sont figurés dans ce livre.

E. J.

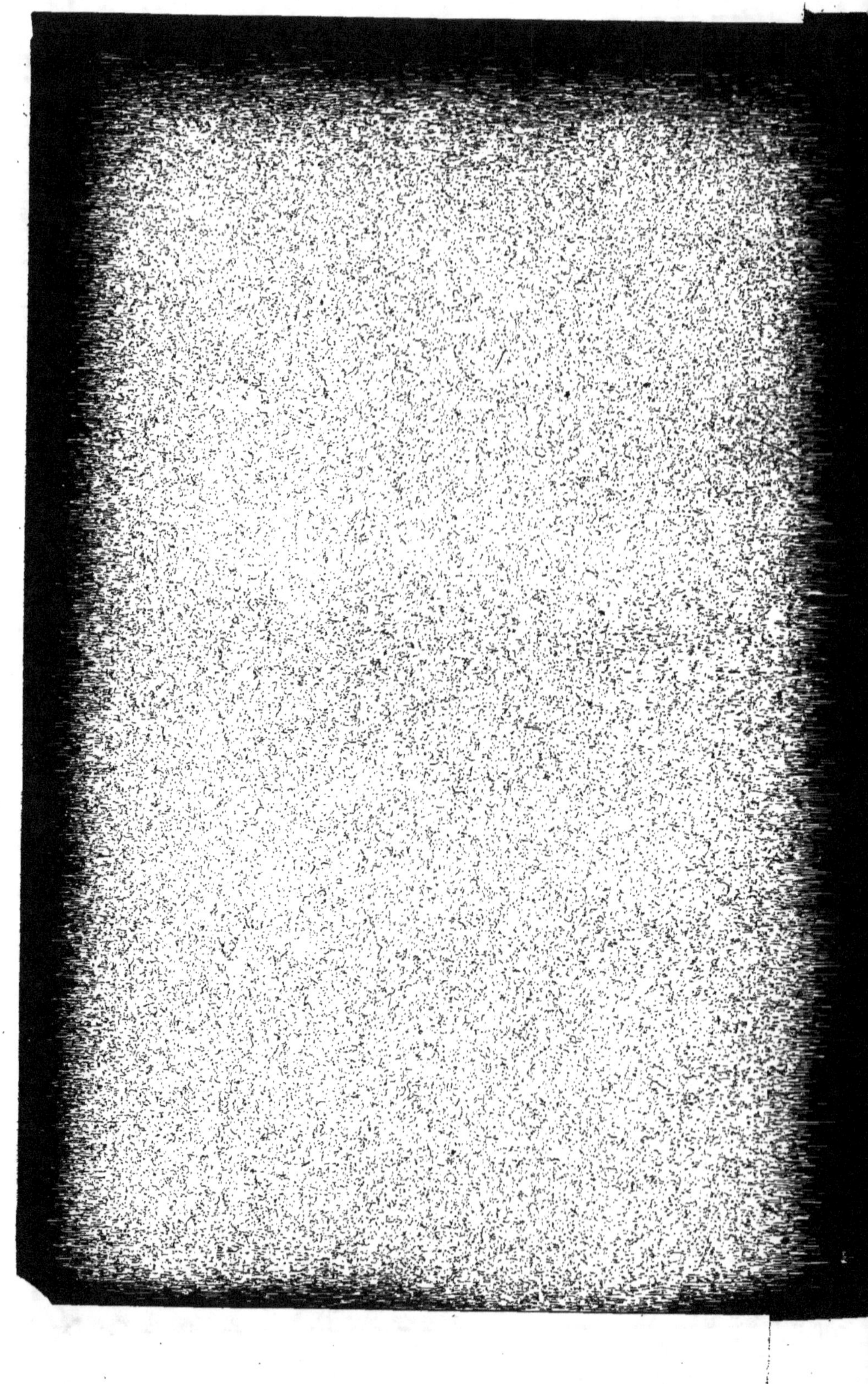

CHAPITRE PREMIER

EXPOSÉ SOMMAIRE DE LA CONSTITUTION GÉNÉRALE DES ÊTRES ORGANISÉS

Limites du règne végétal et du règne animal. Elles ne sont pas nettes. Ces deux règnes se confondent à leur base. La vie est partout la même dans son essence. Action des anesthésiques. Les animaux et les végétaux sont composés de cellules et ils dérivent également d'une cellule primordiale, l'ovule. Fonctions accomplies par tous les animaux. Que faut-il entendre par appareil, par organe ? La fonction de chaque organe est liée à la propriété ou à l'agencement des éléments anatomiques. Animaux chez lesquels la différenciation histologique s'est effectuée, mais chez lesquels aussi les éléments anatomiques ayant les mêmes propriétés ne se sont pas encore groupés en organes. Animaux unicellulaires.

On s'appliquait autrefois à fixer nettement les limites du règne végétal et du règne animal. Les caractères qui les séparent étaient souvent résumés dans cette vieille formule de Linné : *Vegetalia crescunt et vivunt. Animalia crescunt, vivunt et sentiunt.* Les naturalistes qui succédèrent au célèbre classificateur furent longtemps satisfaits de cette définition, surtout lorsque, un demi-siècle plus tard, Gmelin y eut ajouté l'expression d'un caractère important, le mouvement ; les connaissances imparfaites que l'on possédait alors sur les êtres organisés les autorisaient à s'en contenter.

Bientôt son insuffisance commença à se faire sentir et, malgré les commentaires dont cette définition était accompagnée, on fut obligé de reconnaître que, si les deux règnes divergeaient à leur sommet, ils se confondaient à leur base. Quelques naturalistes admettaient cependant avec peine cette communauté d'origine, cette parenté, cette absence de caractères spéciaux à chacun des règnes animal et végétal. Les théories de l'évolution n'étaient pas suffisamment acceptées pour que l'on puisse trouver dans cette doctrine un appui à cette opinion qui aurait passé alors pour peu classique : que cette limite n'existait pas et que, de même qu'il y avait tous les passages entre les différentes classes du règne animal, de même les animaux et les végétaux n'étaient pas séparés par une lacune, mais réunis par des liens nombreux.

Aujourd'hui cette idée est plus facilement reçue ; un savant zoologiste dépassant même le but, pour satisfaire l'esprit classificateur de quelques-uns de ses confrères a créé un règne nouveau sous le nom de règne des protistes. Mais il nous semble que cette tentative a échoué ; elle avait eu peu de succès autrefois lorsque Bory Saint-Vincent proposa sous un autre nom l'institution de ce règne intermédiaire et son échec d'aujourd'hui est encore plus justifié.

En effet, les études auxquelles on s'est livré avec tant d'ardeur dans ces dernières années sur les types inférieurs de la série animale et végétale nous autorisent de plus en plus à arriver à cette conclusion rationnelle que les animaux et les végétaux inférieurs ont des caractères communs.

Il est bien certain que, si nous considérons les formes

les plus évoluées des deux rameaux, les Phanérogames chez les végétaux, les Vertébrés chez les animaux, les différences se montreront d'elles-mêmes et sans les chercher. Mais, à mesure que nous descendons les échelons de chaque série, les points de contact augmentent. On remarque que le mouvement et la sensibilité deviennent de plus en plus vagues et obtus chez les animaux et on note aussi que ces particularités ne sont plus exclusivement propres à cette catégorie du monde organisé. Les organes, feuilles ou fleurs, de quelques plantes nous offrent des exemples de ces phénomènes ; les cas sont assez nombreux et connus, mais il me suffira de citer la Sensitive et les mouvements des corps reproducteurs de quelques Cryptogames, les zoospores des Algues pour rappeler les faits auxquels je fais allusion. Nous avons dans ces exemples la manifestation de deux groupes de phénomènes que l'on croyait caractéristiques du règne animal. En effet, non seulement les folioles de la Sensitive s'épanouissent ou se rapprochent, mais de plus elles manifestent ces mouvements sous l'influence d'une excitation périphérique : les zoopores des Algues nagent à la façon des Infusoires, mais ils sont en outre capables de saisir la différence qui existe entre l'obscurité et la lumière et de venir se grouper là où les rayons lumineux arrivent en plus grande abondance. Quel nom peut-on donner à ces phénomènes ? Si nous appliquons au mot sensibilité le sens que lui attribuent les philosophes, il est bien certain que cette dénomination serait mal employée ; si nous parlons le langage des physiologistes, nous pourrons nous servir de cette expression et voir dans ces actes la première manifestation d'une sensibilité aussi obtuse que celle que nous offre la vie des animaux inférieurs et qui se confond en réalité avec cette propriété de toute substance vivante que l'on désigne sous le nom d'*irritabilité*.

Les agents anesthésiques, l'éther, le chloroforme, qui peuvent passer pour la pierre de touche de l'activité vitale, nous montrent les animaux et les végétaux également soumis à leur action. Si l'on fait agir le chloroforme sur l'Homme, cet agent supprime d'abord la sensibilité consciente; il agit ensuite sur les autres phénomènes réflexes qui s'effectuent en dehors de notre volonté et peut entraîner la mort. Ce réactif physiologique offre les mêmes résultats lorsqu'on l'applique à différents types de la série animale, il les endort successivement et la rapidité de son action est en rapport avec la complexité des organismes ; l'Oiseau succombe avant la Grenouille et celle-ci résiste moins que quelques Invertébrés. Enfin les expériences curieuses des physiologistes ont démontré que la puissance de ces agents s'étendait aussi sur le règne végétal; le chloroforme éteint les mouvements de la Sensitive, suspend la germination des graines, arrête la vie des ferments figurés. Il n'y a de différence que dans la rapidité des résultats. Cette similitude d'action nous indique que la sensibilité des organismes supérieurs et l'irritabilité protoplasmique ne sont que des degrés d'une seule et même propriété et que la vie est de même essence dans les deux règnes.

Si, au lieu d'observer les phénomènes vitaux que ces corps organisés présentent, nous étudions leur structure, nous voyons que malgré leur complexité, malgré leurs différences apparentes, ils sont également constitués par des parties semblables que l'on nomme *cellules* qui affectent des formes différentes suivant la fonction à laquelle elles se sont adaptées, mais qui, dans les deux cas, émanent d'un élément primordial identique dans sa constitution essentielle qui est l'ovule. Les descendants de cette cellule primordiale possèdent des facultés de différenciation fort restreintes chez les végétaux où ils construisent des édifices cellulaires remarquables par l'uniformité des parties qui entrent dans leur composition ; très développés chez les animaux où ils deviennent capables tantôt de jouer, sous les aspects morphologiques les plus divers, le rôle modeste d'organes de soutien, tantôt de caractériser par leurs propriétés spéciales des appareils tels que le système nerveux qui règlent le fonctionnement de tous les autres.

Il faut donc nous persuader de plus en plus de cette vérité que les végétaux et les animaux sont également constitués par des parties élémentaires identiques à leur origine et que les phénomènes vitaux sont semblables dans leur essence.

Pour rendre cette proposition acceptable et intelligible pour tous, nous devons jeter un coup d'œil sur la constitution générale des êtres organisés appartenant au règne animal. Nous prendrons pour point de départ celui dont la structure paraît le mieux connue et qui nous intéresse particulièrement, l'Homme ; nous descendrons ensuite de plus en plus bas dans la série.

Tous les animaux accomplissent un certain nombre de fonctions qui ont toutes pour résultat la nutrition de l'individu et sa reproduction. Chez les animaux supérieurs ces fonctions s'exécutent chacune à l'aide de parties adaptées à un rôle bien déterminé qui est le seul qu'elles puissent remplir. Si nous examinons, par exemple, l'acte digestif, nous voyons qu'un certain nombre de parties s'associent pour concourir à un résultat commun; l'ensemble de ces parties forme ce que l'on a appelé un *appareil.* Mais cet appareil digestif n'est pas, ainsi que nous venons de le dire, un tout homogène, il résulte d'une association de parties différentes de notre corps qu'il est facile d'isoler et que l'on désigne sous le nom d'*organes.* L'appareil digestif se compose, en effet, d'un tube intestinal fort long, sur le trajet duquel sont disposées des glandes telles que le foie, le pancréas qui versent leur produit dans ce tube digestif et qui sont indispensables à l'accomplissement de la digestion; chacune de ces glandes représente un *organe.* Tous les appareils qui, chez nous, concourent à l'accomplissement de nos grandes fonctions sont formés de même par des associations d'organes. Si l'on pousse plus loin l'analyse, on voit que chacun de nos organes est composé de substances différentes que l'on désigne sous le nom de *tissus* dont la réunion constitue l'organe : parmi ces tissus les uns sont communs à tous les organes et n'y jouent que le rôle relativement secondaire de substance unissante; les autres sont, au contraire, caractéristiques de tel ou de tel autre organe et lui donnent ses propriétés spéciales. Ce qui permet au foie de remplir le rôle qu'il joue dans notre organisme, ce n'est ni son tissu conjonctif, ni ses vaisseaux sanguins ; ses propriétés sont intimement liées à la présence et à l'intégrité de la cellule hépatique; c'est dans son épaisseur que l'amidon animal s'emmagasine, c'est elle qui préside à l'élabora-

tion de la bile. Cette cellule hépatique considérée en
elle-même forme ce qu'on appelle un *élément anatomique*.
Tous les tissus sont de même constitués par des groupements de parties élémentaires qui ne sont autre chose
que des cellules adaptées à la fonction spéciale qu'elles
remplissent. Ce que nous venons de dire à propos
du foie, nous pourrions le répéter pour tous nos
organes : nous trouverions que la fonction de chacun
d'entre eux dépend de la propriété d'un élément anatomique particulier propre à cet organe ou de l'agencement spécial de certains éléments anatomiques. Les
fonctions nerveuses sont liées à des cellules qui, chez la
plupart des animaux, sont groupées en organes que l'on
désigne sous le nom de centres nerveux et qui affectent
les unes avec les autres, dans les appareils désignés chez
les Vertébrés sous le nom de cerveau et de moelle épi-
ninière, des rapports dont la complexité est en relation
avec la délicatesse des fonctions que ces organes accomplissent.

Nous sommes ainsi obligés d'admettre qu'une fonction dépend non pas d'un appareil, ni d'un organe, ni
même d'un tissu, mais que chacune est étroitement liée
à un élément anatomique particulier qui semble seul
capable de son accomplissement ; qui possède en un
mot cette propriété. Si nous quittons les animaux supérieurs pour examiner les formes inférieures de la série
animale, nous voyons les appareils et ensuite les organes
disparaître successivement : les cellules hépatiques ne
sont plus groupées en masse glandulaire chez les Vers
annelés, elles sont simplement disposées en surface ; la
fonction existe, mais l'organe est mal délimité, il tend à

disparaître. Si nous descendons encore plus bas dans la série, si nous étudions ces êtres que l'on avait appelés autrefois des *Zoophytes* pour indiquer l'incertitude dans laquelle on était au sujet de leur nature, que l'on désigne aujourd'hui sous le nom de *Cœlentérés*, c'est-à-dire des animaux tels que les Éponges, le Corail, les Orties de mer, et chez tous ces êtres transparents comme les Méduses que l'on voit flotter en bandes à la surface des mers, nous avons les plus grandes difficultés pour isoler un organe. Ces êtres accomplissent les fonctions essentielles qui sont caractéristiques de tous les animaux. Ils se nourrissent, quelques-uns se déplacent, d'autres ont perdu cette faculté, mais tous sont capables d'éprouver des sensations évidemment fort obtuses par rapport à celles que nous éprouvons, enfin ils se reproduisent. Essayons de trouver les organes qui servent à l'accomplissement de ces actes. Nous touchons une Ortie de mer, une branche de Corail épanouie, l'animal se contracte immédiatement et se couvre d'une couche de mucus qui contribue à sa protection ; il a accompli deux fonctions : il a senti un contact et il a sécrété une substance dans un but utile à son existence ; si nous cherchons quels sont les organes qui ont accompli ces actes, nous n'arrivons pas à les isoler, nous ne trouvons ni glande ni organe du toucher. Un examen attentif nous montre cependant dans la peau de ces organismes, des cellules qui sont bien caractérisées comme éléments glandulaires et d'autres que nous sommes parfaitement en droit de considérer comme sensitives ; les unes et les autres ont évidemment présidé à l'accomplissement de deux fonctions, mais elles sont mélangées, c'est à peine si les unes sont plus nombreuses dans une région de la peau, les autres dans une autre, les cellules sensitives dans les tentacules, les cellules glandulaires dans le reste du corps ; aussi est-il impossible de décrire des groupements de ces cellules en organe. Cette notion anatomique d'organe semble s'effacer et ce mot devient d'une application difficile. Ce que nous venons de dire pour les glandes, nous pourrions le répéter pour les fonctions nerveuses ; il n'existe plus à proprement parler de centres nerveux ; les éléments qui président à ces actes existent, mais ils sont dispersés de telle sorte que nous avons un système nerveux *diffus*.

A la base du règne animal et à un rang bien inférieur, il existe des êtres très petits, le plus souvent visibles seulement à l'aide des instruments grossissants. Ils ne possèdent plus ni appareils, ni organes, ni même tissus, ils correspondent à un seul élément anatomique, ils sont constitués par une seule cellule. Si nous examinons leurs actes nous voyons qu'ils ne diffèrent pas de ceux des autres animaux. Un infusoire absorbe, par un pore que l'on peut appeler *buccal* dont sa cuticule est percée, les particules alimentaires qu'elle rencontre sur sa route ; de même une Amibe entoure de ses prolongements amiboïdes les débris utiles à son alimentation. Ces êtres font subir à ces substances certaines modifications et en rejettent ensuite les résidus ; cet acte doit être évidemment considéré comme une véritable digestion préliminaire des phénomènes plus intimes de la nutrition. De même les Protozoaires se reproduisent ; deux Infusoires s'accouplent et les phénomènes de la conjugaison sont chez eux, dans leurs caractères essentiels, identiques aux actes plus cachés qui se passent dans la fécondation de l'ovule des autres animaux. Nous pouvons donc conclure que les fonctions accomplies par les animaux supérieurs dépendent des propriétés de certains éléments anatomiques et que ces propriétés : nutrition, reproduction, mouvement, sensibilité, existent déjà dans le protoplasma non différencié des êtres unicellulaires. Par suite du perfectionnement croissant des organismes, par suite d'adaptation de plus en plus complète à un seul but, le protoplasma unicellulaire, et possédant toutes les propriétés vitales des Protozoaires, s'est séparé en plusieurs unités anatomiques et alors parmi ces éléments nouveaux, les uns ont conservé certaines propriétés, les autres en ont gardé d'autres. La sensibilité est devenue la propriété exclusive des cellules disposées à la surface, tandis que celles situées dans l'épaisseur des organismes sont restées aptes à transformer chimiquement les substances alimentaires.

On peut donc concevoir comment d'un élément primordial possédant en germe toutes les propriétés vitales ont pu dériver des organismes complexes.

CHAPITRE II

L'IRRITABILITÉ, LA SENSIBILITÉ, LES ORGANES DES SENS

L'irritabilité. La sensibilité. Comment peut-on définir les organes des sens ? Quels sont ces organes ? Que faut-il entendre par le toucher, le goût, l'odorat, l'ouïe, la vue ? Idée que nous avons de ces différentes fonctions d'après ce que nous observons sur nous-mêmes. Ils n'ont pas la même importance relative chez tous les Vertébrés. Influence de la nature du milieu sur la prépondérance qu'un organe des sens peut prendre sur un autre. Le goût et l'odorat chez les êtres qui vivent dans l'eau. Les sens chez les Invertébrés. Ils sont construits sur un plan différent du nôtre ; il n'est pas étonnant que leurs organes des sens se présentent sous une autre apparence. La sensation résulte non seulement de la terminaison nerveuse qui reçoit l'impression, mais aussi de la région des centres nerveux qui la perçoit. Nous ne pouvons pas juger de la nature réelle des sensations que les animaux inférieurs éprouvent, mais nous avons le droit de supposer qu'elles diffèrent des nôtres. Possibilité de l'existence de sens spéciaux dont les analogues n'existent pas chez nous démontrée par la perception de l'ultra-violet.

Dans le chapitre précédent nous avons vu que l'on pouvait considérer les différentes fonctions comme étant la simple manifestation des propriétés des éléments anatomiques et nous avons reconnu dans le protoplasma unicellulaire des Protozoaires l'existence de ces propriétés vitales.

Nous avons vu aussi la fonction qui nous intéresse particulièrement, la sensibilité, se dégrader de plus en plus et se confondre avec cette propriété générale du protoplasma vivant que l'on désigne sous le nom d'*irritabilité*.

Ces deux termes, irritabilité, et sensibilité appliqués à des organismes unicellulaires ne signifient donc qu'une seule et même chose. Lorsque la différenciation histologique se manifeste, une distinction commence à devenir possible et la sensibilité tend à se séparer, à se localiser ; elle devient alors la fonction spéciale du système nerveux. Cette origine, ce caractère de la sensibilité se trouvent parfaitement exprimés dans la définition suivante de Claude Bernard : *La sensibilité pour les physiologistes est l'aptitude à réagir soit de l'organisme total, soit de l'appareil nerveux tout entier ; soit d'une de ses parties, soit d'une simple cellule*.

Chez nous la sensibilité comprend, une impression émanant de la périphérie ; une perception consciente s'effectuant dans les centres nerveux et enfin une réaction motrice ou autre. Si nous analysons mieux ces phénomènes, nous voyons que de ces trois termes un au moins peut manquer. Des actions émanant de la périphérie peuvent arriver jusqu'à notre cerveau et être suivies d'une réaction sans que nous en ayons conscience. Nous pouvons aussi percevoir des objets sans qu'aucune réaction apparente en soit la conséquence.

Les centres nerveux, cerveau et moelle, qui sont le siège chez l'Homme de cette fonction si importante, sont en relation avec la surface de notre corps par un grand nombre de conducteurs que l'on désigne sous le nom de nerfs. Ceux-ci tantôt vont se perdre dans l'épaisseur de nos téguments, tantôt au contraire aboutissent à des appareils spéciaux que l'on désigne sous le nom d'*organes des sens*.

Ces organes des sens sont de véritables agents récepteurs des modifications physiques ou chimiques qui s'effectuent dans le milieu ambiant. On s'est appliqué à retrouver ces appareils ainsi que les fonctions qui leur sont propres chez les animaux. C'est sans difficulté que l'on a constaté leur existence chez les Vertébrés, et on a pensé aussi que ces organes devaient se rencontrer chez la plupart des êtres inférieurs. C'est là ce qui explique la tendance de beaucoup de zoologistes qui s'efforcent de retrouver chez les Invertébrés qu'ils étudient la plupart de nos sens. Ils décrivent volontiers un œil, une oreille, un organe du tact et le plus souvent leur opinion, simplement fondée sur des analogies anatomiques, n'est nullement contrôlée par l'expérience.

Nous avons classé nos sensations en un certain nombre de catégories d'après la nature des phénomènes qu'elles nous faisaient connaître et nous avons distingué le toucher, l'odorat, le goût, la vue et l'ouïe que nous avons localisés dans tout autant d'organes. La nature de chacune des sensations qui nous arrivent par l'intermédiaire de chacun de ces sens est bien connue et ne peut laisser place à aucun doute.

Le *toucher* nous révèle l'existence des corps qui nous entourent avec lesquels nous sommes en contact. Il nous renseigne en même temps sur quelques-unes des qualités de ces corps, telles que leur dimension, leur poids, leur forme, les caractères de leur surface ; il nous donne aussi des notions précieuses sur leur température.

L'*odorat* et le *goût* nous font connaître certaines qualités des corps à l'état de vapeur ou en solution et quelques-unes de leurs modifications qui sont plutôt d'ordre chimique, telles que leur état acide ou alcalin, ou bien certaines nuances plus délicates que les chimistes n'arrivent pas à reconnaître et que nous percevons fort bien à l'aide de notre goût. Ces deux sens se complètent l'un par l'autre. Nous nous servons des deux pour reconnaître la nature de nos aliments et le premier nous révèle aussi l'existence de corps à l'état de gaz ou de vapeurs qui seraient nuisibles à notre appareil respiratoire.

La *vue* est la fonction qui nous permet de percevoir certaines vibrations de l'*éther* que nous qualifions du nom de lumière. Cet organe des sens nécessite des terminaisons nerveuses particulières, un conducteur nerveux et des cellules nerveuses adaptées à la perception de ces sensations spéciales. L'ensemble de cet appareil est chez nous si bien adapté à cette seule fonction qu'il est devenu incapable de percevoir autre chose que des vibrations lumineuses. Une excitation quelconque, telle que coup, piqûre, agissant sur notre rétine se traduit par une perception lumineuse. Cette faculté que nous possédons, grâce à notre appareil visuel, de percevoir la lumière nous permet d'acquérir un grand nombre de notions et elle fait de la vue le plus important de nos organes des sens.

L'*ouïe* nous laisse également percevoir certaines vibrations des corps que nous qualifions de sonores. Ces vibrations transmises à travers les différentes parties de l'oreille arrivent jusqu'à l'endolymphe et de là aux terminaisons périphériques du nerf acoustique ; cette impression parvient ainsi à une région déterminée de l'écorce cérébrale où elle nous procure cette sensation particulière. Mais, de même que pour la vue, des excitations autres que les ondes sonores telles que certains processus pathologiques de notre oreille, nous procurent de véritables hallucinations auditives.

Les différents organes des sens dont nous venons d'exposer en quelques mots les rôles, d'après ce que nous observons sur nous-mêmes, sont faciles à retrouver chez les Vertébrés qui vivent dans les mêmes conditions que nous. Ils existent chez les différents Mammifères et chez les Oiseaux et il nous est aisé d'en observer les manifestations. Nous remarquons déjà cependant qu'ils n'ont pas la même importance relative que chez nous ; l'odorat de beaucoup de Mammifères est plus développé que le nôtre et dans le cerveau de ces Vertébrés nous remarquons les dimensions exagérées de certaines circonvolutions qui sont en rapport avec l'exercice de cette fonction. Les Oiseaux nous offrent, au contraire un exemple d'atrophie partielle de ce sens et des preuves d'une acuité visuelle supérieure à la nôtre.

Si nous quittons les Vertébrés qui vivent dans un milieu physiquement identique à celui dans lequel nous vivons, pour étudier les Batraciens et les Poissons qui passent soit une partie soit la totalité de leur existence dans l'eau, nous commençons à reconnaître que les comparaisons deviennent plus difficiles. L'œil et l'oreille dont les parties constitutives sont faciles à reconnaître nous apparaissent comme des organes plus simples, mais construits en somme sur le même type que chez nous et faciles à caractériser. Nous notons seulement quelques modifications en rapport avec la nature du milieu dans lequel ils fonctionnent. Il n'en est pas de même pour les autres sens. Ces animaux possèdent un sens tactile quelquefois fort délicat, dans certains de leurs organes du moins, et nous ne trouvons pas dans leurs téguments ces terminaisons nerveuses spéciales qui existent chez nous et les autres Vertébrés aériens, dans l'épaisseur de la pulpe des doigts chez les Mammifères, sur la face interne du bec chez les Oiseaux, c'est-à-dire là où le toucher s'exerce avec le plus de délicatesse et d'activité. Nous ne pouvons cependant refuser aux Poissons le sens du toucher, mais nous sommes obligés d'admettre que, à cause de la nature du milieu dans lequel il fonctionne, ce sens doit s'exercer à l'aide de terminaisons nerveuses d'une nature spéciale et encore mal connues.

Les observations que nous venons de faire au sujet des conditions dans lesquelles fonctionne le toucher chez les Vertébrés à vie aquatique peuvent s'appliquer à l'olfaction et au goût. On sait que les Poissons sont attirés quelquefois de fort loin par des corps capables d'émettre des vapeurs ou des gaz odorants : telles sont par exemple les substances en putréfaction ; ces gaz arriveraient jusqu'à eux en se dissolvant dans l'eau et impressionneraient leurs cavités olfactives. On n'ignore pas cependant que, dans ces conditions, le sens de l'odorat ne peut pas fonctionner chez nous ; en effet des solutions aqueuses de substances odorantes versées dans notre nez, la tête étant renversée, ne nous procurent aucune sensation. Il faut admettre ou bien que l'odorat tel que nous le comprenons pour nous n'existe pas chez les Poissons, ou bien qu'il s'exerce à l'aide d'organes spéciaux construits différemment des nôtres. Nous admettrions volontiers une autre opinion, nous pensons que l'odorat est suppléé, chez les Vertébrés à vie aquatique par un autre sens qui se trouve dans d'excellentes conditions pour bien fonctionner : nous voulons parler du goût.

Nous savons que l'on désigne sous le nom de sensations gustatives la perception de certaines qualités des substances dissoutes, qualités qui sont sans doute d'ordre chimique. Mais pour que ces corps agissent sur nos papilles gustatives, il faut qu'ils soient à l'état de solutions. Nous remarquons justement que les Poissons, grâce à leur genre de vie, se trouvent dans les conditions les plus favorables pour l'exercice de ce sens. Il n'est plus nécessaire comme chez nous que les substances soient d'abord dissoutes par la salive pour qu'elles deviennent capables d'impressionner leurs terminaisons gustatives ; en outre ils sont en contact avec ces corps non plus par un point limité de leur surface, ainsi que cela est le cas pour les Vertébrés aériens, mais par la totalité de leurs téguments. Nous n'avons donc aucune raison pour refuser à ces êtres un sens du goût qui doit être fort développé d'autant plus que nous trouvons dans la cavité buccale, sur les appendices buccaux désignés sous le nom de barbillons et ailleurs, des appareils nerveux terminaux (corps cyathiformes) identiques à nos boutons gustatifs. A cause du milieu dans lequel ils vivent, les

Poissons seraient ainsi capables de percevoir à distance et à l'aide du goût certaines qualités chimiques des corps qui nous sont révélées par l'odorat.

Le sens du goût ainsi considéré aurait conservé chez les Vertébrés vivant dans l'eau une importance beaucoup plus grande que celle qu'il a chez nous. Il ne présiderait plus seulement au choix des aliments, mais serait d'une application plus générale. On peut concevoir aussi comment cette fonction s'est localisée, et n'existe plus chez les Vertébrés à vie aérienne que là où elle peut continuer à s'exercer, c'est-à-dire dans la bouche, dont les parois sont constamment humectées par le produit de la sécrétion des glandes salivaires.

Nous pensons que ces modifications des organes des sens, en rapport avec le milieu dans lequel ils fonctionnent, sont adoptées sans difficultés par tous les biologistes. Personne n'est étonné de voir qu'un organe respiratoire tel qu'une branchie, qui fonctionne fort bien dans l'eau, devient incapable de servir à la respiration dans l'air. Nous trouvons fort naturel qu'un têtard de Grenouille perde ses branchies et acquière des poumons en changeant de milieu; pourquoi ne pas admettre que des changements analogues se passent dans leurs organes des sens et aussi dans l'importance relative de ces sens? S'il n'en était pas ainsi ces êtres, à la suite de ces changements de milieu, se trouveraient dans de bien mauvaises conditions de résistance. A tous les changements de milieu doivent correspondre des changements de structure. Tous les êtres vivants doivent s'adapter à leurs conditions d'existence, sinon ils ne tardent pas à disparaître.

Si, chez les Vertébrés qui sont tous des êtres construits sur le même plan anatomique que nous, nous notons, dans l'importance relative de leurs organes des sens, des différences aussi grandes que celles que nous venons de signaler, il n'est pas étonnant que ces écarts augmentent chez des animaux construits sur des plans aussi différents que les Vers, les Mollusques ou les Arthropodes. Nous ne serons pas surpris si nous voyons ces êtres réaliser dans la construction de leurs organes des sens des structures absolument différentes de celles des nôtres : le sens de l'odorat s'exerçant chez les Insectes à l'aide des antennes et non par l'intermédiaire d'un nez ne produira sur nous aucune surprise.

On nous permettra d'insister aussi sur l'erreur que l'on commet en assimilant complètement les sensations que doivent éprouver les animaux inférieurs à celles que nous ressentons nous-mêmes. On oublie trop facilement que la qualité et la nature de la sensation proviennent non seulement de l'organe sur lequel se fait l'impression, mais aussi des cellules nerveuses qui perçoivent la sensation. Or, nous savons que les centres nerveux des Invertébrés, surtout les parties que nous qualifions de cerveau, sont construits sur un type bien différent des nôtres ; nous n'ignorons pas aussi que leurs facultés ne sont pas comparables à celles que nous possédons. Il est donc certain que les Invertébrés, les Insectes par exemple, ne peuvent pas acquérir à l'aide de leurs organes des sens les mêmes notions que nous ; ils ne voient pas le monde extérieur comme nous le voyons. Mais il est bien possible aussi que quelques-uns d'entre eux soient sensibles à des modifications du milieu ambiant qui échappent à nos organes des sens, et les expériences de Lubbock que nous aurons l'occasion de citer dans le cours de ce livre nous montrent que cette opinion n'est pas une simple hypothèse; nous verrons, en effet, que les Fourmis sont capables de percevoir les rayons lumineux ultra-violets qui échappent complètement à notre rétine.

Nous pensons même qu'il est possible d'aller plus loin dans cette voie et qu'il n'y a aucun inconvénient à admettre chez quelques Invertébrés la faculté de percevoir des sensations dont la nature nous échappe complètement. Les naturalistes qui se sont appliqués à l'observation des Insectes ont souvent cité des traits de mœurs dans lesquels il est difficile de ne pas faire intervenir des moyens de perception dont les analogues n'existent pas chez nous. Il est certain cependant que cette opinion peut encore être considérée comme une simple vue de l'esprit, en faveur de laquelle on peut apporter des observations plus ou moins probantes, mais dans l'état actuel de la science il est bien difficile de faire rentrer l'exposé de ces faits discutés et obscurs dans le plan d'un livre de vulgarisation scientifique.

Nous allons étudier dans les chapitres suivants les organes des sens et leurs manifestations chez les divers types de la série des Invertébrés, c'est-à-dire de ces animaux que l'on qualifie volontiers du mot *inférieur*. Dans l'exposé qui va suivre on sera frappé par la présence de lacunes regrettables. On remarquera que, tandis que nous connaissons fort bien la structure des organes des sens de beaucoup de ces animaux, nous ignorons souvent leur rôle et leur mécanisme physiologique. Les observateurs qui se sont livrés à l'étude des mœurs des Invertébrés paraissent s'être adressés presque uniquement aux Insectes; les Arthropodes à vie aquatique et les Mollusques ont été beaucoup négligés et les autres ont été complètement laissés de côté. Il serait à souhaiter que l'on s'appliquât à poursuivre chez certains de nos animaux marins des observations analogues à celles qui ont été faites sur les Insectes. Nous croyons ne pas émettre une opinion téméraire en promettant aux naturalistes qui se livreraient à ces recherches un succès justifié par l'importance, et la nouveauté des résultats de leurs observations. Mais en attendant la réalisation de notre vœu nous devons reconnaître que beaucoup de nos interprétations physiologiques sont trop souvent basées uniquement sur la connaissance de la structure anatomique.

CHAPITRE III

LE TOUCHER

Un philosophe naturaliste a émis dans un de ses ouvrages, au sujet de l'existence de cette fonction chez tous les animaux, une opinion qui peut se résumer dans la phrase suivante : Admettre que le toucher n'existe pas chez certains animaux, c'est admettre qu'ils peuvent être détruits sans qu'ils s'en aperçoivent. Nous ne nous arrêterons pas à discuter cette proposition qui nous semble bien absolue ; mais nous devons reconnaître que les formes animales les plus simples réagissent au contact des objets extérieurs. Nous ne dirons pas qu'elles possèdent un sens du toucher analogue au nôtre, cette opinion serait absurde, mais nous devons admettre qu'elles sont sensibles aux contacts.

Les notions que tous nos organes des sens nous révèlent dépendant en effet à la fois de l'extrémité épithéliale qui la reçoit et de la cellule nerveuse qui la perçoit, on peut admettre que le résultat physiologique ne saurait être le même chez des êtres dont les éléments anatomiques présentent des degrés de différenciation et d'adaptation aussi variés qu'une Méduse, un Insecte ou un Mammifère, aussi est-il permis d'avancer sans crainte qu'on ne saurait considérer les sensations que ces animaux perçoivent par le toucher comme pouvant être comparées entre elles ou avec celles que nous rattachons chez nous à l'exercice de cette fonction.

Chez tous les Mammifères, le sens du toucher est répandu à la surface entière des téguments, mais il est vague et ne fournit que des notions générales, telles que sensations de froid et de chaud, des contacts grossiers. Il se perfectionne, acquiert plus de délicatesse, se spécialise enfin là où les relations avec le monde extérieur sont plus fréquentes. Chez l'Homme, c'est l'extrémité des doigts qui est le siège de terminaisons nerveuses qui sont affectées particulièrement à cette fonction. Le bout de la queue chez certains Singes, dits à queue prenante, le groin chez le Porc, le mufle chez le Bœuf, sont aussi garnis de terminaisons nerveuses tactiles.

Les Chauves-Souris, certains Carnassiers, les Rongeurs possèdent de chaque côté du museau des poils d'une grande sensibilité. Le follicule de ces poils est entouré par une bague conjonctive garnie de filets nerveux qui font de ces poils de véritables organes du toucher que

l'animal utilise pour le choix de sa nourriture et que les
Chauve-Souris mettent à contribution pour se diriger,
au milieu des obstacles, dans leur vol incertain.

Le bec des Oiseaux constitue un instrument des
plus délicats comme organe du toucher. La face interne
du bec du Canard contient dans son épaisseur de nombreux corpuscules tactiles, et il suffit d'avoir vu manger
ces animaux pour se convaincre qu'ils palpent réellement les objets avant de les avaler. Il n'est pas douteux
que ces terminaisons nerveuses leur servent à trouver
leur nourriture dans la vase où vivent les Vers et les
larves dont ils font leur proie de prédilection. D'ailleurs,
des dispositions analogues se trouvent à l'extrémité du
bec d'une foule d'Oiseaux soumis au même régime. La
langue elle-même vient collaborer à cette fonction et
elle est, chez quelques espèces, un organe du toucher des
plus actifs. Il me suffira de citer le Perroquet, les Pics
et surtout le Torcol dont nous avons pu faire une étude
particulière. La langue de ce Passereau est cylindrique,
fort longue et elle porte à son extrémité un appendice
corné garni d'éléments sensitifs. Le Torcol se sert de
sa langue avec beaucoup d'adresse; il l'introduit dans
toutes les fentes des écorces, sous les pierres, à la
recherche des Fourmis dont il fait sa nourriture habituelle. Les corpuscules sensitifs de l'extrémité de cet
organe lui permettent de reconnaître la présence de ces
Insectes et les petites papilles crochues dont sa langue est
garnie servent à les attirer au dehors.

Les nerfs qui servent à l'exercice du toucher se terminent chez les Mammifères et les Oiseaux de deux
façons différentes. Ils peuvent arriver sous l'épiderme,

y pénétrer et s'y perdre sans que leurs extrémités libres aillent se mettre en rapport avec des éléments spéciaux. Mais on remarque que, dans les régions où le sens du toucher est bien développé, ces fibres nerveuses aboutissent à de petits organes désignés sous le nom de corpuscules tactiles qui portent des dénominations différentes suivant leur structure. Ceux des doigts de l'Homme et d'autres Mammifères s'appellent corpuscules de Meissner, ceux du bec du Canard portent le nom de corpuscules de Grandy. Mais dans les deux cas on trouve aussi à côté des organes précédents des petits corps ovoïdes qui sont les corpuscules de Pacini et de Herbst.

Si nous sommes bien renseignés sur les particularités anatomiques qui correspondent au sens du toucher chez les Mammifères et les Oiseaux, nous sommes au contraire obligés de reconnaître que nos connaissances sont beaucoup moins exactes au sujet des Reptiles, des Batraciens et des Poissons. Nous rencontrons, chez les représentants de ces trois classes, des boutons sensitifs situés dans l'épaisseur de l'épiderme, des terminaisons élémentaires, mais rien de semblable aux corpuscules dont nous venons de rappeler l'existence.

Chez les Invertébrés, les relations avec l'extérieur s'effectuent d'abord par l'ensemble des téguments constitués par des cellules à cils vibratiles qui représentent certainement la forme anatomique la plus simple adaptée au rôle de terminaison nerveuse tactile. Un premier perfectionnement apparaît avec l'élément en bâtonnet muni d'un cil rigide. Ces cellules sensitives, en se groupant, constituent la première indication d'organes servant non plus à la perception passive des contacts, mais allant au devant d'eux et représentant ainsi des organes du toucher suivant le sens que nous donnons habituellement à ce terme chez les animaux supérieurs.

Ces terminaisons nerveuses tactiles peuvent se modifier beaucoup suivant la constitution générale des téguments de l'être auquel elles appartiennent. Nous les verrons en forme de cils courts et raides chez les Annélides; elles affectent d'ailleurs chez les Vers des aspects aussi variés que la morphologie générale des êtres compris dans cet embranchement. Chez les Arthopodes à peau solide, les nerfs cutanés aboutissent à des saillies chitineuses en forme de poils; tandis que chez les Mollusques, il nous sera difficile de décrire des terminaisons tactiles bien caractérisées; ce sens est chez ces êtres distribué peut-être inégalement à la surface des téguments; mais ceux-ci ne présentent aucun organe qu'il soit permis de décrire comme appartenant au sens du toucher actif.

PROTOZOAIRES. — Dans la définition que nous avons donnée, dans un des chapitres précédents, du mot organe, nous avons vu que ce terme signifie toujours un groupe d'éléments anatomiques spécialisé pour l'accomplissement d'une même fonction. Cette définition s'oppose ainsi à l'existence d'un organe tactile chez les êtres unicellulaires et nous dispense de le chercher. Mais nous pouvons nous demander si la fonction existe. Sur ce point, je crois que tout le monde est du même avis. Le protoplasma non différencié des Amibes et des Rhizopodes perçoit fort bien le contact des petits corps dont ces Animaux font leur nourriture. Ces organismes rudimentaires les enveloppent de leurs prolongements pseudopodiques; ils changent de forme pour les englober et les digérer, aussi est-il impossible de ne pas admettre que ces changements, ces transformations sont la conséquence du contact qu'ils ont éprouvé.

Les Infusoires, les Protozoaires à cuticule touchent avec leurs cils les débris de toute nature qu'ils rencontrent dans leurs évolutions accidentelles ou voulues; ils promènent ces appendices à leur surface et semblent les palper. Nous pensons qu'il est possible d'attribuer à ces formations exoplastiques des fonctions plus spécialement sensitives, sans être autorisé à les considérer comme des appendices tactiles et encore moins à les décrire comme des organes.

SPONGIAIRES. — Les êtres qui constituent cette classe mènent une existence tellement passive, ont les fonctions de relation si rudimentaires que l'on s'est demandé pendant longtemps s'il fallait les classer parmi les végétaux ou les animaux. Aujourd'hui cette question n'est plus discutée, leur place est fixée, mais leur structure reste des plus simples et leurs tissus sont fort peu différenciés.

Les Éponges appartiennent au grand groupe des Métazoaires, mais leurs feuillets blastodermiques encombrés de spicules calcaires n'ont pas évolué et ces êtres sont considérés comme appartenant au degré le plus bas de l'animalité.

Quelques zoologistes se sont efforcés cependant, par

une étude attentive de leurs tissus, d'y distinguer les éléments anatomiques sensitifs ou nerveux qui chez les animaux supérieurs président aux fonctions de relation. Plusieurs sont arrivés à des résultats négatifs, mais deux d'entre eux, MM. Stewart et Lendenfeld paraissent avoir été plus heureux. M. Stewart a montré d'abord qu'il existait, à la surface du corps des Éponges du genre *Grantia*, des saillies coniques qu'il désigne sous le nom de *palpocils*. Ces saillies s'élèvent partout sous forme de pignons à base élargie, mais elles sont surtout nombreuses dans le voisinage de l'embouchure des pores. Ces appendices sont régulièrement longs et épais et, pour Lendenfeld, qui a vérifié les résultats de Stewart, ils sont parfaitement visibles sur les coupes, mais il est impossible de les distinguer sur les animaux vivants. Ces prolongements sont sans doute revêtus d'une cellule épidermique recourbée et on trouve tout près de leur base plusieurs noyaux ovales entourés d'une enveloppe protoplasmique irrégulière de laquelle s'échappent de minces filaments qui se prolongent jusqu'à l'extrémité du palpocil.

Lendenfeld fait remarquer la grande ressemblance que ces formations offrent avec les groupes de cellules piriformes qu'il trouve chez les Éponges calcaires, tantôt dispersées à la surface du corps, tantôt groupées autour de l'ouverture des pores. Il nomme ces dernières des *synocils* (fig. 1). Ils représentent pour lui un degré plus élevé du développement des palpocils ordinaires munis chacun d'une cellule sensitive. Plusieurs palpocils simples peuvent se souder et s'entourer d'une couche relativement puissante de sub-

stance intercellulaire mésodermique. Les palpocils, aussi
bien que les synocils, sont d'origine mésodermique et

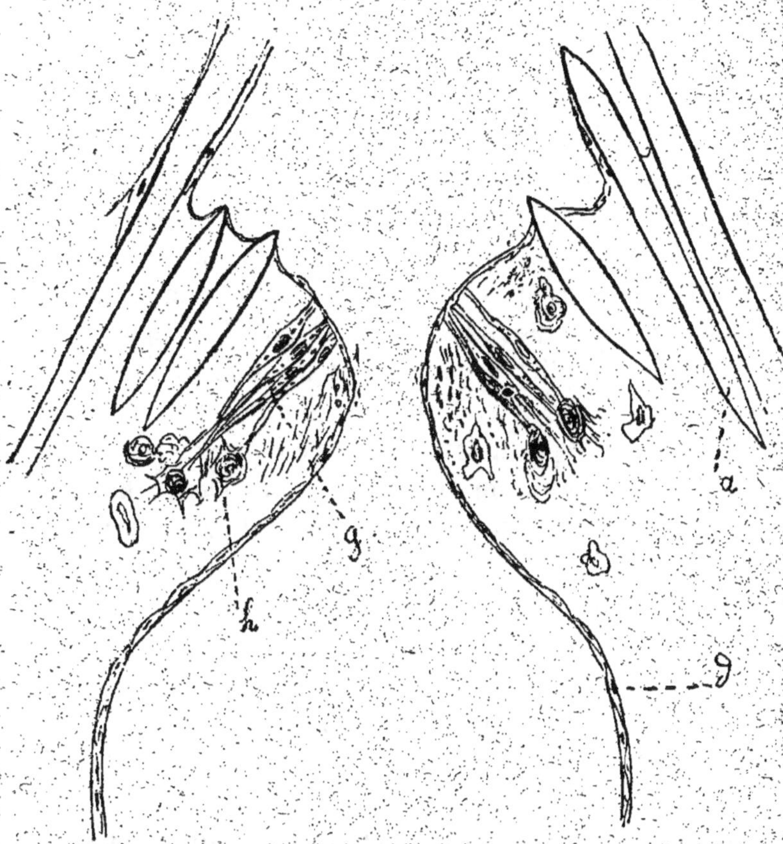

Fig. 1. — Coupe au niveau d'un oscule d'une Éponge du genre *Leucandra*. —
a, Spicules. — *d*, Ectoderme. — *g*, Cellules fusiformes semblables à celles
qui chez d'autres Invertébrés servent aux fonctions sensitives. — *b*, Cellules
à prolongements multiples, peut-être nerveuses. (D'après Lendenfeld.)

non épithéliale. Les prolongements basilaires de ces cellules peuvent les mettre en rapport avec des éléments
ganglionnaires ou bien directement avec les fibres mus-

culaires qui existent dans l'épaisseur du corps de certaines Éponges.

Pour l'auteur dont j'analyse les travaux, aucune formation semblable n'existe chez les Cœlentérés supérieurs
ni chez les Cœlomates. Ce n'est pas le moment, dit-il,
d'insister sur leurs ressemblances avec les organes latéraux de certains Poissons ou avec les poils tactiles des
Arthropodes et des Vertébrés.

Ces observations semblent ne laisser aucun doute sur
l'existence de groupes cellulaires spécialement sensitifs
et sans doute tactiles chez les Spongiaires. Cependant,
le fait que ces petits organes sont mésodermiques peut
paraître bien singulier. Nous ne sommes pas habitués
en effet à voir des fonctions sensitives s'exercer par l'intermédiaire de formations mésoblastiques. Des recherches
nouvelles sur ce sujet difficile seraient sans doute à
désirer ; peut-être conduiraient-elles à modifier nos idées.
On sait aussi que les feuillets blastodermiques des Spongiaires sont loin d'être tout à fait homologues à ceux
des autres Métazoaires et qu'ils ne paraissent pas pré-
destinés au même rôle physiologique. Nous pensons
qu'il est prudent de ne pas comparer ces cones sensitifs
aux organes similaires des autres animaux et qu'il faut
réserver le jugement définitif qu'il est permis de porter
sur eux pour le moment où nous serons mieux fixés sur
la structure de ces êtres et sur la morphologie de leurs
tissus.

CŒLENTÉRÉS. — *Épithélium sensitif.* — *Cellules
à cil tactile.* — Le Corail, les Anémones de mer, les

Méduses, les Velléles et les Beroës sont les représentants vulgaires de ce groupe, bien connus de ceux qui habitent les bords de la mer et qui s'intéressent un peu à ses habitants. On sait combien ces êtres sont sensibles au contact des corps extérieurs; cette faculté est générale, mais elle est surtout évidente et développée chez les formes à vie sédentaire comme les Polypes et les Coralliaires. Tous les naturalistes qui ont observé ces animaux dans les aquariums savent que, pour leur permettre de s'ouvrir, il faut éviter toutes les causes, même les plus légères d'excitation. Ce n'est que lorsque le calme est devenu complet que les Actinies à tentacules rétractiles étalent leurs bras aux couleurs brillantes et variées. Que de précaution ne faut-il pas aussi pour que le Corail ou les Alcyonnaires en général se décident à montrer les habitants de leurs colonies. Lorsque l'eau dans laquelle ces Coralliaires sont plongés offre le calme et la pureté nécessaires, on voit quelques individus ouvrir leur corolle si délicatement découpée; les Polypes voisins ne tardent pas à imiter ce mouvement et la colonie tout entière finit par s'étaler. Ces observations seraient déjà suffisantes pour nous montrer combien ces êtres possèdent une sensibilité générale développée. Le plus léger contact, une agitation insolite dans le milieu ambiant causent immédiatement un résultat inverse; l'Actinie rapproche brusquement ses bras, le Vérétille rétracté devient complètement méconnaissable. Les Polyposméduses, les Cténophores offrent des phénomènes semblables, mais moins observés à cause de la grande difficulté qu'offre la conservation de ces animaux.

Comment devons-nous considérer cette sensibilité si

délicate? Faut-il y voir la manifestation de l'existence d'organes du toucher très sensibles, ou bien est-il préférable d'admettre une sensibilité diffuse, non encore localisée dans certains tissus?

Bien que chez les Cœlentérés le sens du tact paraisse s'exercer par toute la surface ectodermique, il n'en est pas moins vrai que les tentacules sont surtout affectés à cette fonction. Il suffit d'examiner un de ces animaux calme et complètement étalé pour voir qu'il dresse et balance ces appendices de manière à multiplier les points de contact. Si un corps étranger vient à tomber au milieu d'eux, on voit que ceux qui sont touchés se contractent les premiers; le mouvement se transmet ensuite aux voisins et finit en devenant général par entraîner la rétraction de toute la couronne tentaculaire. Nous pouvons donc supposer, par les faits que nous révèle l'observation directe de ces animaux, que le sens du toucher doit surtout s'exercer chez eux par l'intermédiaire des tentacules.

Nous savons que les Cœlentérés sont essentiellement constitués par deux feuillets blastodermiques entre lesquels une cavité générale et un appareil circulatoire ne prennent jamais naissance. Les données de l'embryogénie générale nous apprennent que chez les animaux supérieurs, le feuillet interne préside à l'édification des organes de la vie de nutrition, tandis que le système nerveux et les organes des sens dérivent du feuillet cutané. Nous devons donc chercher dans l'épaisseur de l'ectoderme les éléments anatomiques qui sont chargés de percevoir les modifications du milieu ambiant. L'analyse de cette couche cellulaire externe nous permet d'y

reconnaître des éléments vibratiles, des cellules glandulaires, des cnidoblastes et enfin des sortes de bâtonnets
longs et étroits, renflés au niveau d'un noyau et munis
d'un cil rigide (fig. 2). Il est permis de considérer ces

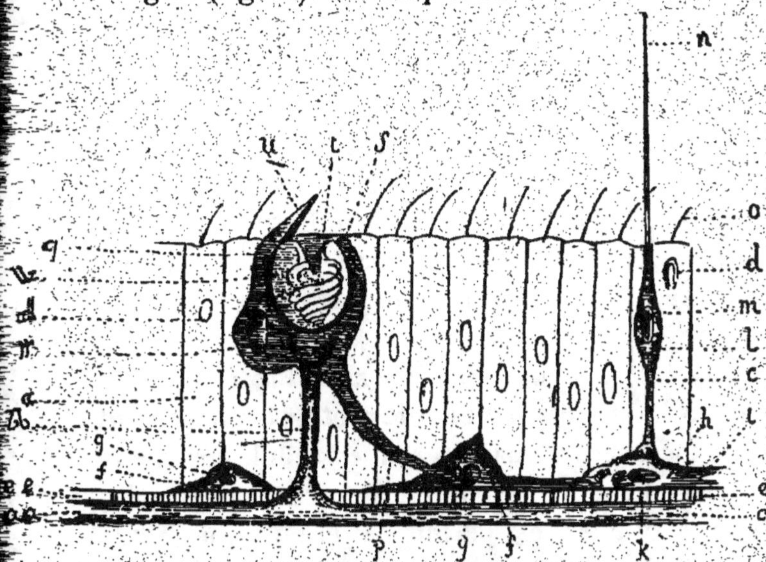

FIG. 2. — Coupe schématique de la peau d'un Cœlentéré montrant une cellule à
nématocyste et ses rapports avec les autres éléments. — *a*, Lamelle mésodermique de soutien. — *b*, Pédoncule du cnidoblaste (de Hamann). — *c*, Cellules épithéliales cylindriques ordinaires. — *d*, Leurs noyaux. — *e*, Muscles
striés longitudinaux. — *f*, Cellules musculaires sous-épithéliales. — *g*, Leurs
noyaux. — *h*, Cellule ganglionnaire sous-épithéliale. — *i*, Fibre nerveuse
tangentielle. — *k*, Noyau de la cellule ganglionnaire. — *l*, Cellule épithéliale
sensitive. — *m*, Son noyau. — *n*, Cil tactile ou palpocil (Wright). — *o*, Cils
des cellules épithéliales ordinaires. — *p*, Nerf mettant en rapport la cellule nerveuse et le cnidoblaste. — *q*, Enveloppe protoplasmique contractile du
cnidoblaste. — *r*, Noyau du cnidoblaste. — *s*, Nématocyste. — *t*, Son ouverture. — *u*, Cnidocil (Schulze). — *v*, Fil urticant pelotonné à l'intérieur du
cnidoblaste. (D'après Lendenfeld.)

derniers comme des éléments spécialement affectés à
percevoir les sensations, comme la première indication
d'un neuro-épithélium. Dans la région profonde de
l'ectoderme, au-dessus de la *membrana propria* ou de

la couche dite mésodermique, on trouve des cellules musculaires et des éléments nerveux, cellules et fibres qui peuvent être, suivant les cas, dispersées en plexus, ou réunies dans certaines zones circulaires, comme par exemple au bord du vélum des Méduses, de façon à constituer le premier rudiment d'un organe qui est ici le système nerveux.

Les conclusions qui semblent s'imposer lorsqu'on étudie la structure des parois du corps des Cœlentérés sont d'abord : l'existence d'une différenciation histologique avancée, et ensuite le défaut de groupement des éléments anatomiques qui remplissent les mêmes fonctions dans des régions spéciales et distinctes. Par conséquent, les fonctions qui, chez les Protozoaires, sont exécutées indifféremment par le protoplasma tout entier, se sont localisées ici dans certaines cellules épithéliales; mais ces éléments ectodermiques sont mélangés; de telle sorte que, s'il est permis de dire qu'une cellule est glandulaire, que telle autre est tactile ou urticante, on ne peut que rarement décrire un organe glandulaire ou sensitif. Il existe cependant quelques parties du corps de ces êtres qui possèdent des rôles particuliers. Nous avons déjà montré que les tentacules sont particulièrement sensibles au toucher, et, à côté de ces organes, nous placerons les bourses chromatophores qui, à cause des nématocystes dont elles sont garnies, peuvent en effet être considérées comme des organes urticants et sensitifs.

Étudions d'abord les éléments anatomiques isolés qui servent surtout au toucher, nous examinerons ensuite si quelquefois ces éléments ne se groupent pas pour constituer des formations qui méritent le nom d'organe.

Ainsi que nous venons de l'exposer l'ectoderme des Cœlentérés renferme des cellules volumineuses à contenu granuleux que l'on doit considérer comme des éléments glandulaires. Il contient aussi des cellules cylindro-coniques à cils vibratiles qu'il est permis de comparer aux similaires qui existent chez d'autres animaux et de placer parmi les épithéliums de recouvrement. Il possède des capsules à fil urticant et enfin des éléments étroits filiformes.

Parmi toutes les différenciations ectodermiques, une seule, la dernière, peut passer comme spécialement sensitive. Cette interprétation résulte de la forme de l'élément et de ses rapports. Ces cellules sont longues, quelquefois franchement filiformes, d'autres fois plus larges et offrant alors des formes intermédiaires avec les cellules à cils vibratiles dont elles paraissent dériver; elles sont surmontées d'un mince plateau et portent un cil rigide qui par sa forme et ses mouvements diffère des cils vibratiles ordinaires (fig. 2). Le pied de ces cellules se prolonge en un mince filament hyalin, offrant quelques petits renflements; souvent ce prolongement basilaire se divise et donne naissance à plusieurs racines qui vont se perdre à la base de l'ectoderme. Enfin, dans des cas favorables et surtout dans les dissociations, on rencontre quelques-unes de ces cellules qui se mettent en rapport avec le plexus nerveux; leurs prolongements basilaires se continuent en effet directement avec une fibrille faisant partie du système nerveux. La forme en bâtonnet de ces cellules et surtout leurs rapports intimes avec les éléments nerveux seraient des raisons suffisantes pour nous autoriser à les considérer comme des éléments sensoriels; mais cette conclusion s'impose encore davantage lorsqu'on les compare avec les formations similaires qui font partie des organes des sens chez les représentants de diverses classes du règne animal. Les batônnets olfactifs des Vertébrés, les cellules sensitives en bâtonnet de la peau des Mollusques, les éléments terminaux de certains organes des sens ont des aspects semblables. Leurs fonctions ne sont donc pas douteuses et le nom de cellules neuro-épithéliales qui leur a été donné leur convient parfaitement.

Nous pouvons cependant nous demander si ces cellules en bâtonnet sont, chez les Cœlentérés, les seules qui puissent recevoir les impressions, le contact des corps extérieurs. Le peu de différenciation des éléments anatomiques chez les animaux inférieurs nous permet de supposer que les cellules à cil vibratile ne sont pas assez complètement spécialisées pour avoir perdu la faculté de percevoir le contact; aussi croyons-nous qu'elles sont parfaitement capables d'apprécier certaines modifications et qu'elles suffiraient à elles seules pour procurer à l'animal quelques sensations grossières. Enfin, à côté de ces cellules vibratiles, on trouve une troisième forme cellulaire dérivant de l'épithélium ectodermique qui possède certainement un rôle important dans les fonctions du toucher et qui est connu depuis P.-E. Schulze sous le nom de *cnidoblaste*.

Cellules à cnidocil. — Ces cnidoblastes qui sont presque spéciaux aux Cœlentérés nous arrêteront un instant; bien que l'on ne puisse pas en effet les considérer comme des cellules sensitives dans le vrai sens du mot, elles ont cependant avec ces dernières des relations importantes et nous ne pouvons pas les passer sous silence. Lendenfeld, dont nous venons d'exposer les travaux sur les Éponges, a présenté récemment une analyse exacte et complète qui résume bien nos connaissances actuelles sur la structure et le mécanisme physiologique de ces capsules urticantes. C'est à ce mémoire que nous empruntons la plupart des données qui suivent.

Les cnidoblastes peuvent posséder des dimensions très variables, mais peu intéressantes à connaître parce qu'elles ne correspondent pas à des modifications de structure. Ces éléments se composent toujours d'un corps protoplasmique cellulaire réduit à une coque granuleuse, renflée légèrement au point qui contient le noyau. Ce corps protoplasmique renferme une vésicule claire qui peut être ovoïde ou cylindrique, mais qui est toujours parfaitement hyaline et montre dans son intérieur un fil enroulé en spirale ou irrégulièrement pelotonné (fig. 2). Ce filament ou plutôt ce tube est quelquefois vingt fois plus long que le cnidoblaste et effilé à son extrémité. Il est entouré d'une ou de deux lignes spirales de petits crochets qui sont bien visibles à la base du tube, mais diminuent rapidement plus loin et disparaissent à une petite distance de la pointe. Ce tube peut être rejeté de la capsule du cnidoblaste avec une grande force, et au moment où cette capsule éclate il est retourné en même temps que projeté, de telle sorte que la surface interne du tube devient externe et *vice versa*. Ce filament, lorsqu'il pénètre dans la peau, cause une douleur disproportionnée à ses dimensions; aussi a-t-on attribué ce résultat à une substance caustique qui serait située à l'intérieur du tube, lorsqu'il est encore dans la capsule, et qui serait répandue à sa surface lorsque ce tube est retourné.

Ces cellules à capsules urticantes possèdent en outre un cil court et conique qui les surmonte, qui est un prolongement direct du protoplasma de la cellule et qui est connu sous le nom de *cnidocil* (voyez figure 2). Ce cnidocil est implanté à l'extrémité libre de la cellule, mais d'une manière un peu oblique par rapport à la surface totale des téguments; il forme en effet avec cette surface un angle de 45° et il a toujours une direction centrifuge; c'est ainsi que les cnidocils des tentacules se dirigent vers l'extrémité de ces appendices, par conséquent toujours du côté d'où un corps étranger a le plus de chance de toucher l'animal.

Plusieurs auteurs admettent que les cnidoblastes, sinon tous, mais au moins les plus gros, possèdent deux prolongements basilaires. L'un serait semblable à un pédoncule transparent formé d'une substance analogue à celle de la membrane de soutien mésodermique; l'autre aurait une direction légèrement oblique, serait granuleux, émanerait directement de l'écorce protoplasmique de la capsule urticante et se continuerait avec une des fibres des plexus nerveux sous-jacent. Il mettrait ainsi en rapport le cnidoblaste et la cellule sensitive en bâtonnet.

Il nous reste à voir quel est le mécanisme que l'on peut supposer pour comprendre comment une Actinie ou une Méduse excitées par le contact d'un corps étranger peuvent réagir sous cette influence et lancer leurs fils urticants. P.-E. Schulze expliquait ce phénomène d'une façon fort simple; il croyait que le contact du cnidocil et la pression sur le cnidoblaste qui en résultait étaient suffisants pour faire éclater la capsule urticante déjà fortement tendue. En adoptant cette opinion purement mécanique, qui a été admise par plusieurs auteurs, il ne serait pas nécessaire de rechercher les connexions du cnidoblaste avec le système nerveux. L'observation montre cependant que la physiologie de ces petits appareils doit être un peu plus compliquée. Si l'on place entre une lame et une lamelle et si on observe au microscope un tentacule d'une Actinie, on voit fort bien les cnidocils qui font saillie au bord de l'organe comme tout autant de petits cones transparents; en introduisant ensuite sous la lamelle une goutte d'eau de mer chargée de grains de sable, on ne tarde pas à voir, à la suite des courants qui apparaissent dans la préparation, un certain nombre de ces grains qui rencontrent le bord du tentacule et heurtent nécessairement plusieurs cnidocils; cependant les capsules urticantes n'éclatent pas. Mais si l'on vient à ajouter une goutte d'acide acétique, aussitôt les tubes sont projetés à la surface comme tout autant de fusées.

On sait aussi que les Méduses rétractent souvent leurs tentacules, que les Actinies se contractent aussi en masse en renfermant leurs bras dans la cavité buccale. Si le fait de lancer leurs filaments était indépendant de la volonté de ces animaux, les capsules urticantes devraient éclater. Enfin on sait que les Coralliaires vivent souvent dans de l'eau qui est loin d'être toujours calme, les vagues apportent souvent du sable qui touche quelquefois avec violence leurs bras; d'autres étendent leurs tentacules à la surface du sable dans lequel ils sont nefoncés. Dans tous ces cas, si l'on admettait une théorie simplement mécanique, chaque choc devrait causer l'explosion d'un grand nombre de cnidoblastes; or il est évident que cela n'est pas.

Pour Lendenfeld, le mécanisme d'expulsion de la capsule urticante serait sous la dépendance du système nerveux et de la volonté de l'animal. Le nématocyste est chassé du cnidoblaste sous l'influence de la contraction de l'enveloppe protoplasmique qui entoure la capsule; dans laquelle Chun a quelquefois même trouvé chez les Physalies une indication de fibrilles musculaires. Cette enveloppe protoplasmique est excitée lorsqu'on touche le cnidocil; mais l'animal peut par sa volonté prévenir cette action réflexe, à l'aide des fibres nerveuses qui réunissent le cnidoblaste aux cellules ganglionnaires et au système nerveux général. On voit en un mot qu'un simple contact ne suffit pas, mais qu'il faut sans doute une sensation spéciale, anormale peut-être, pour que le protoplasma du cnidoblaste se contracte et chasse la capsule urticante.

Les lignes précédentes nous montrent ainsi qu'il est permis de considérer le cnidoblaste ou la cellule à nématocyste comme un élément mixte, sensitif par son cnidocil et défensif par son fil urticant.

Lorsqu'on étudie la surface du corps et les appendices de Cœlentérés, on voit que les cellules neuro-épithéliales et les cnidoblastes ne sont pas également répandus partout. Chez les Polypoméduses ils sont surtout fréquents au bord de l'ombrelle, et sur les tentacules où les capsules urticantes généralement fort volumineuses sont disposées en lignes circulaires. Chez les Cténophores, les tentacules et les appendices particuliers, connus sous le nom de *filets pêcheurs* (voyez figure 3), sont également

Fig. 3. — Physalie pélagique avec ses filets pêcheurs couverts de cnidoblastes comparables à tout autant de gros filaments tentaculaires.

couverts de cnidoblastes ou de cellules particulières qui peuvent être considérées comme étant des dérivées et que Chun a appelées cellules préhensiles. Enfin les Actiniaires nous offrent aussi des groupements semblables de leurs cnidoblastes. L'ectoderme des tentacules nous apparaît déjà comme une région plus riche en cellules sensitives et en cnidoblastes ; de plus dans ces appendices eux-mêmes nous voyons apparaître des formations qu'il est permis de considérer comme spécialement sensitives et urticantes, comme par exemple les lobes des tentacules des *Balanophyllia*, l'extrémité renflée en tête des mêmes appendices des *Corynactis*, les dispositions analogues des Lucernaires décrites par Korotneff. La couche épithéliale externe des parois du corps, nous offre elle aussi des groupements analogues ; c'est ainsi que les verrues pédonculées des *Cladactis* et surtout les bourses chromatophores des Coralliaires du genre *Actinia* doivent être considérées comme de véritables organes à la fois sensitifs et urticants. On sait que ces petits appareils disposés en couronne à la base des tentacules avaient été considérés autrefois comme des yeux, mais les recherches de Korotneff et autres, ne permettent plus de leur assigner cette fonction et ces études ont montré en même temps que les bourses chromatophores étaient constituées entièrement par des cnidoblastes remarquables par la facilité avec laquelle ils lancent leurs fils urticants.

Nous voyons donc apparaître, chez les Actinies, un véritable organe tactile ; seulement cet organe est encore mixte : il sert en effet non seulement à percevoir le contact mais aussi à la défense de l'animal, il nous apparaît donc comme un appareil bien moins spécialisé et par suite moins parfait que ceux qui existent chez les animaux supérieurs.

Nous pouvons nous demander en terminant ce paragraphe si les faits anatomiques que nous venons de constater nous autorisent à croire à une sensibilité tactile délicate, ou bien au contraire si nous devons admettre qu'elle est restée rudimentaire et obtuse. L'existence d'un système nerveux représenté par un plexus diffus placé à la base de l'ectoderme nous montre que ces êtres doivent être dans de bonnes conditions pour percevoir les contacts ; de même aussi le grand nombre de cellules sensitives nous indique que la couche épithéliale externe a subi des différenciations adaptées à cette fonction spéciale ; mais l'absence d'un système nerveux disposé en appareil central d'élaboration, l'uniformité des appareils terminaux, pourraient nous permettre de supposer que ces animaux ne peuvent établir de grandes différences entre les qualités des corps qui les touchent.

La physiologie des cnidoblastes nous montre cependant qu'ils font une distinction sans doute inconsciente entre les contacts auxquels ils sont habitués et ceux auxquels ils sont rarement soumis. Nous avons vu, en effet, que suivant la nature de l'excitant, le fil des nématocystes était ou non violemment expulsé.

Le toucher chez les Cœlentérés, nous apparaît ainsi comme ayant des relations intimes avec le fonctionnement des cnidoblastes. Ces éléments ont acquis chez ces animaux leur plus haut degré d'évolution, ils constituent des moyens de défense très répandus dans cette classe. Mais il est, à notre avis, fort intéressant de voir un élément anatomique aussi spécialisé que la cellule à nématocyste atteindre chez un type du règne animal occupant un rang inférieur dans la série, son plus haut degré d'évolution et de perfectionnement. Nous ne saurions trouver ailleurs une cellule ayant donné naissance au sein de son protoplasma à un appareil aussi compliqué et aussi délicat que l'est un cnidoblaste avec son cnidocil et son fil urticant.

Ces faits nous montrent, que la différenciation histologique peut atteindre son summum chez une forme animale, qui nous apparaît par rapport à nous comme bien imparfaite. Ils nous font voir également que les tissus évoluent d'une façon tout à fait indépendante des complexités organiques qu'ils contribuent à constituer. Ils nous indiquent en un mot que les éléments anatomiques peuvent atteindre tout leur développement dans une voie déterminée sans se grouper en organes. Ceux-ci semblent apparaître plus tard, et leur évolution correspond à un mode nouveau, à une tendance nouvelle de la plasticité organique, qui ne s'est montrée chez les Cœlentérés que comme une simple tentative et qui est le groupement des tissus physiologiquement semblables en unités anatomiques. Ces exemples nous semblent bien propres aussi à nous confirmer dans la doctrine qui nous montre la fonction comme précédant l'organe.

ÉCHINODERMES. — *Sensibilité tactile générale.* — Un examen superficiel pourrait faire croire que ces animaux, sont les plus mal partagés au point de vue des fonctions de relation. Si cette opinion est assez vraie au sujet de la vue et de l'ouïe, on ne saurait en dire autant malgré les apparences contraires à propos du toucher. Nous étudierons deux cas particuliers; nous examinerons d'abord la sensibilité générale, c'est-à-dire celle dont l'existence ne correspond pas à des organes spéciaux et se trouve également répandue sur toute la surface des téguments; nous passerons ensuite à l'étude de la structure et du rôle des organes appendiculaires qu'il est possible de considérer comme de véritables appareils tactiles.

La rudesse bien connue de la peau de tous les Échinodermes, la rigidité si grande de leur système tégumentaire, pourraient faire croire à bon droit que ces animaux sont doués d'une sensibilité tactile tout à fait obtuse. Les téguments des Crinoïdes et des Astéries paraissent insensibles à l'action des agents extérieurs ; ceux des Oursins hérissés de piquants quelquefois fort longs semblent encore davantage à l'abri des excitations; enfin les Holothuries dures et coriaces, se montrent comme incapables de percevoir des impressions même grossières.

Tous les naturalistes qui ont pu observer ces êtres vivants ont été cependant trompés dans leur attente. L'anatomie leur montrait des tissus en apparence grossiers ; l'observation leur a fait voir qu'ici encore il ne fallait pas se fier aux apparences, et que ces animaux, pouvaient, par la délicatesse de leur sensibilité tactile, supporter la comparaison avec d'autres beaucoup plus élevés dans l'échelle des êtres organisés. Les zoologistes familiers avec les mœurs des animaux marins ont remarqué depuis longtemps que, si l'on vient à piquer la peau d'une Holothurie, les ambulacres voisins du point touché se déplacent et se dirigent vers le corps qui la blesse. De même, si l'on irrite les téguments d'un

Oursin, on voit les piquants situés dans le voisinage s'agiter avec rapidité et indiquer ainsi par le trouble qui se manifeste dans leurs mouvements normaux que l'animal a perçu le contact du corps qui l'atteint.

Deux naturalistes anglais, MM. Romanes et Ewart méritent surtout d'être cités. Ils ont vu que les mouvements des Oursins étaient parfaitement coordonnés. Lorsqu'on les excite, ils s'enfuient toujours suivant une ligne exactement opposée au point lésé. Si l'irritation a été double, l'animal s'échappe suivant une diagonale. L'Oursin tourne sur lui-même lorsque les points d'excitation sont multiples se retourne et reprend sa position normale quand il en est dérangé. Les Spatangues se soutiennent et se déplacent à l'aide de leurs longs piquants.

Les pédicellaires, les piquants et les ambulacres concourent aux mouvements et à la protection de l'animal. Dans leurs actions, ces appendices paraissent dirigés par une véritable coordination ; les pédicellaires et les ambulacres agissent par séries et comme pour concourir à un but commun. Ces actions réflexes locales sont conservées dans des fragments d'Oursins séparés du reste du corps ; mais l'existence du collier nerveux péribuccal est nécessaire à la coordination générale des mouvements des pédicellaires et des ambulacres.

Plusieurs zoologistes, à la suite de ces observations ou après des observations semblables, mais antérieures à celles que je viens de rappeler, avaient supposé l'existence d'éléments nerveux sensitifs dans la peau des Echinodermes. Des recherches attentives et des méthodes histologiques perfectionnées étaient nécessaires pour que l'anatomie puisse venir confirmer les données de la

physiologie. Ces recherches ont été faites dans ces dernières années, surtout par Kœhler, par Hamann, Semon,
et l'auteur de ce livre. Les résultats les plus concluants
ont été obtenus sur les Oursins et les Holothuries, et tous
les observateurs sont d'accord pour admettre l'existence
dans l'épaisseur de la couche conjonctive des téguments
d'un plexus nerveux fort riche. Ce plexus nerveux
émerge des gros nerfs ambulacraires, pénètre dans
l'épaisseur de la peau et se divise pour aller distribuer
des fibres, les unes aux petits éléments musculaires qui
meuvent les piquants, les autres aux ambulacres ; les
autres enfin se bifurquent en rameaux de plus en plus
délicats qui se répandent en plexus au-dessous de la
couche épidermique. Cette disposition est difficile à voir
chez les Oursins et chez les Holothuries riches en corpuscules calcaires, telles que celles qui appartiennent au genre
Cucumaria, mais elle apparaît avec la grande netteté
chez les autres représentants de cette dernière classe ;
elle est surtout très évidente dans le genre *Stichopus*.
Chez ces animaux, après l'action de l'acide osmique
qui agit sur leurs téguments comme un réactif à la fois
fixateur et colorant, on trouve dans l'épaisseur de la
couche conjonctive, des faisceaux de fibres nerveuses
qui tranchent par leur coloration brune sur la teinte
rose générale des éléments conjonctifs du derme. Ces
nerfs émanent des nerfs ambulacraires et pénètrent
dans l'épaisseur de la peau en donnant naissance à des
rameaux plus petits qui vont se distribuer en réseaux,
lorsqu'ils arrivent dans la région tout à fait superficielle
des téguments, là où le tissu conjonctif est moins dense
et n'est plus représenté que par quelques minces fais-

ceaux ; ils se réduisent en leurs éléments constitutifs, c'est-à-dire en fibres nerveuses très délicates, fort minces et protégées seulement par quelques granulations pigmentaires ou graisseuses. Un point fort intéressant, mais difficile à éclaircir et resté par conséquent un peu incertain, est celui des rapports qu'affectent ces extrémités nerveuses avec l'épithélium. Il m'a toujours semblé que le plexus nerveux sous-épithélial se terminait sans pénétrer dans l'épiderme. Hamann paraît avoir été plus heureux dans ses recherches, et il a décrit chez les Synaptes des groupes de cellules sensitives en bâtonnet situés sur la région basilaire des tentacules. Ces boutons sensitifs rappellent par leur forme les corps cyathiformes des Poissons et peut-être remplissent-ils des fonctions sensitives multiples. Des nerfs cutanés ayant une disposition semblable, ont été trouvés et décrits chez les Échinides ; ils vont se distribuer aux muscles des piquants et innerver les ambulacres.

Nous voyons donc que la peau des Échinodermes est loin d'être dépourvue d'éléments nerveux ; il n'est donc pas étonnant que ces animaux possèdent des téguments susceptibles de percevoir les modifications extérieures. Sans doute, il est impossible de dire la nature exacte des sensations que cette structure leur permet d'apprécier ; mais ce que nous pouvons déjà affirmer, c'est qu'ils sont suffisamment pourvus pour saisir des impressions de contact et sans doute aussi des modifications de température. Nous allons voir d'ailleurs qu'ils possèdent des appendices que l'on doit alors considérer comme des organes d'un toucher plus actif.

Sensibilité tactile spéciale des organes appendiculaires.—

Toutes les personnes qui ont observé des Étoiles de mer, des Holothuries ou des Oursins vivants ont remarqué que ces animaux faisaient saillir de la face ventrale de leurs bras, ou de régions spéciales désignées sous le nom de zones ambulacraires, des sortes de tubes brunâtres chez les Oursins, d'une teinte plus claire chez les Astéries. L'animal projette ces petits organes et semble chercher à apprécier le milieu dans lequel il se trouve ; il les balance ainsi avec hésitation et s'il rencontre l'extrémité d'un corps solide, tel que caillou, feuille de Zostère ou parois du bassin dans lequel il vit, il y applique l'extrémité d'un de ces appendices et s'y fixe très solidement. Cette première variété d'organes appendiculaires est désignée sous le nom de pied ambulacraire ou sous la dénomination plus courte et plus simple d'*ambulacre*.

Les animaux que nous étudions actuellement possèdent encore autour de l'ouverture buccale des organes morphologiquement semblables, construits sur le même type, mais dont les fonctions sont différentes. Tandis que les ambulacres sont surtout affectés à la locomotion et ne remplissent que d'une manière secondaire le rôle d'un organe du toucher, les appendices péribuccaux sont au contraire incapables de servir à la marche et doivent être considérés comme des formations appendiculaires chargées d'apprécier par le tact, le nature des corps que l'animal introduit dans sa cavité buccale. Les Holothuries surtout celle du genre *Cucumaria* sont remarquables par la beauté de ces appendices. Ces êtres peuvent étendre fort loin leurs arborisations terminales, et toucher à la fois une surface étendue. Ces formations méritent un nom spécial : nous les décrirons sous le nom de *tentacules*.

Enfin, on rencontre encore à la surface des téguments des Oursins et des Astéries des organes remarquables par leur petite taille, par la bizarrerie et la multiplicité de leur forme. Ces appendices que l'on connaît sous le nom de *pédicellaires* ont été l'objet de bien des interprétations. Des recherches récentes permettent seules de les considérer comme jouant un rôle dans les fonctions de relation et de les admettre au rang de ces organes des sens à rôle peut-être mixte si fréquent chez les Invertébrés.

Ambulacres. — Ainsi qu'on vient de le voir, ces appareils servent surtout à la locomotion, mais il est facile de remarquer que l'animal en même temps qu'il se sert de ses bras ambulacraires pour se déplacer, peut apprécier la nature du corps sur lequel il se fixe ; on ne saurait admettre en effet qu'il ne perçoit pas le contact des corps à la surface desquels il applique ses ambulacres, de plus il suffit de voir la rapidité avec laquelle un Oursin rétracte un de ces appendices lorsqu'on vient à le piquer pour être convaincu que les ambulacres sont des organes pouvant exercer les fonctions tactiles d'une manière fort délicate. L'étude de leur structure va d'ailleurs nous le prouver.

Chaque ambulacre est comparable à un petit tube cylindrique dont la base qui se confond avec les téguments est une dépendance directe de cette partie du système circulatoire qui est connue sous le nom d'appareil aquifère, tandis que l'extrémité libre brusquement tronquée est fermée par une sorte de disque légèrement creusé en ventouse. Nous avons ainsi à étudier la

tige ou les parois du tube ambulacraire et le disque terminal. Les parois du tube ambulacraire offrent un intérêt
médiocre; il faut cependant connaître la structure de
cette partie de l'ambulacre pour apprécier toutes ses
propriétés physiologiques.

Les parois du tube ambulacraire présentent les assises
successives suivantes lorsqu'on les étudie de dehors en
dedans. Nous notons d'abord une couche épithéliale à
cellules cylindriques dont les parois sont délicates et mal
délimitées. Cet épiderme repose sur une gaine conjonctive qu'il est possible de décomposer en deux zones
secondaires, une externe formée surtout par des cellules
et renfermant les corpuscules calcaires, et une interne
où le tissu connectif est devenu plus dense et possède
de nombreux faisceaux. La gaine conjonctive est limitée
sur sa face interne par une membrane élastique ayant les
caractères et l'aspect des basales des Vertébrés. Cette
membrane sans structure apparente est plissée lorsqu'on
l'examine sur une coupe longitudinale de l'ambulacre;
ces plis ou ondulations sont évidemment causés par la
contraction des fibres musculaires de l'organe qui est
souvent examiné dans un état de contraction plus ou
moins grand suivant le réactif fixateur que l'on aura
employé. Au-dessous de cet étui élastique on trouve
encore sur les coupes une assise de fibres musculaires
longitudinales dont l'existence est utile à constater
parce qu'elle explique la rétractibilité rapide et presque
complète de ces petits organes. Enfin nous devons
encore signaler une mince couche de cellules plates
recouvrant comme d'un vernis la face interne du tube
ambulacraire. Ces petits organes sont parcourus cha-

cun par un filet nerveux qui va se distribuer à la ventouse terminale.

Tous les ambulacres se terminent, ainsi que je viens de
le dire, par une sorte de disque susceptible d'adhérer
aux corps, sur lesquels les Échinodermes se déplacent,
par un mécanisme sans doute analogue à celui des
ventouses. Ces appareils se fixent si solidement que
si l'on vient à arracher certains de ces animaux, une
Astérie par exemple, de la paroi du vase le long duquel
elle grimpe, on voit que beaucoup de ces organes se rom-
pent et restent appliqués au corps auquel ils adhéraient.
Cette ventouse terminale se compose essentiellement
d'une couche conjonctive renfermant des corpuscules
calcaires soudés en rosette et d'un revêtement épithélial
dont les éléments fort nombreux et disposés en couche
épaisse sont quelquefois réunis en groupes simulant des
des cœcums glandulaires placés entre les prolongements
conjonctifs de la couche sous-jacente. Au sein du revêtement épithélial on distingue une zone remarquable par
sa coloration brune après l'action de l'acide osmique ;
cette assise correspond à des éléments nerveux qui sont
eux-mêmes une émanation du nerf de l'ambulacre.
Nous pouvons donc démontrer à l'extrémité de ces
organes appendiculaires des fibres nerveuses formant un
véritable plexus dans l'épaisseur de l'épithélium. Il nous
reste à voir si ces cellules épithéliales présentent les
caractères habituels des éléments sensitifs des Invertébrés, et ensuite si elles sont en continuité avec des
fibrilles nerveuses. Lorsqu'on sépare ces éléments
épithéliaux par la dissociation on voit sans peine qu'ils
sont si minces et si déliés qu'on les prendrait facilement

pour des fibres. Ces cellules offrent un renflement ovoïde renfermant le noyau ; une extrémité presque toujours rompue est très mince, l'autre est au contraire légèrement renflée, elle est tronquée et porte un plateau ; elle correspond sans aucun doute à l'extrémité périphérique de la cellule. Nous voyons que ces éléments présentent des caractères suffisants pour nous permettre de les considérer comme des cellules différenciées en vue de *fonctions sensitives*. Les relations des parties constitutives de la couche épithéliale avec les extrémités du nerf de l'ambulacre sont plus difficiles à mettre en évidence ; elles sont aussi malaisées à démontrer et aussi délicates que celles qui unissent les extrémités basilaires des bâtonnets olfactifs des Vertébrés avec les fibres nerveuses affectées au sens de l'odorat ; aussi n'est-il pas étonnant que les différents naturalistes qui se sont occupés de cette question ne soient pas arrivés à des résultats également démonstratifs ; mais, quand bien même cette continuité manquerait, l'existence de fibres et de cellules nerveuses disposées en plexus à l'extrémité des ambulacres est suffisante pour donner à ces petits organes une sensibilité tactile remarquable que les Échinodermes utilisent certainement dans leurs fonctions de relation. Nous pouvons donc conclure que les ambulacres sont des organes servant à la locomotion, mais susceptibles d'apprécier par un toucher délicat quelques-unes des qualités des corps sur lesquels ils se fixent.

Tentacules. — Autour de la bouche des Oursins, les ambulacres changent de forme ; ils ne servent plus à la marche, la ventouse terminale se divise en plusieurs lobes frangés qui chez les Holothuries donnent naissance à une multitude de rameaux atteignant des dimensions remarquables (voyez figure 4). Ces pieds ambulacraires sont ainsi tellement transformés qu'ils méritent bien de prendre un nom spécial et je crois que la dénomination de tentacules qui leur a été donnée par plusieurs auteurs mérite d'être conservée.

Fig. 4. — Holothurie avec ses houppes tentaculaires.

Les tentacules ne diffèrent pas des ambulacres par leur structure fondamentale. La seule modification qui mérite d'être signalée et qui en fait des organes spéciaux dépend des changements qui se sont effectués à l'extrémité de l'organe. La tige, ou le tube ambulacraire, possède toujours la même structure, mais la ventouse terminale a disparu, elle est remplacée par un simple épaisissement épithélial dû à un changement dans les caractères des cellules épithéliales. Celles-ci sont courtes et basses sur la colonne du tentacule; elles s'allongent au niveau des franges terminales et prennent tous les caractères des épithéliums sensitifs; de plus on remarque, au-dessous de ces cellules, des éléments volumineux offrant l'aspect des cellules nerveuses des Invertébrés. Nous devons donc admettre que les tentacules sont des ambulacres ayant perdu leurs fonctions de locomotion, et ne conservant plus que les propriétés tactiles qui existent déjà, ainsi que nous venons de le voir, dans les tubes ambulacraires. On peut donc supposer que, tandis que les ambulacres sont des organes à fonction mixte, à la fois sensitifs et moteurs, les tentacules sont au contraire affectés seulement à la première de ces fonctions qu'ils doivent remplir d'une manière plus parfaite; aussi faut-il les considérer comme mieux adaptés à leur rôle, en un mot comme des organes du toucher plus délicats que les ambulacres. La situation de ces appareils autour de l'ouverture buccale, dans la région antérieure ou ventrale de l'animal leur permet d'apprécier les corps que ces êtres rencontrent dans leur marche et ceux qu'ils introduisent dans leur cavité buccale; ils ont peut-être ainsi un rôle comme organes du goût, mais c'est là un point sur lequel on ne saurait émettre que des hypothèses.

Pédicellaires. — Les Oursins et les Astéries sont les seuls Échinodermes qui possèdent ces singuliers appendices. Ces organes sont par leur morphologie générale et par leur mode de développement assimilables aux piquants calcaires si nombreux chez tous les Échinides, mais ils ont subi des modifications curieuses qui méritent bien de fixer l'attention. Les zoologistes aussi bien que les observateurs peu familiers avec l'histoire naturelle des animaux inférieurs ont le droit d'être étonnés lorsqu'ils étudient pour la première fois ces appendices dont les analogues n'existent dans aucune autre classe du règne animal.

Chaque pédicellaire se compose essentiellement d'une

partie basilaire ou tige de soutien désignée sous le nom
de hampe et qui est fixée au test à la façon des piquants.
Cette tige porte un renflement terminal mobile formé
de plusieurs pièces assimilables aux pétales d'une fleur.

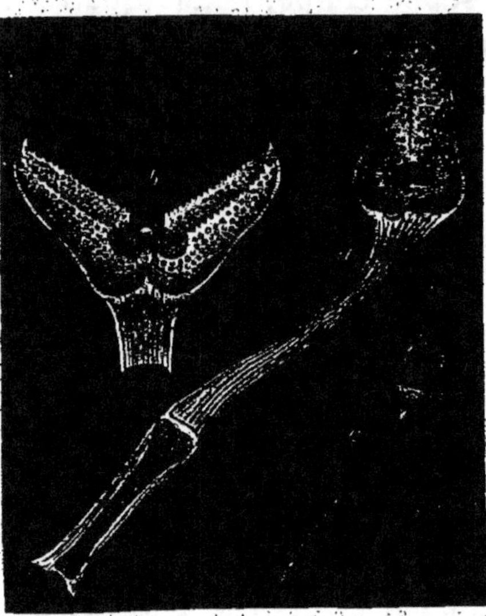

Fig. 5. — Pédicellaires des Échinodermes. — *a*, Pédicellaire contracté. —
b, Pédicellaire ouvert. — *c*, Pédicellaire encore incomplètement développé.

Ces valves sont mues par de petits muscles qui leur permettent de s'écarter ou de se rapprocher à la façon des
mors d'une pince ; elles sont constituées essentiellement
chacune par une pièce calcaire et revêtues d'une couche
épithéliale. Le nombre et la forme générale de ces
valves varient (fig. 5). On a distingué des pédicellaires tridactyles à valves minces et recourbées en crochet, et des pédicellaires trifoliés à valves étalées;
M. Kœhler a décrit chez le *Schizaster canaliferus*, des
pédicellaires tétradactyles. Enfin on rencontre encore des

pédicellaires différents des précédents par l'existence de plusieurs petites glandes placées vers le milieu de la hauteur de la hampe; cette dernière variété porte le nom de pédicellaires gemmiformes.

Jusqu'à ces dernières années les auteurs étaient bien embarassés pour attribuer une fonction quelconque à ces organes appendiculaires. Agassiz leur donne un rôle curieux. Ils seraient chargés de débarrasser la surface du corps de l'Oursin des débris de nature variée qui le recouvrent; M. Romanes et la plupart des naturalistes qui ont vu des Oursins vivants ont noté la faculté que leurs pédicellaires ont de saisir les petits corps étrangers qui se trouvent dans leur voisinage; Kœhler pense qu'ils peuvent remplir des fonctions sensitives; enfin M. Hamann, à la suite de ses recherches, les admet au rang de véritables organes des sens. Ce savant a étudié la structure des valves des pédicellaires gemmiformes, buccaux, tridactyles et trifoliés, par la méthode des coupes successives. Il a vu à la face interne de chacune des valves des pédicellaires gemmiformes du *Sphœrechinus granularis*, du *Strongylocentratus lividus*, un mamelon couvert de cils rigides (fig. 6). Ces mamelons sont formés par des cellules sensitives dont les pieds se prolongent et sont en continuité avec le plexus nerveux. Un nerf monte dans l'épaisseur de la hampe se divise pour se distribuer aux fibres musculaires motrices des valves et fournit ensuite des rameaux se rendant aux organes sensitifs. Ce mamelon sensitif du *Sphœrechinus granularis* rappelle les boutons gustatifs des animaux supérieurs.

Les pédicellaires tridactyles et buccaux présentent des caractères généraux d'innervation semblables aux précédents, mais la structure des terminaisons sensitives est plus simple. L'épithélium intérieur des valves est garni d'un grand nombre de cellules sensitives qui ne sont pas comme dans le cas précédent réunies en organes spéciaux; au lieu de filets nerveux se rendant à ces terminaisons sensitives, on ne rencontre qu'un plexus de

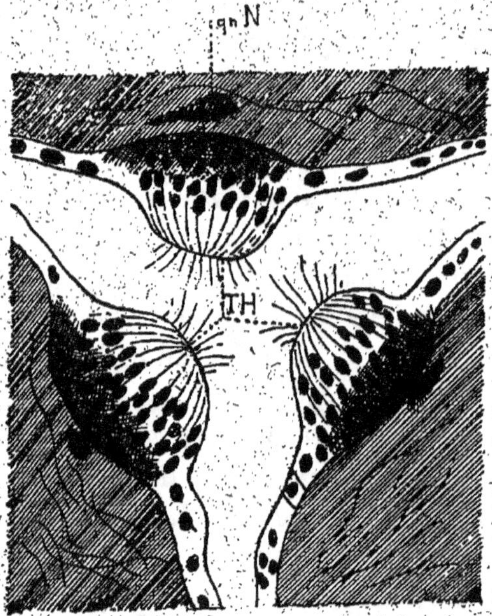

Fig. 6. — Coupe transversale d'un pédicellaire gemmiforme du *Strongylocentratus lividus* passant à la hauteur des trois mamelons tactiles. — TH, Mamelons sensitifs. — *qn*N, Tractus nerveux. (D'après Hamann).

fibrilles fort délicates mêlées aux éléments de soutien. M. Hamann a aussi étudié les petites glandes des pédicellaires et il trouve que leur existence est toujours liée à la présence de cellules à cils rigides groupées en mamelon.

Le zoologiste allemand conclut de ces recherches

d'abord que les pédicellaires, quelle que soit leur forme, ont les fonctions d'un organe tactile, ainsi que cela résulte des nombreuses terminaisons qui se trouvent dans la tête et dans la tige. Les formes les plus petites comme les pédicellaires trifoliés nettoient le test des plus petites particules de sable, des Protozoaires et des corps étrangers en général, qu'ils soient directement à la surface du test ou sur les piquants. Les pédicellaires plus gros, les tridactyles servent surtout à fixer des corps étrangers plus volumineux pendant que l'animal se déplace, ainsi que MM. Romanes et Ewart l'ont démontré. Enfin les pédicellaires gemmiformes ont la même fonction, dans l'accomplissement de laquelle ils sont aidés par la sécrétion de leurs sacs glandulaires. Ainsi qu'on peut le remarquer, tous les pédicellaires peuvent saisir les corps étrangers et apprécier certaines de leurs qualités à l'aide de l'épithélium sensitif qui garnit la face interne de leurs valves; les cellules qui sont dispersées au milieu des éléments de soutien donnent à ces petits organes les propriétés des organes du toucher. Ces boutons sensitifs permettent de leur attribuer peut-être la faculté de percevoir des modifications chimiques semblables à celles que nous rapportons au sens du goût.

Sphéridies: — On désigne sous ce nom des piquants modifiés fort courts que je signale ici sans y insister, parce que quelques auteurs, Loven entre autres qui les a décrits pour la première fois, leur ont assigné des fonctions sensitives. Loven, à cause de leur situation auprès de l'ouverture buccale leur attribuait un rôle dans le choix des aliments et Ayers dans un mémoire plus

récent les a doués de la fonction de percevoir les modifications chimiques du milieu ambiant.

On voit par les lignes précédentes que les organes
avec lesquels les Échinodermes peuvent apprécier le contact des corps étrangers sont multiples et que ces êtres
peuvent même prendre place parmi les Invertébrés les
mieux pourvus sous ce rapport. Les sensations périphériques qui arrivent aux centres nerveux de ces animaux
sont nombreuses, mais nous pouvons nous demander
encore ici si elles sont délicates. Nous savons, et nous
avons même eu déjà l'occasion d'y insister dans un des
chapitres de ce livre, que les connaissances qui nous sont
révélés par nos organes des sens sont toujours le résultat
de deux facteurs. L'organe qui reçoit l'impression et le
centre nerveux qui l'élabore; le résultat définitif est le
produit de cette double action. Or si chez les Oursins les
terminaisons nerveuses tactiles sont souvent délicates,
les centres nerveux qui perçoivent sont bien rudimentaires et ne nous semblent pas pouvoir donner naissance
à autre chose qu'à des réflexes inconscients.

VERS. — Les zoologistes placent aujourd'hui dans
cet embranchement des formes qui à un examen superficiel paraissent bien différentes les unes des autres,
mais qui sont unies entre elles par la similitude de leurs
phases embryonnaires. Les différentes classes dans lesquelles nous allons rechercher et décrire des appareils
tactiles, présentent des organisations fort diverses. Certains genres ont une structure si simple, leurs tissus
sont si peu différenciés qu'on serait tenté de les rappro-

cher de quelques Protozoaires ; les autres possèdent au
contraire des organes si bien construits qu'ils méritent
d'être mis à côté des Arthropodes. Ces faits sont surtout
évidents lorsqu'on étudie les organes des sens supérieurs
comme ceux qui constituent l'appareil visuel, mais ils
apparaissent déjà dans le plus élémentaire de tous, dans
le toucher. Ces considérations nous indiquent l'impossibilité de décrire le sens tactile dans un paragraphe et
en même temps chez tous les Vers, elles nous obligent
à suivre un ordre différent de celui que nous avons
adopté à propos des types précédents et à examiner les
organes du toucher successivement dans les différentes
classes.

PLATHELMINTHES. — *Epithélium vibratile et sensitif de
ces Vers.* — On décrit, sous ce nom, des Vers faciles à
reconnaître à leur forme aplatie, à la mollesse et à la
fragilité de leur corps. Ces animaux comprennent des
genres à vie parasite et d'autres qui vivent d'une existence libre et errante. Ces derniers qui nous intéressent
surtout, sout groupés dans l'ordre des Turbellariés et
dans celui des Nemertines.

Les types parasites, c'est-à-dire les Cestodes et les Trématodes doivent être considérés comme dépourvus de
toute sensibilité spéciale ; leur existence au sein d'autres
organismes dans lesquels ils trouvent tout ce qui est
nécessaire à leur vie, a fait disparaître les différenciations
anatomiques affectées, chez les formes voisines et pa-
rentes, à percevoir les modifications du milieu extérieur.
Personne ne pense, je crois, trouver des appareils visuel
et auditif chez ces Vers et l'existence même d'un sens
tactile nous paraît devoir leur être refusée. Si nous exa-

minons en effet, les téguments généraux des Cestodes et des Trématodes, nous trouvons qu'ils sont recouverts d'une couche cuticulaire épaisse, peu favorable à l'exercice du toucher.

La plupart des auteurs qui se sont occupés récemment de l'étude des Planaires ont signalé l'existence d'un plexus nerveux sous-cutané, surtout apparent à la face dorsale, et bien développé dans la région céphalique. L'existence de ce plexus permettrait déjà de supposer la présence d'une sensibilité tactile générale. Cette sensibilité est d'ailleurs facile à démontrer par l'observation directe. Tous les zoologistes qui ont observé les mouvements de ces animaux, ont remarqué combien ils sont sensibles au contact des objets extérieurs. Leur segment antérieur est surtout intéressant à ce point de vue. Lang fait remarquer que les mouvements que l'animal exécute avec cette région, montrent beaucoup de ressemblance avec des mouvements de palpation. On sait d'ailleurs, que quelques-uns d'entre eux réagissent si vivement au contact des corps qui les blessent, qu'ils se brisent souvent en plusieurs morceaux.

Les anatomistes qui se sont occupés de l'étude attentive de ces Vers, guidés par les observations que je viens de rappeler, se sont appliqués à trouver dans la peau de ces êtres des éléments remplissant plus particulièrement des fonctions tactiles. Les recherches de Keferstein, de Lang et de Delage, celles plus récentes encore de Böhmig, nous apportent quelques données exactes à ce sujet. Mais auparavant nous devons nous demander si l'épithélium vibratile qui recouvre la surface entière du corps de ces animaux est incapable de percevoir les contacts. Les considérations générales dans lesquelles nous sommes entré dans les premiers chapitres de ce livre, le fait que l'on admet au rang d'organes sensitifs des formations vibratiles qui se rencontrent chez des animaux plus élevés en organisation dont le reste du corps est protégé par une cuticule, enfin l'existence de cellules épithéliales à cils vibratiles au point de terminaison de certains organes des sens spéciaux comme les otocystes, nous autorisent à admettre que l'épithélium à cils vibratiles, joue un rôle important comme organe de sensibilité tactile générale aussi bien chez les Turbellariés que chez les autres Invertébrés. Le fait même de l'existence d'une couche cellulaire à cils vibratiles sur toute la surface du corps de ces êtres peut donc nous expliquer la sensibilité si délicate de leur peau.

Outre cette sensibilité tactile générale qu'il est permis d'attribuer à toute la couche épithéliale externe, on trouve chez quelques Planaires des éléments spéciaux, que les savants qui se sont occupés de l'étude de ces Vers considèrent comme sensitifs. Nous devons particulièrement citer les faisceaux de poils délicats, fins, flexibles, immobiles, décrits par Keferstein. Ces faisceaux dépassent quatre ou cinq fois la hauteur des cils vibratiles du reste de l'épithelium et sont groupés en pinceaux; ils sont situés surtout dans la région extérieure du corps. L'ensemble de leurs caractères, c'est-à-dire leur immobilité, leur longueur, leur répartition à la surface du corps autorisent à les considérer comme appartenant à des cellules sensitives, mais l'absence de relation entre ces éléments et les fibres nerveuses laisse quelque doute. L'existence de ces éléments à cils rigides à l'extrémité des papilles dorsales des *Thysanozoon*, signalée par de Quatrefages et Mosceley permet d'attribuer à ces formations un rôle plus spécialement sensitif. De même leur accumulation dans la partie antérieure du corps qui se trouve en contact plus immédiat avec les objets extérieurs permet d'attribuer à cette région une plus grande sensibilité.

Lang, dans ses recherches sur les Planaires du golfe de Naples, a encore signalé sur l'épithélium tentaculaire de quelques espèces des genres *Yungia* et *Pseudoceros* des cellules sensitives spéciales ; ce naturaliste compare leur forme à celle d'un pilon de mortier ; mais nous devons avouer que cette comparaison nous paraît peu justifiée, si on s'en rapporte aux figures qui accompagnent le beau travail de l'auteur. Ces cellules sont formées d'une extrémités large et discoïde et d'un corps cellulaire mince et effilé qui renferme le noyau. L'extrémité discoïde de ces éléments est dirigée en dehors ; la partie basilaire rétrécie en stylet pénètre entre les autres éléments et est dirigée vers la membrane basale. Le disque de chacune de ces cellules se compose d'une plaque assez fortement réfrigérente, vivement colorée par les réactifs ; cette plaque est couverte de poils très serrés plus longs que ceux des cellules environnantes. Le corps et le prolongement basilaire d e lacellule se colorent plus faiblement que le disque, mais tranchent cependant sur l'espace compris entre la paroi cellulaire et le prolongement ; espace qui reste transparent et incolore. L'auteur signale quelques modifications secondaires que ces formes cellulaires peuvent présenter, et n'a pu découvrir des rapports de continuité entre elles et les extrémités des fibres nerveuses ; de telle sorte qu'il est permis de conserver quelque doute sur la valeur de ces cellules comme éléments sensitifs.

Les descriptions précédentes ne nous indiquent pas l'existence d'un organe du toucher actif dans le véritable sens du mot. Nous avons signalé des régions plus sensibles les unes que les autres, mais les appareils destinés uniquement à l'exercice de cette fonction paraissent faire encore défaut. Delage a décrit cependant chez un Turbellarié d'un type inférieur appartenant au genre *Convoluta* un organe fort curieux qu'il désigne sous le nom *d'organe frontal* et sur lequel nous allons nous arrêter un instant.

Lorsqu'on examine une *Convoluta* vivante, on voit que sa tête est animée de mouvements vifs et saccadés. On remarque aussi au niveau du bord supérieur et sur la ligne médiane une tache ovoïde qui correspond à ce que l'auteur nomme l'organe frontal. Au point où le petit bout de cet organe appuie contre les téguments, on trouve une aire circulaire dépourvue de cils vibratiles. Cette surface qui va d'un demi à deux centièmes de millimètre, suivant l'état de plus ou moins grande contraction de l'animal est bordée d'une rangée de petites papilles ; au centre de cet espace on trouve aussi quelques formations semblables ; mais on remarque de plus au milieu de cet aire papilleuse une sorte de poil, à extrémité mousse et un peu renflée, dépassant le niveau des papilles périphériques. Les coupes montrent dans l'épaisseur de l'organe frontal un réseau constitué par des fibres très fines et très nettes et quelques cellules multipolaires semblables à celles du système nerveux central.

Delage pense que ce petit organe dont les fonctions sensitives ne sont pas douteuses a un rôle multiple. Il doit servir d'organe du toucher, ce qui est certain lorsqu'on a observé le mouvement de l'animal, mais il doit aussi sans doute, par l'intermédiaire du poil central, être utilisé comme organe olfactif ou gustatif. Enfin l'auteur entre dans des considérations morphologiques fort intéressantes à la suite desquelles il est conduit à penser que l'organe frontal serait la première indication de la trompe des Nemertes. Chez les Turbellariés rhabdocœles la trompe serait devenue une arme, tandis qu'elle ne serait qu'un simple appendice sensitif chez ces Planaires.

Les Nemertes possèdent une sensibilité cutanée, au moins aussi grande que celle des Turbellariés; on sait en effet, que ces animaux se brisent en fragments lorsqu'on les excite. Cette vivacité de réaction révèle une irritabilité ou une sensibilité de perception tactile remarquable. Si l'on cherche cependant quels peuvent être les éléments ectodermiques affectés à cette sensibilité exagérée, on voit que les travaux modernes nous révèlent fort peu de chose à ce sujet. Lorsqu'on étudie la constitution de la peau des Nemertes, on ne distingue au-dessus des assises musculaires qu'une couche de cellules à cils vibratiles. Ces cellules semblent toutes semblables, et il n'est pas possible d'apercevoir parmi elles des éléments que l'on ait le droit de considérer comme spécialement sensitifs. Nous devons noter cependant que ces cellules sont fort longues et étroites, qu'elles sont serrées les unes contre les autres, qu'elles se rapprochent en un mot, beaucoup par tous leurs caractères des cellules neuro-épithéliales des Cœlentérés. Si nous pensons aussi aux rapports intimes que les pieds de ces cellules ont avec le système nerveux, nous comprendrons comment ces animaux peuvent percevoir très facilement les impressions périphériques.

Hubrecht, dans ses travaux sur les Nemertes, insiste sur la disposition des nerfs périphériques chez certains de ces êtres. La description qu'il donne du système nerveux des Schizonemertes nous intéresse particulièrement. Chez ces Vers, le système nerveux se compose d'une véritable gaine de fibres et de cellules disposées à la base de la couche épidermique. Ces éléments sont ainsi en contact presque immédiat avec le milieu extérieur dont ils ne sont séparés que par l'épithélium ectodermique. Les rapports de la couche épithéliale externe et du système nerveux sont donc identiques à ceux qui, chez les Actinies, existent entre les prolongements basilaires des cellules ectodermiques et les plexus nerveux décrits par Hertwig et autres. Cette situation du système nerveux nous indique un état inférieur sur lequel Hubrecht insiste avec raison. Elle nous semble propre à expliquer la sensibilité générale fort développée que possèdent ces Vers.

Les Nemertes ne sont pourvus d'aucun organe appendiculaire, de rien par conséquent qui puisse passer pour un organe du toucher actif. Les fossettes ciliées qui existent de chaque côté de la tête peuvent être considérées comme servant au goût ou à l'olfaction, mais elles ne réalisent pas les conditions de structure nécessaires à l'exercice du tact. L'organe protactile désigné sous le nom de trompe doit être aussi regardé comme un organe de défense et non comme un appareil tactile.

On voit, par les lignes précédentes, que, chez tous les Vers plats, le sens du toucher paraît s'exercer avec des intensités, il est vrai, un peu différentes suivant les régions, par toute la surface du corps et que chez eux les cellules à cils vibratiles sont certainement capables de percevoir les contacts.

NÉMATHELMINTHES. — Les Vers de cette classe appartiennent presque tous à des formes parasites, aussi sont-ils fort mal pourvus en organes des sens. L'existence d'une cuticule plus ou moins épaisse, quelquefois même chitinisée s'oppose également à la perception facile des contacts. On a cependant signalé dans quelques genres et en particulier chez les *Gordius*, l'existence d'un plexus nerveux sous-jacent à la couche cellulaire dite hypoderme qui pousserait même, d'après Villot qui a étudié attentivement ces êtres, des prolongements délicats dans l'épaisseur de la cuticule. Les Ascaris possèdent en outre des organes tactiles spéciaux formés par des papilles situées au voisinage de l'ouverture buccale ou de l'orifice anal. Ces papilles, dans l'intérieur desquelles Leuckart a aperçu dans certains cas un mince filet nerveux, affectent des aspects variés et sont surtout nombreuses chez les formes errantes ; leurs situations et leurs formes sont utiles à la détermination des espèces et des genres.

BRYOZOAIRES. — On ne connaît pas d'organes des sens spéciaux chez les Bryozoaires. Cependant tous les naturalistes qui ont eu l'occasion d'observer des colonies de ces animaux ont été frappés de la rapidité avec laquelle tous les individus d'une même association se contractent au moindre contact ou sous l'influence de l'excitation la plus légère provenant d'une modification du milieu ambiant. Il est facile de voir que les appendices décrits sous le nom de tentacules sont certainement les organes qui sont chargés de percevoir ces sensations. Mais on ne possède pas des connaissances suffisantes sur la structure de ces petits appendices. Peut-être aussi que certains individus de ces colonies, tels que les Vibraculaires, ont un rôle plus actif que les autres.

ROTATEURS. — Ces petits animaux dont les affinités sont multiples, présentent, par leurs organes des sens, un état bien supérieur à celui que nous venons de constater chez les Bryozoaires. Il suffit d'examiner une seule fois ces êtres microscopiques pour être frappé de leur exquise sensibilité. A la moindre alerte on les voit contracter leurs lobes ciliés ; ce n'est que lorsque le repos est devenu complet qu'ils se hasardent à montrer leurs élégantes couronnes. Ces appendices, garnis de cils vibratiles, et qui sont situés autour de l'ouverture buccale ont sans doute des rôles multiples ; ils servent d'abord à la préhension des aliments et ils peuvent sans doute aussi apprécier les qualités utiles ou nuisibles des corps qui entrent en contact avec eux ; on doit donc les considérer comme de véritables organes des sens à fonctions mixtes. On a signalé encore, à la surface du corps de ces petits animaux, des éminences munies de poils avec renflements ganglionnaires qui seraient ainsi comparables aux formations de même nature que nous allons bientôt décrire chez les Arthropodes, et représenteraient chez ces êtres de véritables organes du toucher.

GÉPHYRIENS. — On divise habituellement cette classe en deux groupes. Le premier renferme les *Priapuliens* et les *Siponculiens* ; le second constituant l'ordre des *Géphy-riens* armés comprend plusieurs types intéressants parmi lesquels nous devons surtout citer : l'*Échiure*, le *Thalassema* et la *Bonellie*.

Les Siponculiens possèdent quelques appendices qu'il est permis de placer parmi des organes sensitifs peut-être tactiles ; de plus la peau du *Sipunculus nudus* renferme quelques petits organes qui jouent un rôle important dans la perception des contacts et par conséquent dans la sensibilité tactile générale.

Carl Vogt et Yung [1], décrivent un organe, qu'ils désignent sous le nom de *houppe sensitive*, qui est situé sur le cerveau et plongé au milieu du liquide de la cavité générale. Cette houppe sensitive est caractérisée par la présence de nombreuses cupules vibratiles placées sur des prolongements digitiformes qui baignent dans la cavité générale. La situation de cet organe vibratile ne nous autorise pas, croyons-nous, à le classer parmi les organes des sens si on comprend cette dénomination sous sa signification habituelle, c'est-à-dire d'appareil chargé de percevoir les changements du milieu ambiant.

Les Siponcles enfin possèdent à l'extrémité de la trompe et autour de l'ouverture buccale une couronne de tentacules qui, par leur situation et leur structure, peuvent être considérés comme des appendices sensitifs. On n'a pas réussi encore à décrire, dans l'épaisseur de la couche épithéliale, des éléments affectés spécialement à cette fonction, mais la nature de cette assise cellulaire qui est tout entière constituée par des cellules

[1] Carl Vogt et Yung, *Traité d'anatomie comparée.*

à cils vibratiles permet de considérer ces organes comme étant beaucoup plus sensibles que le reste de la surface des téguments qui est protégé par une couche cuticulaire souvent fort épaisse.

Le corps de ces animaux est cependant loin d'être dépourvu de sensibilité et plusieurs auteurs, entre autres Keferstein, Teuscher et Andrœ, y ont décrit des organes qu'ils considèrent comme étant à la fois glandulaires et nerveux. Ces organes sont constitués par une deux ou plusieurs cellules granuleuses qui dérivent de la couche épithéliale dite *hypodermique* et s'enfoncent plus ou moins profondément dans la cuticule. Ces éléments par tous leurs caractères méritent le nom de cellules glandulaires qu'on leur a donné, mais quelquefois ils restent plus petits, rappellent davantage les autres éléments de l'ectoderme; souvent on voit un filet nerveux émerger des couches sous-jacentes et pénétrer dans un de ces petits organes, où il va manifestement se terminer; aussi conçoit-on que dans ce cas on soit autorisé à attribuer à ces appendices des fonctions sensitives : malheureusement on ne connait pas d'une manière exacte les rapports de ces extrémités nerveuses avec les cellules au milieu desquelles elles vont se perdre. Mais le fait de l'existence d'un filet nerveux terminal et la minceur de la cuticule à leur niveau suffit pour nous autoriser à voir en eux sinon des organes du toucher actif, mais au moins des régions des téguments douées d'une plus grande sensibilité.

Trompe des Géphyriens armés. — Les Géphyriens armés se présentent à un examen superficiel avec des téguments bien différents de ceux de leurs voisins les

Siponculiens. Au lieu d'une écorce dure et verruqueuse, nous trouvons ici une peau molle délicate et couverte de mucus. Ces animaux paraissent ainsi complètement dépourvus de moyens de protection, aussi sont-ils logés dans quelque cavité telle qu'un tube de Serpule ou quelque autre anfractuosité comme celles qui se rencontrent si fréquemment dans les fonds coralligènes. Ils ne communiquent plus avec l'extérieur, lorsqu'ils sont ainsi abrités dans leurs cachettes, que par un lobe céphalique transformé en un véritable appendice qui sert à la fois à la préhension des aliments et à l'exercice du sens du toucher et sans doute du goût. La structure de cet organe, qui mérite bien le nom de trompe, nous intéresse donc particulièrement et elle est aujourd'hui bien connue surtout grâce aux recherches attentives de M. Rietsch.

La trompe de la *Bonellie* est surtout digne d'intérêt; il suffit de garder quelques individus de cette espèce pendant peu de jours dans un récipient plein d'eau de mer pour être convaincu de l'importance de cet appendice.

Le corps de la *Bonellie* qui a une forme ovoïde se prolonge à une de ses extrémités en un long appendice grêle, aplati, creusé même en gouttière à sa face inférieure et dont les dimensions peuvent varier dans des proportions énormes (fig. 7). Tous les observateurs qui ont pu voir des Bonellies ont été frappés par ces changements. Aussi est-il fort difficile de pouvoir attribuer avec certitude à cet organe des dimensions exactes. Dans un cas et à un certain moment, la trompe peut mesurer 20 centimètres, se replier sur elle-même et

s'entortiller autour des objets environnants ; tandis qu'un
instant après le même appendice rétracté ne mesure

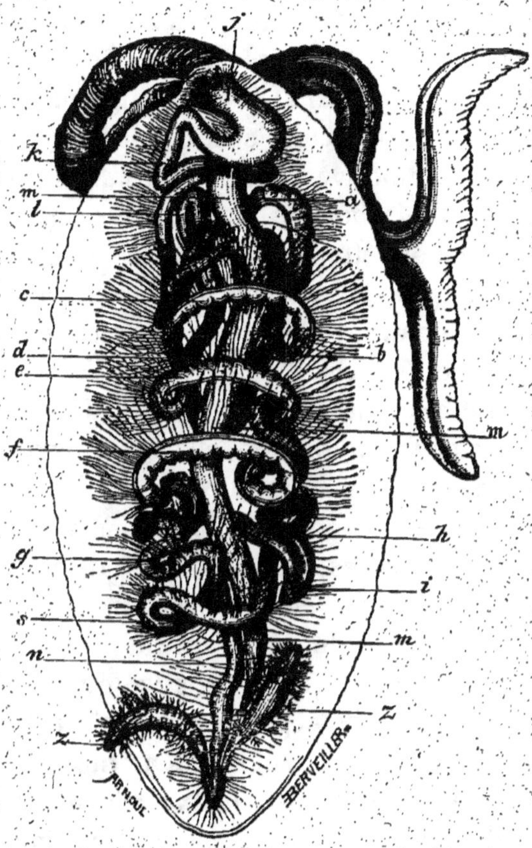

Fig. 7. — *Bonellia viridis.* Bonellie ouverte par le dos et ayant sa trompe repliée.
— *a,* Portion moyenne de l'intestin. — *bcde....* Ses circonvolutions successives. — *i,* Sa portion anale. — *m,* Matrice. — *z,* Organes excréteurs. (Lacaze-Duthiers, *Annales des sciences naturelles*).

plus que 10 à 12 millimètres. Cet organe singulier se
termine à son extrémité libre en se divisant en deux

cornes chez la *Bonellie*, tandis que chez le *Thalassème* et l'*Échiure* il ne porte aucune formation semblable.

Lorsqu'on observe une *Bonellie* bien vivante et fraîchement capturée, on ne tarde pas à la voir allonger sa trompe ; les cornes s'aplatissent en une mince lame ; elles s'avancent en glissant ; le bord antérieur très mince soulève les petites particules et les amène sur la tige de la trompe où les mouvements des cils finissent par les conduire jusqu'à la bouche. Le corps de l'animal peut rester immobile ou être entraîné par les mouvements de cet organe. Si l'on place, dans le récipient qui contient un de ces animaux, une pierre percée de trous, ou même des tubes en verre, on voit la *Bonellie* palper attentivement ces objets avec les cornes de sa trompe et lorsque, dans cette exploration, elle a rencontré un trou à sa convenance, elle y introduit l'extrémité de son lobe céphalique qui sert de point d'appui et en se contractant attire le reste du corps. Ces êtres délicats qui ont ainsi pénétré dans leur abri, envoient leur trompe en exploration à la recherche de leur nourriture.

Chez les trois genres que je viens de signaler la trompe qui correspond au lobe céphalique transformé des Vers annelés est un organe essentiellement musculaire, parcouru par des vaisseaux et des nerfs. La constitution histologique du corps de cet organe nous permet déjà de comprendre quelques-unes de ses propriétés, c'est-à-dire sa grande faculté d'allongement et de rétraction : de même la présence de deux filets nerveux dans son épaisseur nous indique qu'il doit jouer un rôle important dans les fonctions sensitives. Enfin l'étude de la couche épithéliale et de ses rapports va nous fournir la preuve que nous nous trouvons sans doute en présence d'un organe tactile fort délicat. — La trompe de la *Bonellie* aussi bien que celle du *Thalassème* est recouverte sur toute sa longueur par un épithélium à cellules cylindriques vibratiles qui peuvent être tantôt relativement assez larges, d'autres fois au contraire fort étroites et prendre alors l'aspect de simples bâtonnets. Ces éléments sont munis de prolongements basilaires simples ou ramifiés qui pénètrent dans l'épaisseur de l'organe et rencontrent souvent des cellules assez mal caractérisées comme celles de beaucoup d'Invertébrés, mais que leurs relations avec les nerfs permettent de considérer comme des éléments nerveux. Cette structure est surtout évidente au niveau du bord antérieur des cornes de la trompe de la *Bonellie*, là où M. de Lacaze-Duthiers a signalé l'existence de nombreux filets nerveux

On voit par les lignes précédentes combien cet organe est richement innervé et combien sont intimes les relations que les extrémités nerveuses présentent avec les pieds des cellules épithéliales. Aussi croyons-nous que l'on peut à bon droit considérer le lobe céphalique de ces Géphyriens comme un organe du toucher dans le véritable sens du mot; nous ajouterons même que, si on peut douter du rôle que l'épithélium de cet appendice joue comme organe du goût, il n'existe cependant aucune preuve que cette fonction ne puisse lui être attribuée. Enfin la structure que nous venons de décrire nous semble encore intéressante à un autre point de vue. Elle nous montre qu'ici les cellules à cils vibratiles peuvent être en relation directe avec des fibres nerveuses : ce fait nous paraît intéressant parce qu'il justifie l'hypothèse que nous avons émise sur le rôle sensitif probable de l'épithélium à cils vibratiles des planaires.

ANNÉLIDES. — *Terminaisons nerveuses des téguments généraux.* — Le premier groupe que nous rencontrons dans cette classe, celui des Sangsues, ne nous paraît pas bien doué au point de vue des fonctions tactiles. Si l'existence d'une sensibilité générale n'est pas douteuse, elle paraît aussi plus obtuse que chez les animaux de la même classe et les anatomistes n'ont pas encore réussi à démontrer l'existence des éléments spéciaux qui servent à l'accomplissement de cette fonction. Les organes cupuliformes décrits par Leydig comme siégeant dans la région céphalique ne paraissent pas remplir les conditions favorables à l'exercice du toucher, tandis qu'au contraire ils rappellent fort les corps cyathiformes des Poissons qui, pour nous, correspondent sans doute à des organes du goût; aussi renverrons-nous l'étude de ces formations à un autre chapitre.

Les organes tactiles des Lombriciens sont également mal connus. Malgré les recherches multiples dont ces animaux ont été l'objet et les manifestations non douteuses qu'ils fournissent de leur sensibilité tactile, on n'a pas encore pu découvrir dans leurs téguments les extrémités nerveuses qui servent à ces perceptions.

On est plus avancé au sujet des Annélides polychètes et aujourd'hui on peut décrire non seulement la forme, mais aussi la structure des appendices tactiles de ces Vers. Parmi les organes qu'il est permis de considérer comme capables de remplir les fonctions du toucher, les uns dépendent du segment céphalique, les autres sont des modifications des parapodes, enfin on peut encore trouver chez certains Vers des formations qui ne sont liées à aucune saillie des téguments et qui possèdent des caractères suffisants pour qu'il soit permis de les considérer comme des organes sensitifs sans doute tactiles.

Parmi ces organes sensitifs dont l'existence ne dépend d'aucun appendice et qui sont répandus à la surface du corps, nous en étudierons trois de type différent, qui nous montreront ainsi la variété des moyens par lesquels ces êtres peuvent se mettre en relation avec l'extérieur.

En débitant en coupes successives le segment céphalique des Arénicoles, on trouve d'abord deux enfoncements latéraux garnis de cils vibratiles qui n'ont aucune relation avec le toucher dont les similaires existent chez d'autres Vers et sur lesquels nous reviendrons à propos d'autres organes; mais on remarque aussi des pinceaux de cils fort délicats, droits, rigides, faisant saillie au fond d'une petite dépression de la cuticule. Au point où ces petites houppes sont placées on voit un grand nombre de cellules si minces qu'elles apparaissent comme des fibrilles directement en rapport avec les fibres nerveuses placées à la base de la couche épithéliale externe. Ces groupes de cellules fibrillaires à cils rigides nous paraissent correspondre à des éléments sensitifs, et nous les considérons comme tout autant de petits organes tactiles.

Les nombreuses petites papilles qui garnissent la bouche de ces Vers possèdent aussi sans aucun doute des fonctions analogues, mais il nous a été impossible de découvrir parmi les cellules épithéliales qui les recouvrent des éléments offrant des caractères nous permettant de leur attribuer une fonction spéciale.

Une autre forme d'organe sensitif dont il n'est pas permis de préciser la fonction est représentée par les organes latéraux des Capitelles qui ont été étudiés par Keferstein, Claparède et Eisig. Ces organes sont constitués par des bouquets de cils rigides qui peuvent faire saillie ou disparaître en s'invaginant dans un repli des téguments. Le rôle de ces organes est fort énigmatique et jusqu'à aujourd'hui, à ma connaissance du moins, il n'est pas possible de leur attribuer avec certitude une fonction bien déterminée.

Enfin nous étudierons une troisième espèce d'organe du toucher à existence indépendante de celle des appendices en examinant la structure des verrues que l'on remarque sur la face ventrale des Annélides du genre *Hermione*. La face inférieure du corps de l'*Hermione hystrix* est sillonnée de plis transversaux et la cuticule qui forme la couche la plus externe des téguments est fort épaisse. En examinant attentivement la face externe de cette cuticule on remarque en grand nombre des saillies qui apparaissent comme tout autant de petits grains disposés en ligne au sommet des plis (fig. 8). Ces petites verrues se composent chacune d'une sorte de coque qui les limite à leur périphérie et qui se continue avec la cuticule générale des parois du corps, et d'une cavité centrale en rapport à l'aide d'un petit canal qui traverse la cuticule avec les couches épidermiques des téguments. Si le sujet que l'on étudie a été bien conservé, on distingue au-dessous de la cuticule de la verrue un certain nombre de cellules qui y sont exactement appliquées. Ces éléments se composent tous d'un corps cellulaire à protoplasma granuleux renfermant le noyau et d'un prolongement basilaire dirigé vers le point d'insertion de ces petits organes. L'ensemble de la cellule présente ainsi la forme d'un cône à base appliquée à la face interne de la cuticule et à sommet se prolongeant en filament délié. Les pieds de toutes ces cellules, qui sont certainement homologues des cellules épithéliales des téguments généraux, convergent tous vers l'extrémité externe du pore cuticulaire; quelquefois plusieurs de ces

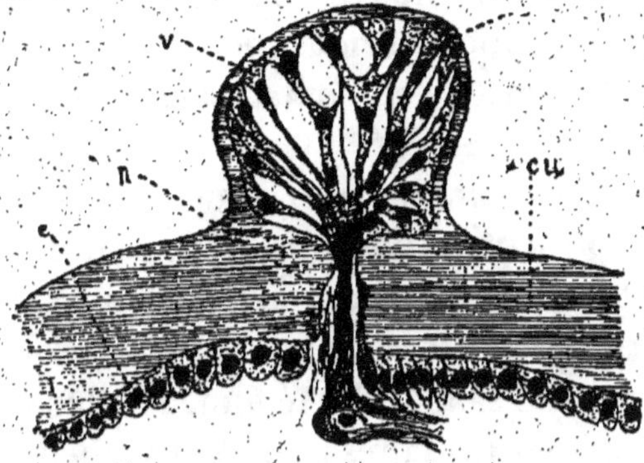

Fig. 8. — Vue des verrues de la face ventrale des parois du corps de l'*Hermione bystrix*, en coupe longitudinale. — *cu*, Cuticule. — *e*, Epiderme (Hypoderme des auteurs). — *v*, Verrue. — *c*, Cellules épithéliales des parois du corps faisant partie de la constitution générale de la verrue sensitive. — *n*, Nerf aboutissant à la base de ces cellules.

prolongements se rencontrent et se croisent en un point commun au niveau duquel on aperçoit un noyau. On voit par ce qui précède que les verrues de la peau de l'*Hermione* peuvent être considérées comme de simples saillies de la cuticule et de la couche épithéliale et qu'elles ne présentent aucun élément nouveau. Elles ne diffèrent du reste des téguments que par la grande minceur de la cuticule à leur niveau. Cette délicatesse de la cuticule dans les points qui correspondent à ces petits organes nous laisserait déjà supposer qu'ils possèdent sinon une sensibilité spéciale, mais au moins une sensibilité générale plus grande que celle du reste des téguments et cette idée est confirmée par l'existence très fréquente d'un rameau du plexus nerveux sous-cutané qui va s'y terminer (fig. 8). Lorsqu'on étudie un lambeau des téguments de l'*Hermione* on remarque sans peine que beaucoup de rameaux émanant de ce réseau nerveux vont aboutir aux verrues; les coupes nous confirment dans cette interprétation et nous montrent que les fibres nerveuses vont se mettre en contact avec les prolongements basilaires des cellules.

Ces verrues nous semblent offrir quelque intérêt parce qu'elles nous présentent une transition vers les véritables organes tactiles. Nous ne pouvons pas les qualifier du nom d'organes du toucher; mais elles nous apparaissent comme des saillies des téguments plus sensibles que les espaces intermédiaires et par conséquent comme un essai de différenciation vers des appareils plus spécialisés et plus parfaits.

Appendices céphaliques. — Certains appendices du segment céphalique ou des parapodes représentent, chez les Annélides, les véritables organes du toucher actif. Parmi ceux de ces appendices qui sont placés sur la tête les uns sont déjà connus, les autres au contraire n'ont été examinés que superficiellement, nous ne saurions d'ailleurs tous les décrire sans sortir des limites de ce livre. Nous choisirons encore un cas à la fois simple et fréquent qu'il suffira de connaître pour comprendre les modifications secondaires qui peuvent se présenter. Les antennes des Euniciens nous paraissent un bon exemple pour cette description ; ces Vers sont en effet très communs et leurs appendices céphaliques sont fort simples.

Les antennes des Annélides du genre *Eunice* sont au nombre de cinq ; elles sont implantées sur le lobe céphalique juste au point où se trouve le cerveau ; elles présentent des étranglements réguliers et ont un aspect nettement moniliforme. Leurs mouvements sont très limités et liés aux mouvements généraux de l'animal. Lorsqu'on les touche et surtout lorsqu'on les saisit avec une pince, ces Vers s'agitent vivement. L'étude attentive de ces organes montre qu'ils sont constitués essentiellement par un nerf situé au centre, dans l'axe de l'organe, par une couche cellulaire périphérique à ce filet nerveux et enfin par une cuticule beaucoup plus mince que celle du reste du corps. La couche cellulaire est celle dont l'interprétation est la plus difficile et aussi celle qui offre le plus grand intérêt. Les éléments épithéliaux placés immédiatement sous la cuticule correspondent à la couche appelée improprement hypoderme. Les cellules qui la constituent sont de plusieurs sortes : la plupart sont des éléments cylindriques ou plutôt cylindro-coniques sans signification spéciale : elles ont un protoplasma hyalin ou légèrement granuleux et un gros noyau ovoïde. Parmi ces éléments on en distingue d'autres auxquels leur forme peut à bon droit faire attribuer le nom de bâtonnet ; ils sont plus minces et fortement colorés. Enfin sur certains points, on trouve des touffes de cils courts et raides qui sont implantés sur la cuticule au fond d'une fossette, comme dans le cas des Arénicoles, qui correspondent à des filaments particuliers encore plus minces que les bâtonnets et qui sont comparables à des fibres nerveuses ;

ces fibrilles sont groupées en faisceaux et nous croyons qu'elles remplissent des fonctions plus spécialement sensitives. Ces éléments épidermiques sous-cuticulaires de types si divers sont tous munis de prolongements basilaires qui viennent se mettre en rapport avec des groupes de petites cellules placées entre la couche épithéliale externe et le filet nerveux. Ces éléments sont fort mal caractérisés et il est bien difficile de préciser leur nature. Cependant, en tenant compte de la difficulté que l'on a à distinguer les différents tissus des Invertébrés, on admettra plus aisément que ces cellules doivent être considérées comme des éléments nerveux. Il existe d'ailleurs entre ces cellules et celles de la couche dite nucléaire du cerveau des mêmes Vers une identité complète ; de plus nous avons déjà signalé dans ce livre, à propos des Cœlentérés et des Nemertes, des éléments nerveux situés aussi au-dessous de la couche épithéliale externe. Enfin nous savons que les antennes des Euniciens sont implantées immédiatement sur le cerveau avec lequel leurs filets nerveux sont en rapport direct. Toutes ces raisons nous engagent à considérer les antennes comme une expansion du cerveau et nous expliquent la grande sensibilité de ces organes.

On trouve sur le segment céphalique des autres Annélides chétopodes des appendices semblables sans doute par leur structure à ceux que nous venons de décrire, mais offrant les plus grandes variétés morphologiques. Quelquefois ces appendices au nombre de deux prennent le nom de tentacules, ils peuvent alors acquérir des dimensions considérables. Chez le *Siphonostome* et les formes voisines, ils se creusent en gouttière, les nerfs sont placés immédiatement sous la couche épithéliale et celle-ci peut même présenter une différenciation remarquable. Lorsqu'on examine en coupe transversale un de ces organes, on constate en effet que la face dorsale est formée uniquement par des cellules glandulaires; tandis que la face ventrale, celle qui constitue le fond et les bords de la gouttière, est tapissée entièrement par des cellules à cils vibratiles. La forme de ces cellules, leur situation et leurs rapports avec les nerfs rappellent entièrement ce qui existe dans la trompe de la *Bonellie*.

Appendices dorsaux. — A ces organes céphaliques sont annexés des appendices dépendant des parapodes que l'on désigne sous le nom de cirres dorsaux ou ventraux suivant leur situation et d'autres d'un aspect morphologique tout à fait différent, qui constituent ces lamelles dorsales particulières que l'on désigne sous le nom d'élytres.

Les cirres dorsaux sont connus depuis longtemps comme organes sensitifs. Claparède en les étudiant par transparence put acquérir dans certains cas une idée assez juste de leur structure; depuis, leur constitution a fait l'objet d'études attentives; ceux de l'*Hermione* ont même attiré notre attention; aussi croyons-nous pouvoir les prendre pour base de la description que nous allons en donner.

Lorsqu'on examine une *Hermione* vivante, on remarque, sur la face dorsale et près des flancs de l'animal, un certain nombre de cirres dépendant chacun d'un parapode. Ces cirres se reconnaissent à leur couleur plus pâle que celle des soies et aussi à leur mobilité, l'animal les déplace aisément, et lorsqu'on tracasse une

Hermione, on la voit les diriger en même temps que les soies vers l'objet qui risque de la blesser. Ces appendices sont fort minces et très longs. Il est difficile de donner de leur longueur totale un chiffre qui puisse s'appliquer à tous les cas : on peut dire seulement qu'ils atteignent quelquefois près d'un centimètre. Ils sont cylindriques, mais ils offrent des dimensions un peu plus fortes à leur base que près de leur extrémité : leur diamètre moyen est de vingt centièmes de millimètre. Chacun d'eux se compose de deux pièces que l'on dit articulées l'une avec l'autre, mais qui en réalité ne semblent pas jouir d'une grande mobilité (fig. 9). L'article inférieur est beaucoup plus long que l'autre, il est cylindrique, c'est la tige du cirre dorsal. L'autre est très court, sa longueur ne dépasse pas quarante ou cinquante centièmes de millimètre; il est en forme de massue et entre en rapport avec le segment inférieur par son extrémité effilée.

Au centre de ces petits appendices, on trouve un nerf facile à reconnaître grâce à la couleur qu'il acquiert sous l'influence de réactifs histologiques. Ce nerf court tout le long de l'axe de l'organe et lorsqu'il arrive à l'extrémité de l'article basilaire il se renfle en un ganglion qui contient de grosses cellules nerveuses. De ce ganglion terminal partent en grand nombre de fibres nerveuses qui se mettent en rapport avec les pieds des cellules épidermiques de l'article terminal.

La cuticule des cirres dorsaux est mince et elle présente de plus des pores à travers lesquels apparaissent des saillies en bâtonnet de la couche cellulaire sous-jacente. Cette assise épithéliale, que les auteurs classiques appellent hypoderme et qu'il est mieux, je crois, pour des

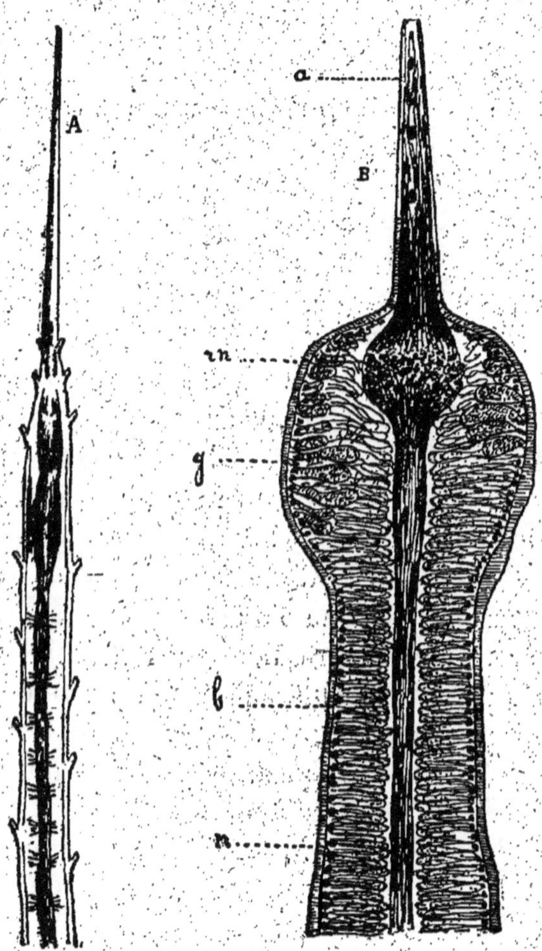

Fig. 9. — A, Cirre dorsal de l'*Hermadion gracile*, vu par transparence, d'après Claparède. — B, Coupe longitudinale d'un cirre dorsal du *Polynoë Grubiana*. — b, Article basilaire. — a, Article terminal du cirre. — g, Cellules glandulaires. — n, Nerf. — rn, Ganglions nerveux.

raisons que j'ai exposées ailleurs, d'appeler épiderme, est

formée par des cellules à prolongement basilaire filiforme très répandues chez les Vers annelés.

Les élytres peuvent encore, à cause du grand nombre de filets nerveux qui existent dans leur épaisseur, être considérés sinon comme des organes du toucher actif comme les antennes et les cirres, mais au moins comme des appendices tégumentaires doués d'une plus grande sensibilité. Cette riche innervation a été notée par tous les observateurs qui se sont occupés des Aphroditiens et des Polynoïdiens : même ceux qui ont eu surtout en vue des descriptions systématiques ont figuré avec les élytres les réseaux nerveux qui les accompagnent. Nous avons pu étudier ces organes par transparence et sur des coupes, et nous avons vu que chaque face de l'élytre était formée d'une cuticule, d'une couche cellulaire matrice de cette cuticule et d'une zone intermédiaire formée par un tissu conjonctif spécial. C'est dans l'épaisseur de cette assise intermédiaire que l'on remarque les fibres du plexus nerveux. Ces fibres nerveuses se terminent chez l'*Hermione* dans des cellules particulières, qui comblent les petits pertuis dont la face supérieure de l'élytre est percée; quelquefois cependant ces fibres paraissent se terminer librement sans entrer en relation avec des éléments spéciaux. Quelques espèces du genre *Polynoë* semblent offrir un degré encore plus grand de complication. Le plexus nerveux de l'élytre va se terminer chez ces Vers au bord de cet organe, au niveau de petites papilles caliciformes; il rencontre avant de traverser la cuticule un groupe de cellules nerveuses qui constituent là un véritable ganglion. Ces papilles qui peuvent acquérir chez certaines espèces une longueur remarquable sont situées surtout sur le bord libre et à la face supérieure des élytres. Elles contribuent beaucoup à donner à ces organes lamelleux une sensibilité remarquable. Les élytres sans être en effet des appendices tactiles sont certainement des régions du corps de ces êtres beaucoup plus sensibles que le reste des téguments.

Il ne reste plus pour terminer cet exposé de la structure des organes du toucher des Vers qu'à signaler ces appendices antenniformes qui existent quelquefois à l'extrémité postérieure du corps de quelques-uns de ces animaux. Nous avons pu étudier ces appendices chez quelques Vers annelés, et nos observations nous ont montré que les appendices caudaux de ces êtres ont une structure identique à celle de leurs antennes.

Les *Balanoglosses* qui sont les seuls représentants de la dernière classe des Vers, celle des *Entéropneustes*, ne paraissent pas pourvus d'organes tactiles spécialisés. Cependant Kœhler qui a étudié une espèce des côtes de l'Océan a signalé au-dessous de l'épithélium de la trompe une couche qu'il appelle nerveuse et qui est ainsi comparable à la gaine de même nature qui existe à la base de la couche épithéliale externe chez quelques Nemertes d'après Hubrecht. L'existence de ce tissu dans cette région et ses relations avec les cellules épidermiques permettent de considérer la trompe de ces êtres comme une partie de leur corps mieux adaptée que les autres à la perception des contacts.

Après avoir lu les lignes précédentes, on sera frappé sans doute du peu de données précises que nous possédons sur la physiologie des organes que nous venons de décrire ; aussi peut-on se demander à bon droit d'abord si tous possèdent bien les fonctions que nous leur avons attribuées et ensuite s'ils ne sont pas capables de servir à l'accomplissement d'une autre fonction, par exemple à la perception de quelque autre modification physique ou chimique, soit de l'ordre de celles qui sont du domaine de notre odorat ou de notre goût, soit d'une nature inconnue pour nous.

Le rôle d'un organe des sens peut se déduire de sa structure anatomique, par comparaison avec ce qui existe ailleurs, mais aussi et surtout de l'expérimentation physiologique; c'est même seulement de ce dernier critérium qu'il est permis de tirer des conclusions nous autorisant à affirmer qu'un appareil sert à l'accomplissement de telle fonction. Nous devons malheureusement reconnaître que, pour les Invertébrés que nous avons examinés jusqu'à présent, nous avons pris surtout pour guide les résultats des anatomistes : la physiologie de tous ces animaux est fort peu avancée. Beaucoup vivent dans des conditions difficiles à réaliser dans les laboratoires; les impressions que nous pouvons causer à leurs organes ne sont pas celles qu'ils sont habitués à percevoir. Les expériences les plus simples, celles qui se rapportent, par exemple, à la sensibilité tactile plus ou moins grande de telle ou telle autre région n'ont pas été faites. En un mot, il n'existe pas dans la science, à notre connaissance du moins, des observations analogues à celles qui vont nous servir de base pour les autres groupes.

ARTHROPODES. — Les Invertébrés compris dans cet embranchement sont tous caractérisés par la solidité

de leurs téguments dont les couches superficielles chiti-
nisées et même fortement encroûtées de sels calcaires
forment à beaucoup d'entre eux une carapace résistante.
Ce revêtement chitineux protège ces animaux d'une
façon fort efficace contre les corps extérieurs, mais son
existence semble s'opposer à la perception facile des
modifications qui s'effectuent dans le monde ambiant;
aussi a-t-on été porté autrefois à ne leur accorder qu'une
sensibilité générale des plus grossières. On a reconnu
depuis combien cette opinion était exagérée et l'on a
admis que la plupart des êtres compris dans cet embranchement possédaient, malgré la rudesse de leurs téguments, une sensibilité générale quelquefois fort délicate.
On a vu aussi que cette sensibilité était développée dans
les appendices locomoteurs et surtout dans les antennes.
L'étude de ces formations appendiculaires a amené enfin
la découverte de petites saillies rigides, que l'on a spécifiées sous les noms de poils tactiles, olfactifs et auditifs,
suivant qu'on les supposait aptes à remplir telle ou telle
autre fonction.

Nous allons examiner la fonction du toucher et les
organes qui servent à son accomplissement dans les différentes classes de l'embranchement des Arthropodes,
c'est-à-dire chez les Crustacés, les Arachnides, les Myriapodes et les Insectes.

CRUSTACÉS. — On a réuni sous ce nom tous les Arthropodes à respiration branchiale, depuis les Homards et les
Écrevisses jusqu'aux Copépodes de nos ruisseaux. Chez
tous ces êtres, il est facile de reconnaître qu'un contact
même léger est facilement perçu et suivi de changements
dans l'attitude de l'animal qui ne laissent aucun doute

sur la réalité de la sensation. Mais cette faculté est surtout localisée dans certains poils qui, en nombre divers garnissent toutes les régions du corps de ces animaux, de telle sorte qu'il est permis de considérer ces petites saillies plus ou moins longues et rigides comme les véritables terminaisons nerveuses tactiles. Il n'existe pas chez les Crustacés de terminaison nerveuse sensitive en dehors de ces appendices qui puisse être attribuée au sens du toucher.

Ces poils sont surtout nombreux sur les antennes, et ce fait joint à la mobilité de ces appendices nous autorise à voir en eux les organes du toucher actif. Ces antennes que tout le monde connaît font saillie comme quatre longues cornes en avant de la tête de tous les Crustacés. Elles sont disposées suivant deux paires. Celles qui sont internes sont désignées sous le nom d'antennules ou antennes de la première paire, elles sont beaucoup plus petites que les autres; c'est là que les anatomistes placent dans beaucoup de cas l'appareil auditif; elles jouent un rôle moins actif que les autres dans les fonctions tactiles. Les antennes de la seconde paire ou externes sont très longues, fort minces et délicates, l'animal les porte en avant et s'en sert pour explorer les corps qu'il rencontre sur sa route et surtout pour percevoir les modifications qui se passent dans le milieu qui l'entoure. Leurs fonctions sont peut-être multiples, mais nous ne connaissons aucune expérience sur les antennes des Crustacés qui soient comparables aux belles observations que nous allons avoir l'occasion de rappeler à propos des autres Arthropodes.

Ces antennes sont couvertes de poils sensitifs qui sont surtout nombreux au niveau de l'articulation des différents articles; leur morphologie est connue, mais leur structure intime pourrait, il nous semble, faire l'objet de nouveaux travaux.

Leydig a cependant décrit, il y a longtemps déjà, la disposition de ces petits appareils terminaux chez les Branchipes. Sur le thorax et l'abdomen de ces petits Crustacés, on distingue des poils de couleur claire dont la base est environnée par une couche de petites cellules arrondies qui n'existent que là. Les nerfs cutanés se dirigent vers ces poils, mais traversent auparavant un renflement fusiforme qui n'est sans doute autre chose qu'un petit ganglion; ces filets nerveux vont ensuite se perdre définitivement dans la couche de cellules situées à la base du poil. Chez quelques Daphnidées et en particulier chez le *Polyphemus monoculus*, le même histologiste a décrit des formations particulières qu'il désigne sous le nom de saillies tentaculoïdes. Cette description de Leydig déjà ancienne ne laisse aucune incertitude sur le rôle important que les poils jouent chez les Crustacés comme organes sensitifs terminaux. Dans un mémoire plus récent, le même auteur revient sur la structure de ces poils tactiles ; il fait remarquer qu'ils se modifient légèrement suivant que les animaux qui les portent ont un habitat aquatique ou terrestre, que, chez les Crustacés, leur revêtement chitineux est plus mince à la base qu'au sommet. La substance qui y est contenue lui paraît homologue à un cylindre axe nu. Il insiste avec raison sur la difficulté de distinguer les soies gustatives et olfactives des soies tactiles et auditives ; il fait remarquer qu'il existe entre elles toutes les transitions.

ARACHNIDES. — *Preuves de l'existence d'un toucher très délicat chez les Araignées.* — Ces animaux sont peut-être de tous les Arthropodes ceux qui sont le mieux doués au point de vue du sens du toucher. Nous ne saurions mieux que M. le professeur Forel exposer les observations qu'il a faites sur ce sujet et qu'il a résumées dans un de ses derniers mémoires ; aussi prenons-nous la liberté de citer le texte même de l'auteur.

« Je crois que c'est à tort qu'on a doué les Araignées d'une ouïe fine. On a confondu avec la sensation des ébranlements mécaniques. Il faut avoir soin quand on les observe, comme quand on observe les Insectes en général, de les protéger contre l'haleine de l'observateur en mettant la main ou quoi que ce soit devant le nez ou la bouche. Si, en outre, on évite avec le plus grand soin les ébranlements de l'air et des parois en ouvrant doucement les portes et en marchant prudemment, on verra qu'on peut faire un concert infernal dans une chambre remplie d'Araignées, sans que ces animaux donnent le moindre signe d'attention. Mais il faut demeurer immobile afin d'éviter qu'elles ne voient de grands mouvements et ne pas agiter l'air en remuant trop l'instrument musical. Je n'ai pour ma part jamais pu remarquer le sens musical dont on a tant doué les Araignées.

« Qu'on s'amuse, par contre, à nourrir les Araignées en jetant divers Insectes dans leurs filets. Qu'on les observe lorsqu'elles filent leur toile ou lorsqu'elles passent d'un arbre à l'autre à travers les airs, en se laissant d'abord suspendre à un fil (elles se laissent tomber en filant), puis en lançant par leurs autres glandes à soie une boucle de fil que le zéphir promène doucement dans l'espace, tandis qu'elles continuent à la filer. Cette boucle peut s'étendre à plusieurs mètres malgré sa finesse extrême. L'Araignée demeure immobile, les pattes étendues, suspendue en l'air par un fil et filant sa boucle à côté. Tout à coup, sans que nous voyions rien, elle se contracte, attrape la base de sa boucle avec ses pattes, et se met à la retirer rapidement à elle par leur mouvement alternatif. C'est qu'elle vient de sentir que l'extrémité de cette boucle a touché quelque chose à plusieurs mètres de distance. Ce quelque chose est le rameau d'un autre arbre auquel la boucle s'est prise. Tandis que l'Araignée enroule la base de la boucle avec ses pattes, la boucle se raccourcit peu à peu, se tend, devient un fil fixé au rameau de l'autre arbre, et notre acrobate a bientôt passé ainsi d'un arbre à l'autre à travers l'air.

« Qu'on jette des Insectes très divers dans les toiles des Araignées, et l'on verra bientôt qu'à leur choc, à la tension plus ou moins forte des fils, elles distinguent sans les voir s'ils sont gros ou petits, lourds ou légers, et qu'elle perçoit tous leurs mouvements. Il m'a même paru qu'elles distinguent les Hyménoptères des Diptères, car tandis qu'elles sont très circonspectes avec les premiers, elles se jettent sur les seconds sans la moindre retenue, ni la moindre prudence. Or, sous le même volume, les Hyménoptères sont plus lourds que les Diptères, et leurs mouvements, tant des ailes que du corps, sont tout différents.

« Dès que l'Araignée sent la moindre secousse impré-
vue de sa toile, elle tressaille. Les unes *(Epeira)* saisissent alors fortement leur toile, la secouent même
souvent ; on voit qu'elles guettent ou veulent provoquer
les secousses produites par la prise. Ce sont toujours les
mouvements de l'Insecte qui s'est pris, qui la guident.
C'est à chacun d'eux qu'elle avance et reconnaît dans
quelle direction se trouve sa proie. D'autres Araignées,
telles des angles des murs par exemple ne secouent pas
leur toile, mais se contentent de se guider par les
mouvements de l'Insecte qui se débat. Tant que celui-ci
demeure tranquille, l'Araignée attend en général et ne
bouge pas. Lorsque l'ébranlement est trop fort, produit
par un être trop gros, les Araignées se sauvent ou restent
coites ; ou bien elles vont couper leurs fils pour faire
tomber cet animal dangereux. Je leur ai vu faire cela
aussi pour de petits Insectes : ainsi pour les *Fourmis*,
dont beaucoup d'Araignées ont très peur, dès qu'elles
les ont reconnues à leurs mouvements. Mais même
lorsqu'un très petit Insecte dur, ainsi un petit Charançon,
vient se prendre aux fils de quelque grosse Araignée,
celle-ci ne l'ignore pas toujours : elle va parfois vers lui,
le détache de la toile et le jette.

« Eh bien, quiconque observe avec soin les Araignées
dans ces actes si divers, verra que ce sont les ébranlements mécaniques de leurs fils, les tensions, les résis-
tances qui les dirigent et non point l'odorat. Leur vue est
extrêmement diffuse : elles ne voient guère que les
mouvements et travaillent dans l'obscurité complète
aussi bien que de jour. Dugès a nommé le phénomène
dont nous avons parlé une fausse audition consistant

dans la perception d'ébranlements mécaniques par tout le corps [1]. »

Les lignes précédentes montrent bien le rôle important du sens tactile dans la vie des Araignées. Nous ne doutons pas que cette fonction soit, ici encore, localisée dans les poils qui recouvrent souvent les membres de ces animaux ; il n'existe pas de description récente nous faisant connaître leur structure intime.

Ces poils tactiles semblent répandus chez tous les types de cette classe. Haller en a décrit chez les Acariens à vie aquatique. Sur la face postérieure et interne des palpes, cet auteur a trouvé des soies fort nombreuses chez les représentants de la famille des Hydrachnes ; ils se rencontrent chez quelques Oribatides au-dessus du corps entier, et sur les extrémités dans le genre Atax. Les uns sont en forme de lancette, les autres avec une extrémité en crochet. Tous deux sont en relation avec une fibre nerveuse. De plus, les animaux de cette catégorie présentent à l'extrémité antérieure du corps, au niveau de l'insertion de la première paire de pattes, des poils dits antenniformes mobiles et insérés sur une petite éminence leur constituant une sorte de douille. Ces longs poils ont, pour l'auteur que je cite, des fonctions simplement tactiles.

Myriapodes. — A l'exemple des représentants des classes voisines, les Myriapodes possèdent une sensibilité tactile générale qui, chez la Scolopendre, d'après une observation récente de Plateau, serait surtout manifeste au niveau de la membrane arthrodiale des

---

[1] Forel, *Recueil zoologique suisse*, t. IV, n° 2.

flancs. Il suffirait de toucher légèrement cette région
pour mettre l'animal en fureur.

La sensibilité tactile semble aussi fort développée dans
les antennes, bien que nous ne connaissions pas d'expériences précises à cet égard. Butschli, dans une note
préliminaire, a décrit récemment la structure des antennes des Chilognathes. Il a trouvé dans ces organes
des appendices en forme de poils qui rappellent les
cylindres appelés olfactifs des Insectes, récemment
décrits par Hauser. Cette fonction probable nous engage
à renvoyer leur description à un autre chapitre.

Zazepin et Roth ont examiné aussi les particularités
anatomiques que présentent les antennes de ces animaux. Le dernier de ces auteurs n'émet aucune opinion
sur les fonctions exactes des appareils nerveux terminaux qu'il décrit. Il examine successivement les organes
sensitifs des antennes et ceux de la lèvre inférieure.
Dans les antennes, il décrit d'abord des prolongements
coniques placés au niveau de la dernière articulation.
Ces saillies reçoivent des fibres du nerf antennaire qui
traversent auparavant un ganglion. Il a rencontré aussi
des élevures plus courtes, en forme de boutons, disposées également avec les antennes, munies chacune d'un
ganglion nerveux qui repose sur l'hypoderme et s'y
enfonce. Le bord antérieur de la lèvre inférieure offre
habituellement deux cylindres chitineux en forme de
coupe. Le plancher de la coupe, formé d'une membrane un peu mince, supporte un grand nombre de
cônes percés à leurs sommets. Ces cônes sont plus
petits, plus longs et beaucoup plus minces que ceux
des antennes : ils reçoivent des nerfs qui émanent du

ganglion sous-œsophagien, leur innervation est semblable à celle des organes antennaires. On voit que nous sommes fort pauvres en observations sur le sens du toucher chez les Myriapodes. Les études anatomiques que nous venons de résumer nous font connaître des faits sans doute importants, mais ils ne nous apprennent rien de précis sur les fonctions réelles de ces petits appareils terminaux.

INSECTES. — De tous les Arthropodes, ceux qui sont contenus dans cette classe sont certainement les mieux connus; aussi nous sera-t-il facile d'exposer les faits qui démontrent l'existence de cette sensibilité grossière que l'on peut considérer comme la plus élémentaire de toutes et qui est désignée sous le nom de sens du toucher. Nous suivrons l'ordre que nous avons toujours adopté dans les différents paragraphes de ce chapitre; c'est-à-dire que nous étudierons d'abord la sensibilité tactile non spécialisée celle qui n'est pas localisée dans des organes particuliers, et ensuite les appendices mobiles à l'aide desquels l'Insecte s'efforce d'apprécier quelques qualités des corps avec lesquels il entre en contact.

Tous les animaux de cette classe perçoivent la présence des corps qui les touchent par toute la surface de leurs téguments. Mais on doit reconnaître que cette sensibilité cutanée ne saurait être la même chez les Coléoptères revêtus d'une forte carapace rigide et chez ceux des autres ordres dont la peau est plus fine. Nous empruntons encore la plupart des données qui suivent au mémoire de Forel dont nous avons déjà cité un passage : cet auteur fait remarquer que ce sens est distribué irrégulièrement à la surface de la peau. Certaines parties comme les ailes, les élytres paraissent en grande partie insensibles. C'est ainsi que l'on peut couper, vers le milieu, les ailes d'une Guêpe sans qu'elle s'en aperçoive. Plus loin le même naturaliste dit encore : « Les sensations de douleur sont bien difficiles à distinguer chez ces animaux de celles du toucher. Ils donnent cependant des signes non équivoques de malaise surtout lorsqu'on pince leurs antennes ou lorsque certaines substances corrosives ou certaines odeurs fortes viennent maltraiter leurs terminaisons nerveuses. On observe la même chose lorsqu'une substance amère a été mêlée à leurs aliments. Mais en somme je crois qu'on peut dire que la douleur est moins bien développée chez les Insectes que chez les Vertébrés à sang chaud. Sans cela on ne verrait ni une Fourmi, à laquelle on vient de couper l'abdomen ou les antennes se gorger de miel, ni un Bourdon auquel on vient de couper les antennes et tout le devant de la tête, aller butiner dans les fleurs, ni une Araignée à croix dont on vient de casser la patte se repaître immédiatement de cette propre patte, ni enfin une Chenille blessée à l'anus, se dévorer elle-même en commençant par derrière, comme je l'ai observé plus d'une fois. »

Forel fait aussi observer que cette variété du sens du toucher qui est désignée chez nous sous le nom de sens de la température, paraît aussi exister chez les animaux qui nous occupent. Cette notion est utilisée par les Fourmis pour l'élevage des larves et des nymphes qui ont besoin d'une chaleur douce et égale. C'est pour cela que l'on voit les ouvrières les déménager constamment suivant les heures du jour et suivant les saisons et les transporter souvent des étages supérieurs aux étages inférieurs de leurs nids.

La sensibilité générale des Insectes semble aussi caractérisée par quelques particularités. Forel fait remarquer que ces animaux sont en somme fort petits et aussi très légers. La surface de leur corps est aussi raide et dure, de sorte qu'un attouchement ou un souffle a moins pour résultat de comprimer une portion localisée de la peau que de donner à l'Insecte entier une secousse qui le déplace. On peut en conclure que le sens musculaire doit être chez eux fort développé et qu'ils sont capables de distinguer la nature des différentes sortes d'ébranlement par lesquels ils sont secoués.

Enfin le même observateur fait rentrer dans le groupe des variétés de la sensibilité tactile, des sensations encore mal spécifiées, comme les perceptions dermatoptiques, et les perceptions d'odeurs fortes ou corrosives par les terminaisons nerveuses les plus diverses.

Les appendices divers que les Insectes possèdent sont plus aptes que la surface générale de leurs téguments à percevoir les contacts. C'est ainsi que les antennes qui sont les organes spéciaux de l'odorat sont aussi le siège d'un sens tactile très développé ; la même fonction est également développée au niveau des palpes, des trochanters, des tarses et des appendices qui garnissent quelquefois l'extrémité postérieure de l'abdomen.

Tous ces organes sont garnis de poils chitineux qui sont considérés depuis longtemps, comme les appareils nerveux terminaux du sens du toucher. Plusieurs auteurs se sont occupés de leur anatomie et aujourd'hui leur structure est bien connue. Leydig a démontré pour la

première fois que les poils des téguments de la larve
de la *Corethra* sont en rapport avec une fibre nerveuse.
Depuis lors, Hensen, Landois, Jobert, Hauser, Künckel
et Gazaniaire, et enfin Viallanes ont étudié successivement ces poils sensitifs (fig. 10 et 11). C'est surtout à ce
dernier auteur que nous empruntons les faits exposés
dans les lignes suivantes.

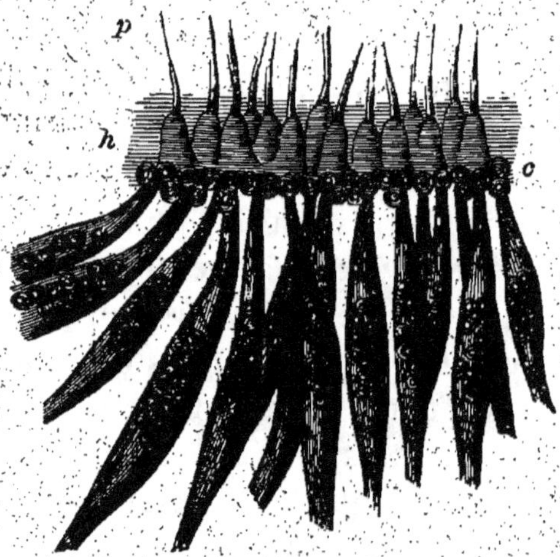

Fig. 10. — Poils tactiles du palpe maxillaire du *Gryllotalpa vulgaris*. — *n*, Renflements nerveux fusiformes. — *h*, Cellules de l'hypoderme. — *c*, Couche de
chitine avec base d'implantation des poils. — *p*, Poils tactiles. (D'après Jobert).

On trouve à la surface de la peau des Insectes des poils
de deux sortes. Les uns, situés dans les intervalles des
dessins polygonaux cuticulaires qui correspondent à
tout autant de cellules hypodermiques, sont de simples
ornements n'ayant aucun rôle dans la perception des
sensations; les autres correspondant à un de ces dessins
sont de véritables appareils tactiles terminaux, ils portent
le nom de poils sensitifs.

Ces poils sensitifs se composent d'une saillie cuticulaire conique plus ou moins longue comparable par son aspect aux soies de quelques Annélides. Ces poils sont creux et renferment un petit cône protoplasmique qui y pénètre et s'y loge exactement. Lorsqu'on examine par transparence la cuticule et l'hypoderme de certaines larves d'Insectes traitées par des méthodes convenables; on voit que le corps protoplasmique est en rapport à la base du poil et à la face interne de la cuticule avec une cellule qui renferme un gros noyau et apparaît ainsi comme un élément anatomique bien constitué. Cette cellule, que Viallanes appelle avec raison *cellule du poil*, correspond entièrement à un élément hypodermique qui, au lieu de prendre part à la constitution générale de la cuticule, possède ici des fonctions spéciales, et donne naissance non plus à une cuticule disposée en surface, mais à une formation chitineuse saillante qui n'est autre chose que la gaine du poil (fig. 11). Le protoplasma de cette cellule pénètre dans le canal du poil, mais son noyau et son protoplasma, en partie du moins, restent au dehors à côté et un peu au-dessous des autres cellules de l'hypoderme.

Les poils sensoriels sont tous aussi en rapport avec un corps fusiforme qui se continue par une de ses extrémités avec un nerf, et par l'autre s'engage dans le vestibule du canal central. Sur les pièces fixées par des réactifs convenables on reconnaît que ce corps fusiforme n'est autre chose qu'un élément nerveux bipolaire dont la structure correspond à la description aujourd'hui classique de la cellule nerveuse bipolaire des ganglions spinaux de la Raie d'après Ranvier (fig. 11). Ce corps fusiforme

pénètre par son extrémité périphérique dans le protoplasma de la cellule du poil et ses fibrilles terminales
paraissent se dissocier et se perdre dans son épaisseur.

Le même histologiste a encore décrit chez la larve du
Stratiomys des nerfs qui rampent au-dessous de l'hypoderme et qui se terminent librement sans affecter aucun
rapport avec les poils.

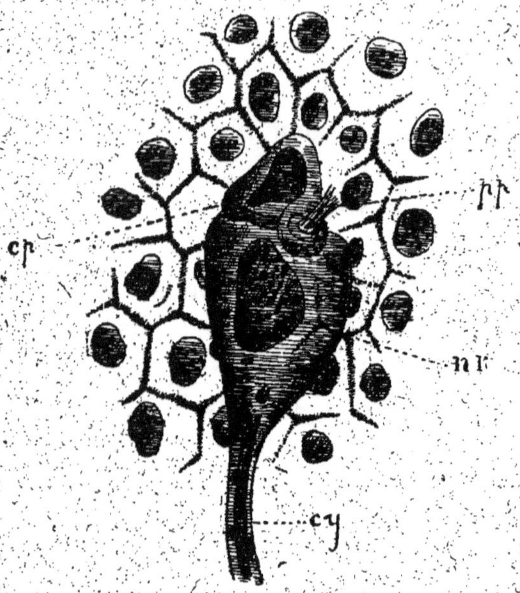

Fig. 11. — Une terminaison nerveuse sensitive de la peau de la larve de *Stratiomys chamæleon*, vue par la face interne. — *cp*, Cellule du poil. — *cy*, Cylindre axe. — *nn*, Noyau de la cellule nerveuse terminale. — *pp*, Prolongement terminal de la cellule nerveuse traversant l'anneau que forme autour de lui la cellule du poil. (D'après Viallanès).

On voit par les lignes précédentes que les Arthropodes
sont fort sensibles aux contacts et que le toucher est localisé chez eux dans les appendices cuticulaires connus sous le nom de poils.

Il est un point sur lequel nous avons déjà insisté à propos des Vers et sur lequel on nous permettra de nous arrêter encore un instant en terminant ce paragraphe. En décrivant, sous le nom d'organes du toucher, les appendices précédents, nous ne voulons pas dire que les sensations qu'ils perçoivent sont identiques à celles que nous qualifions chez nous par l'expression générique de sensations tactiles ; il est fort probable et il est même certain qu'à l'aide de la fonction tactile les Insectes perçoivent certaines qualités des corps que nous connaissons par l'intermédiaire d'autres sens, et que même ils peuvent acquérir ainsi sur la nature des corps qui les entourent, certaines données spéciales utiles à leur existence et dont la nature nous échappe complètement. Il n'est donc pas douteux pour nous que les terminaisons nerveuses décrites dans le paragraphe précédent ou leurs similaires doivent servir non seulement à la sensation des contacts, mais aussi à la perception de certaines modifications d'ordre chimique qui sont qualifiées par nous de sensations olfactives ou gustatives. Nous allons voir en effet lorsque nous étudierons l'odorat chez les mêmes animaux qu'il est impossible de trouver dans les organes qui servent à l'exercice de cette fonction des appareils bien différents de ceux dont nous venons d'exposer la structure. Ces faits ne doivent pas nous surprendre, ils confirment simplement l'opinion que nous avons soutenue dans un des premiers chapitres de ce livre, sur les relations intimes qui chez tous les Invertébrés unissent les sens du toucher, du goût et de l'olfaction. On sait d'ailleurs que les anatomistes ne sauraient distinguer parmi les poils sensitifs des Arthropodes, ceux qui servent au toucher, de ceux qui servent à l'odorat, au goût et même à l'ouïe. Ces terminaisons nerveuses offrent entre elles toutes les transitions.

MOLLUSQUES. — Ces Invertébrés sont caractérisés par des téguments si délicats qu'il est permis de supposer que leurs fonctions tactiles doivent s'exercer dans des conditions absolument différentes de celles que nous avons rencontrées chez les Arthropodes. Leur peau, au lieu d'être protégée par une carapace dure et rigide, est ici molle et couverte de mucus : aussi la plupart de ces animaux sécrètent-ils une coquille dans laquelle ils peuvent s'abriter. Ceux qui sont dépourvus de ce moyen de protection émettent, lorsqu'on les excite, du mucus en telle abondance qu'ils se recouvrent ainsi d'une véritable couche qui les abrite des contacts trop brusques et des attaques de leurs voisins. Il est bien difficile de distinguer, chez la plupart des Mollusques, des appendices que l'on puisse considérer comme spécialement tactiles. Sans doute, les bords du manteau des Lamellibranches, les tentacules des Gastéropodes manifestent une sensibilité plus grande que celle du reste des téguments, mais ni les uns ni les autres ne sauraient mériter le nom d'organes du toucher suivant la signification que l'on donne habituellement à ce terme chez les animaux supérieurs. La faculté de percevoir les contacts est, en effet, répandue partout chez ces animaux et l'étude des organes servant à cette perception se confond avec la connaissance de la structure intime des téguments.

LAMELLIBRANCHES. — Tous les Mollusques compris

dans cette classe offrent des signes non douteux de sensibilité tactile. Cette faculté est surtout évidente chez
les formes errantes, mais elle apparaît aussi fort nettement chez les types qui vivent fixés sur les rochers. Ces
animaux perçoivent bien les moindres chocs reçus par
leurs coquilles, mais les bords de leurs manteaux qui se
montrent souvent entre leurs valves entrebaillées paraissent surtout destinés à l'accomplissement de cette fonction. Souvent ces bords palléaux sont frangés ou divisés
en longs lambeaux tentaculiformes comme chez les
Peignes et les Limes ; quelquefois ce manteau se soude
en ne laissant libres que deux orifices qui se prolongent
même, au delà du bord palléal, en deux siphons. La
sensibilité cutanée est surtout grande au niveau de ces
différents appendices et il suffit de toucher légèrement
cette partie du manteau pour que l'animal réagisse en
rapprochant ses valves.

La structure et l'innervation des téguments de ces
êtres nous ont été dévoilées par les recherches de plusieurs anatomistes, parmi lesquels on peut citer Flemming, Boll et Vialleton[1]. Les observations de ce dernier
ont porté surtout sur les genres *Unio et Anodonte*. Il a
vu que la partie du manteau située en dedans de l'impression palléale est constituée par une lame de tissu
conjonctif, riche en vaisseaux et en nerfs et recouverte
sur chaque face par un épithélium à un seul rang de
cellules. Les préparations au chlorure d'or et les coupes
transversales lui ont montré que les nerfs sont spécialement distribués dans deux plans situés à peu de distance

[1] *Comptes rendus de l'Institut.*

au-dessous de l'épithélium. Ces fibres nerveuses se croisent en formant des mailles irrégulières et les deux plans nerveux ne constituent en réalité qu'un seul plexus. Ces réseaux en se divisant et s'anastomosant de nouveau finissent par former un plexus sous-épithélial.

Ce plexus comparable à celui de la cornée des Mammifères représente un appareil nerveux très délicat qui, étroitement appliqué en dedans de la coquille, peut recevoir les ébranlements communiqués à cette dernière et en transmettre l'impression à l'animal. Cette disposition existe chez tous les Lamellibranches.

Les recherches de Flemming montrent de plus que ce plexus nerveux est en relation chez la Moule avec des cellules épithéliales qui, par leur forme en bâtonnet et les cils qui les garnissent peuvent être considérées comme des éléments spécialement sensitifs (fig. 12).

Un épithélium sensitif analogue a été rencontré par Drost chez le *Cardium edule*. Enfin, Thiele a examiné récemment les deux papilles jaunes que l'on trouve près des saillies anales d'une Arche. Il remarque qu'elles sont entièrement couvertes de longues soies immobiles et que, en section transversale, leur épithélium a une ressemblance étroite avec les organes latéraux de l'abdomen décrits par Eisig chez les Capitelles. L'auteur propose de désigner ces formations sous le nom d'*organes sensitifs abdominaux*. Ils sont innervés par un nerf qui prend ses branches du rameau médian qui s'étend en arrière du ganglion viscéral ; près cet organe existe un petit ganglion d'où les fibres nerveuses dissociées se rendent aux cellules sensitives. L'auteur a trouve des corps sensitifs semblables chez les Peignes, les Avicules et les Huîtres : ils se distinguent des organes décrits par Eisig par leur défaut de rétractilité.

Le pied des Lamellibranches semble aussi capable de fonctionner comme organe du toucher. Moquin-Tandon a fait remarquer depuis longtemps que les Anodontes pouvaient à l'aide de ces organes apprécier certaines qualités des corps qui les entourent.

Je signalerai encore les palpes ou lobes buccaux dont le rôle est peut-être multiple.

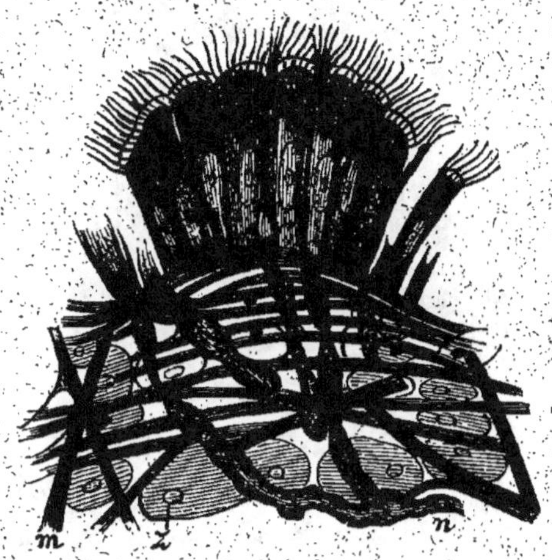

Fig. 12. — Coupe des téguments du manteau de la Moule. — ζ, Grosses cellules sous-jacentes à l'épiderme. — m, Faisceau de fibres musculaires. — n, Fibres nerveuses se terminant dans les bâtonnets compris entre les cellules ciliées et l'épiderme. (D'après Flemming).

GASTÉROPODES. — Les téguments de ces Mollusques sont constitués comme ceux des Lamellibranches par une couche dermo-musculaire recouverte d'une assise de cellules épithéliales. Dans l'épaisseur du manteau, on trouve encore de nombreuses fibres nerveuses disposées en plexus et, parmi les éléments épithéliaux, Flemming a rencontré ici encore ces cellules en bâtonnets munis de cils tactiles.

On croyait autrefois que le sens du toucher était surtout localisé dans les tentacules qui garnissent la tête de ces animaux, mais il suffit d'observer un Gastéropode quelconque pour voir que si ces appendices sont très sensibles au contact, ils ne sauraient cependant être

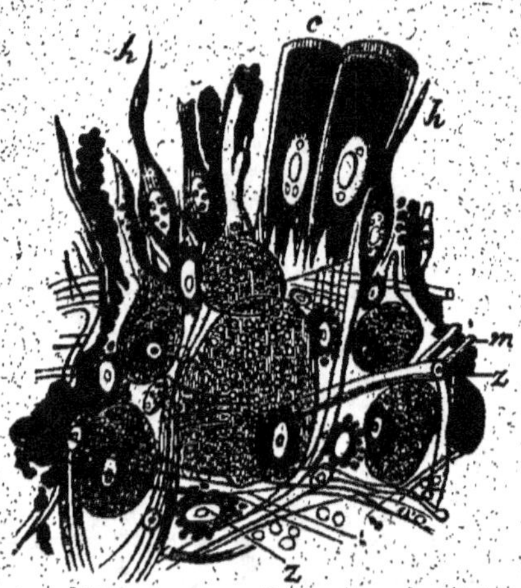

Fig. 13. — Coupe des téguments de l'Hélice vigneronne. — *c*, Cellules cylindriques de l'épiderme. — *b*, Bâtonnets à la base desquels se terminent les fibrilles nerveuses. — *m*, Faisceaux musculaires. — *z*, Cellules ovoïdes. (D'après Flemming).

considérés comme des organes tactiles, l'animal les rétracte, en effet, à la moindre impression de cette nature et ne s'en sert pas pour palper. Lorsqu'on saura d'ailleurs que ces tentacules portent les yeux et qu'ils servent aussi à l'olfaction, on admettra avec moins de difficulté qu'ils ne sauraient être considérés comme organes du toucher.

Nous croyons plutôt que chez les Gastéropodes le sens du tact s'exerce indifféremment par toute la surface cutanée. Lorsqu'on observe un Colimaçon, on voit fort bien que l'animal se dirige en dardant ses tentacules dans toutes les directions, pendant qu'avec le bord antérieur de son pied il est sans doute capable d'apprécier certaines particularités du sol sur lequel il se déplace, mais on ne saurait vraiment considérer cet organe comme appartenant spécialement au sens du toucher. Si, tandis que l'animal progresse ainsi, on pique légèrement une région quelconque de son corps, on voit qu'il sent ce contact aussi bien que la région antérieure qui est considérée comme étant chargée particulièrement de cette fonction. Il est donc impossible de décrire chez ces Mollusques des organes spéciaux du toucher ; nous devons croire plutôt que chez eux cette fonction se confond avec la sensibilité des téguments généraux qui est fort développée chez ces êtres et répandue à peu près également partout (fig. 13).

CÉPHALOPODES. — L'opinion que nous venons d'exprimer au sujet du toucher chez les Gastéropodes pourrait être soutenue de nouveau à propos des Poulpes et des Seiches. Sans doute, les bras qui sont disposés autour de la bouche de ces Mollusques doivent, à cause de leur longueur, de leur flexibilité et de leur riche innervation, être considérés comme des régions des téguments peut-être plus sensibles que les autres, mais nous n'y rencontrons aucune terminaison nerveuse spéciale qui puisse nous autoriser à les admettre au rang d'organes spéciaux du toucher. Une sensibilité tactile trop délicate serait d'ailleurs en opposition avec leur fonction princi-

pale : on sait, en effet, que ces bras ont surtout le rôle
de saisir et d'immobiliser la proie.

TUNICIERS. — L'évolution des Ascidies permet
aujourd'hui de détacher complètement ces animaux des
Mollusques et de les considérer comme appartenant à un
type spécial. La plupart des êtres qui font partie de cet
embranchement sont remarquables par une enveloppe
tégumentaire dure et coriace, hérissée d'aspérités.
Revêtus par cet épais manteau, ces Invertébrés ne sont
en rapport avec l'extérieur que par deux orifices servant
à la fois aux fonctions de la respiration et de la digestion.
Ces ouvertures qui portent quelquefois le nom de
siphons, par analogie avec ce qui existe chez les Lamellibranches, sont bordées par un tissu plus délicat dans
l'épaisseur duquel on a trouvé de nombreux filets nerveux; mais les recherches les plus récentes, celles de
M. Roule par exemple, n'ont pas réussi à démontrer
parmi les cellules épithéliales des éléments spécialement
sensitifs.

Ces êtres ne sont pas cependant insensibles aux contacts : lorsqu'ils sont étalés et que leurs orifices respiratoires sont béants, un choc même léger suffit pour
qu'ils rétractent immédiatement leurs siphons. Certaines
espèces telles que les Salpes qui mènent une vie pélagique doivent être mieux pourvues que les autres et
possèdent sans doute des moyens de perception semblables à ceux que nous venons de décrire chez les autres
Invertébrés.

CHAPITRE IV

LE GOUT

Caractère des sensations que ce sens nous procure. Conditions nécessaires à son fonctionnement. Rapports du goût et de l'olfaction. Ces deux sens se confondent chez les animaux inférieurs. Le goût doit suppléer l'olfaction et prendre un grand développement chez les Invertébrés qui vivent dans l'eau. Etude des manifestations du sens du goût et des organes qui servent peut-être à cette fonction chez les Cœlentérés, les Vers, les Arthropodes et les Mollusques. Boutons gustatifs de ces derniers.

Nous qualifions ainsi le sens qui nous sert à apprécier les qualités des corps que nous introduisons dans notre bouche en vue de notre alimentation. Chez nous ce sens est localisé au niveau de la base de la langue dans la région qui est innervée par le glosso-pharyngien dont les rameaux vont se terminer dans les papilles connues des anatomistes sous le nom de *papillæ circonvallatæ*. L'épithélium de ces papilles renferme des corpuscules particuliers formés par des associations de cellules sensitives; ces corpuscules portent le nom de boutons gustatifs.

Nous notons d'abord entre ce sens et celui que nous venons d'étudier une première différence essentielle qui n'est démontrée, nous le reconnaissons volontiers, que chez les animaux supérieurs. Tandis que le toucher est répandu partout à la surface de nos téguments, le goût est au contraire localisé et n'existe que dans notre cavité buccale. Ce fait est en rapport avec une qualité essentielle que les corps doivent présenter pour être appréciés par le sens du goût; ils doivent être en effet liquides ou dissous dans des liquides. On sait que cette condition est nécessaire et lorsque nous introduisons un corps solide dans notre bouche, nous ne le goûtons que lorsqu'il commence à se dissoudre dans notre salive. Ceci nous montre que chez les Vertébrés à vie aérienne le sens du goût ne saurait exister sur leurs téguments dépourvus d'humidité; il nous indique aussi la nécessité d'un état physique particulier.

Nous savons que par le toucher nous sommes surtout capables d'apprécier des états tels que la forme des corps solides, la nature de leur surface, leur poids, leur température; les liquides, à moins qu'ils puissent exercer une action nuisible sur notre organisme, échappent à l'action de ce sens; leur nature chimique quelquefois fort différente n'est pas appréciée par le toucher. Ces différences sont parfaitement perçues par le goût; nous acquérons ainsi des connaissances comme celles du doux, de l'amer, de l'aigre, du salin, dont nous n'aurions aucune notion. Cette faculté est même souvent utilisée par les chimistes qui notent comme caractéristique de certains corps la sensation élémentaire qu'ils produisent sur notre langue. Aussi dit-on que le goût nous permet d'apprécier certaines qualités chimiques des corps liquides. Chez nous ce sens n'est utilisé qu'en vue de notre alimentation et n'existe que dans notre cavité buccale. Mais on conçoit que chez les animaux qui vivent dans l'eau il puisse fonctionner ailleurs : aussi voyons-nous chez les Poissons les boutons gustatifs se montrer non seulement sur la langue, mais aussi sur les barbillons et même sur les téguments généraux quelquefois fort loin de l'ouverture buccale. Il n'est pas douteux pour nous qu'à l'aide de ce sens les Poissons perçoivent des modifications du milieu ambiant qu'ils utilisent non seulement pour leur alimentation, mais aussi pour l'accomplissement de leurs autres fonctions.

En étendant cette idée aux Invertébrés à vie aquatique, nous sommes autorisés à dire que le sens du goût combiné au toucher doit jouer un rôle considérable et suppléer en partie un autre sens, celui de l'olfaction, qui est si important chez les animaux inférieurs à vie aérienne et qui ne saurait trouver dans l'eau des conditions favorables à son fonctionnement.

Tous les observateurs qui se sont appliqués à l'étude des mœurs des Insectes rapportent sans hésitation à l'odorat la faculté si remarquable qui attire quelques-uns d'entre eux, tels que les Nécrophores, auprès d'un cadavre en putréfaction. Pourquoi ne pas attribuer au sens du goût la sensation qui dirige les Crabes et les autres Crustacés vers un corps en décomposition. Il n'est pas douteux en effet que si les substances en putréfaction émettent des vapeurs capables d'impressionner l'odorat, elles laissent échapper aussi des particules solides ou des liquides capables d'agir sur un sens analogue à notre goût. On peut supposer, sans avancer une hypothèse bien hardie, que ces particules ou ces substances liquides en se mêlant à l'eau ambiante peuvent arriver jusqu'à un animal vivant à une assez grande distance, et produire sur ses terminaisons gustatives une impression spéciale.

Cette idée nous conduit à admettre que le goût est très répandu chez les êtres qui vivent dans un milieu liquide, qu'il correspond chez eux à un sens plus général et dont le fonctionnement est en relation non seulement avec le choix des aliments, mais aussi avec les caractères du milieu ambiant. Chez les Invertébrés à vie aérienne le sens du goût se localiserait de plus en plus et ne pouvant plus fonctionner qu'à l'entrée du tube digestif là où les conditions nécessaires à son fonctionnement persistent, son action se restreindrait de plus en plus et ne serait plus utilisée que pour juger les qualités des aliments.

Nous allons examiner successivement chez les différents types d'animaux invertébrés les organes qui sont considérés comme servant à l'accomplissement de cette fonction. Mais nous devons faire remarquer que dans la plupart des cas nous sommes fort mal fixés sur le rôle réel des organes du goût. Le plus souvent notre opinion est fondée sur des observations histologiques ou sur des comparaisons tirées de la structure anatomique; malheureusement nous n'ignorons pas le peu de valeur de ces données lorsqu'il s'agit de l'interprétation physiologique d'une terminaison nerveuse sensitive, et si nous avons pris les faits anatomiques pour guide, c'est parce que les observations physiologiques nous faisaient complètement défaut. Ainsi que nous l'avons déjà dit plus haut, il est regrettable que des observa-

tions analogues à celles qui ont été faites sur l'odorat
des Insectes n'aient pas été tentées sur le goût des
Invertébrés aquatiques. Il est bien possible que, lorsque
ces recherches seront faites, nos idées changent beaucoup sur certains points.

PROTOZOAIRES. — Les idées générales que nous
avons déjà exposées à propos de ces animaux dans le
chapitre du toucher pourraient être soutenues de nouveau ici. Nous ne pouvons songer sans doute à décrire
des organes là où l'animal entier est réduit à une seule
cellule, mais nous avons le droit de nous demander
quand même si le sens du goût existe. Nous avons vu
en effet que le protoplasma non différencié des Infusoires
possédait à un état rudimentaire la première indication
de toutes les fonctions qui se sont spécialisées chez les
animaux multicellulaires.

Si on a le droit de dire que les Protozoaires ne paraissent pas fort difficiles sur le choix de leur nourriture,
on doit admettre également qu'ils sont sensibles aux
modifications d'ordre chimique qui se passent dans le
milieu dans lequel ils vivent. C'est ainsi que l'addition
de quelques gouttes d'acide acétique ou d'une autre
substance à l'eau dans laquelle on trouve des Infusoires
suffit pour les troubler dans leur évolution ; lorsque la
dose de substance toxique est plus forte, on voit ces êtres
rétracter leurs cils vibratiles et s'enkyster. On doit
admettre que ces modifications dans la vie de ces animaux, modifications qui correspondent à un changement
dans la composition chimique du milieu ambiant doivent

être la conséquence d'une impression analogue à celle
que nous qualifions chez nous sous le nom de goût.
Mais il est bien évident que ce sens se confond ici avec
les autres et ne se manifeste que par ces mouvements
qui sont la conséquence de cette propriété générale du
protoplasma vivant qui est connu sous la dénomination
d'irritabilité protoplasmique.

CŒLENTÉRÉS. — Chez ces êtres, pas plus que dans
ceux de la classe précédente, il n'est possible de décrire
un sens servant à apprécier la qualité des aliments;
cependant quelques naturalistes et en particulier Pollock
et Romanes ont pu faire certaines observations qui démontrent que les Actinies sont capables d'apprécier la
présence dans leur voisinage de certains aliments tels
que les Moules éventrées, etc. Lorsqu'on suspend ces
corps pendant un moment au-dessus d'une Ortie de
mer, on voit l'animal s'épanouir et écarter ses tentacules. En plaçant les débris qui servent habituellement à la nourriture de ces êtres au milieu d'un groupe
d'Actinies disposées en cercle, on ne tarde pas à les voir
s'ouvrir successivement, sans qu'elles paraissent cependant capables d'indiquer par leur mouvement la place
occupée par la proie qu'on leur présente.

Romanes rapporte ces manifestations au sens de l'odorat et fait remarquer que ces animaux sont les plus
inférieurs chez lequels ce sens ait été constaté.

Nous admettrons plutôt, à cause des conditions générales dans lesquelles ces êtres vivent et pour les raisons
que nous avons exposées au commencement de ce cha-

pitre que ces indices de sensibilité spéciale correspondent au sens du goût. Mais il est bien évident qu'il ne faut pas songer à déterminer quelle est la région du corps de ces animaux qui sert à cette perception. Nous pensons même qu'il n'existe pas de terminaison nerveuse particulière à l'accomplissement de cette fonction ; les cellules à bâtonnet munies de cils rigides qui servent au toucher doivent servir aussi à la perception des modifications chimiques et peuvent être ainsi considérées comme des éléments sensitifs terminaux présidant à la fois au tact et à la gustation.

ÉCHINODERMES. — C'est en vain que l'on s'efforcerait de trouver chez ces êtres des manifestations nettes de l'existence du goût. Le peu de choix qu'ils montrent dans leur alimentation suffirait pour leur faire refuser complètement la faculté d'apprécier les qualités des substances qu'ils introduisent dans leur tube digestif. On sait, en effet, que les Oursins, les Étoiles de mer, les Holothuries avalent indistinctement des petits Mollusques, des débris organiques variés et enfin de la vase.

Quelques auteurs ont cependant remarqué les analogies de structure que présentent certaines terminaisons nerveuses sensitives de ces animaux avec les boutons gustatifs des animaux supérieurs. Cette ressemblance est indiquée par Hamann à propos des organes sensitifs des pédicellaires des *Sphœrechinus granularis* (fig. 6). Les groupes de cellules en bâtonnet que le même auteur a décrites sur les tentacules des Synaptes présentent des ressemblances au moins aussi remarquables. Cependant comme il n'existe aucune expérience permettant de considérer ces petits appareils comme servant à la gustation, ce n'est que sous forme d'hypothèse que l'on peut émettre l'opinion qu'il sont utiles à percevoir des modifications du milieu ambiant analogues à celles que nous rapportons chez nous au sens du goût.

VERS. — Nous manquons encore ici d'observations physiologiques exactes. Nous avons laissé cependant de côté, en étudiant le toucher chez ces animaux, un certain nombre d'organes dont quelques-uns que nous allons décrire appartiennent peut-être au sens du goût.

TURBELLARIÉES. On ne saurait rechercher un sens du goût chez les formes parasites de cette classe. Même chez les plupart des types à vie irritante comme les Turbellariées rhabdocœles et dendrocœles, si le sens du goût existe, ses terminaisons nerveuses ne peuvent être distinguées de celles du toucher.

Les Nemertes seuls possèdent deux enfoncements symétriques, situés au niveau de la région céphalique, qui ne sauraient être assimilés à des organes du toucher et qui appartiennent peut-être au sens du goût. Ces organes portent des noms différents; on les désigne tantôt sous la dénomination de *sacs céphaliques*, tantôt sous celui de *fossettes ciliées* ou d'*organes latéraux* (fig. 14). Presque tous les auteurs qui se sont occupés de l'anatomie des Nemertes ont signalé leur existence et les ont étudiés plus ou moins attentivement. Ces organes latéraux se montrent à des états de développement fort différents qui ont été étudiés avec soin par Hubrecht

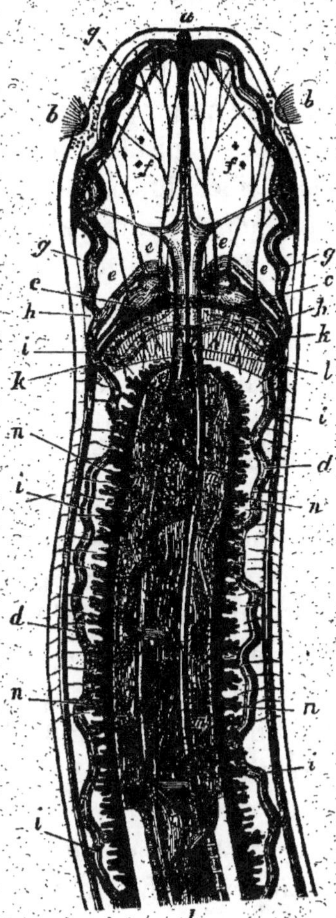

FIG. 14. — Portion antérieure du corps d'une Borlasie. — *a*, Orifice buccal. — *bb*, Fossettes céphaliques ciliées. — *cc*, Lobes du cerveau réunis par une bandelette sous-œsophagienne. — *d*, Troncs nerveux longitudinaux. — *eeee*, Nerfs céphaliques. — *ff*, Yeux. — *ggg*, Anse vasculaire céphalique. — *ll*, Vaisseau médio-dorsal, se bifurquant pour donner les branches *kk*, qui entourent le cerveau, et viennent se réunir en *bb* aux vaisseaux latéraux. — *mm*, Diaphragme horizontal formant le canal propre de la première portion de la trompe. — *oo*, *nn*, Ovaires ou testicules.

E. JOURDAN, Les Sens.

dans une série de types européens et exotiques. L'état
le plus inférieur est celui que présente le genre *Carinella*, chez lequel l'épiderme montre un pli transverse
peu profond qui est interrompu au milieu du dos. Ce
pli est cilié, les coupes ne montrent aucune complication
de structure, seulement la distance entre les cellules
nerveuses et la surface ciliée du corps est diminuée. Chez
une autre espèce du même genre, on trouve, au lieu
d'une seule rainure, une série de sillons parallèles
placés perpendiculairement par rapport à un sillon transverse plus large et confluent à lui. Au milieu de ce
sillon transverse on trouve une petite ouverture condui-
sant dans un canal cilié; ce canal pénètre le tissu ectodermique et entre immédiatement au milieu de cellules
ganglionnaires du cerveau, où il paraît se terminer en
cul-de-sac. Une autre modification se rencontre chez le
genre *Polia*. Extérieurement, l'organe ressemble au précédent, mais les coupes montrent qu'ici le conduit vibratile pénètre au milieu de cellules nerveuses en décrivant
une double courbure et en se terminant dans une sorte
de renflement plus ou moins grand. Hubrecht fait
remarquer que l'extrémité centrale de ce canal s'enfonce
dans un petit amas de cellules chargées d'hémoglobine
qui sont en rapport avec la partie postérieure du cerveau.
Ces relations lui paraissent suffisantes pour qu'il soit
permis de considérer ces organes comme servant à la
respiration

Van Beneden avait considéré ces sacs céphaliques
comme appartenant au système excréteur; d'autres les
ont regardés comme homologues des organes segmen-
taires de Vers annelés; enfin, quelques auteurs, et entre

autres Rathke, ont admis ces fossettes vibratiles parmi les organes sensitifs. Cette opinion est partagée par un grand nombre de naturalistes et par Devoletzky qui s'est occupé dernièrement de cette question. Cet anatomiste a étudié les organes latéraux des Schizonemertes, surtout ceux du *Terebratulus fasciolatus* et aussi ceux des genres *Drepanophorus* et *Carinella*. Il pense que ces formations existent dans tous les genres et que lorsqu'elles manquent chez l'adulte, elles ont existé au début de la vie. Il décrit les différentes formes que ces appareils peuvent présenter et les compare avec les organes semblables qui existent dans d'autres groupes du règne animal et, considérant surtout les animaux qui vivent dans l'eau, et en particulier les Mollusques et les Annélides, cet auteur conclut en disant que les organes latéraux ont sans doute des fonctions auditives ou tactiles. Mais il fait remarquer qu'ils peuvent servir aussi à l'olfaction ou au goût : l'eau ou l'air humide dans lequel vivent ces animaux constituant un milieu très favorable au transport des stimulants chimiques.

On voit qu'à défaut d'expériences précises très difficiles ou même impossibles à réaliser, l'auteur n'affirme aucune de ces fonctions indépendamment des autres.

Si nous essayons maintenant d'examiner ces différentes opinions, nous allons voir qu'il en est quelques-unes qui paraissent difficiles à soutenir. L'interprétation d'Hubrecht repose sur la présence de cellules à hémoglobine en rapport avec ces fossettes ciliées. Ce fait a certainement une valeur ; mais si nous comparons ce prétendu appareil respiratoire avec les organes analogues de la plupart des Invertébrés nous voyons qu'il

offre des caractères bien différents. On ne saurait en effet
considérer un étroit canal en cul-de-sac ou une fossette
ciliée comme une région ectodermique au niveau de
laquelle l'eau se renouvellera plus facilement qu'ailleurs ;
nous savons cependant que c'est là une condition nécessaire au fonctionnement des appareils respiratoires des
animaux à vie aquatique. Le rôle de ces organes dans
les fonctions d'excrétion nous paraît encore solliciter une
démonstration. Des trois opinions que nous avons
signalées, il ne nous en reste plus qu'une seule à examiner celle qui tend à voir dans les organes céphaliques des appareils sensitifs dont la nature reste à déterminer.

Nous pouvons d'abord éliminer sans peine ces fossettes
des organes de la vue et de l'ouïe ; il ne nous reste plus
qu'à examiner s'il est permis de les rattacher au toucher, au goût ou à l'odorat. Nous avons vu dans le
chapitre précédent que les organes du toucher des Vers
sont presque toujours situés sur des appendices, tels que
les tentacules, les cirres, qui sont des parties saillantes
plus exposées aux contacts que le reste des téguments
et surtout que des régions creusées en fossettes. Si les
organes latéraux des Nemertes servaient au toucher,
ils feraient exception à une règle qui peut passer pour
générale. Nous voyons au contraire que les sens du
goût et de l'olfaction sont souvent abrités dans des
plis, dans des enfoncements où il semble que les particules susceptibles d'impressionner ces sens sont
recueillies. On peut dire que les fossettes ciliées des
Nemertes présentent des conditions favorables à l'exercice d'un sens analogue à ceux du goût ou de l'olfaction.

NÉMATHELMINTHES. — Nous ne connaissons rien chez ces animaux qui puisse passer pour un organe du goût. L'état parasitaire de beaucoup de genres et la cuticule qui revêt les autres sont des raisons suffisantes pour nous permettre de comprendre l'absence de ces sensations.

BRYOZOAIRES. — Les naturalistes ne décrivent encore ici, rien de semblable à un sens du goût même rudimentaire.

ROTATEURS. — La couronne vibratile de ces petits animaux sert peut-être à la fois comme organe du toucher et comme organe du goût. —

GÉPHYRIENS. — Les Siponculiens ne paraissent posséder rien de semblable à un organe du goût, mais l'épithélium vibratile de la trompe des Géphyriens armés sert sans doute à la fois au toucher et au goût. Ces êtres sont en effet sensibles non seulement au contact, mais aussi aux modifications chimiques et nous avons déjà dit que la perception des changements de cette nature était pour nous la première indication de l'existence d'un sens du goût.

ANNÉLIDES. — Pas plus que les animaux des groupes précédents les Vers annelés ne peuvent être considérés comme possédant un sens du goût dont l'existence soit bien démontrée. En étudiant le toucher chez ces êtres, nous avons cependant laissé de côté quelques appareils qui ne pouvaient passer pour des organes du tact et qui correspondent peut-être à l'exercice de fonctions analogues à celles du goût ou de l'olfaction.

Lorsqu'on débite en coupes transversales le segment céphalique des Arénicoles, on trouve de chaque côté de la tête dans l'épaisseur des téguments des enfoncements ou fossettes garnis de cils vibratiles. Ces organes se trouvent représentés chez d'autres formes, surtout chez les Euniciens, où ils semblent avoir acquis leur plus grand développement et où ils prennent le nom d'*organe de la nuque*. Spengel qui s'est occupé particulièrement de cette question, signale l'existence de cet organe chez le genre Polygordius et rappelle qu'il a été trouvé avec des modifications diverses chez un grand nombre d'espèces. Les formes larvaires des Annélides nous offrent aussi une paire de fossettes ciliées qui paraissent précéder l'organe de la nuque et présenter les premières traces de cette formation ; Hatschek a vu chez l'embryon du *Criodilus* une paire de fossettes ciliées. La plupart des auteurs qui se sont occupés de l'embryologie des Annélides, Kleinenberg entre autres, ont signalé également des cellules isolées ou des groupes de cellules, analogues par leur situation par rapport aux centres nerveux de la larve à l'organe de la nuque des Annélides adultes.

L'organe de la nuque des Annélides du genre *Eunice* est constitué par des cellules fibrillaires pourvues de cils vibratiles, cellules qui forment au fond du repli céphalique, immédiatement en arrière de la tête et dans la région dorsale, une bande ciliée dont les éléments constitutifs sont en rapport immédiat avec la partie postérieure des ganglions cérébroïdes. Cette zone vibratile est protégée par un repli des téguments qui la loge au fond d'une gouttière et la met ainsi à l'abri des contacts. Quelle est la fonction de cet organe et quelle est son importance dans la vie de ces Vers ? Ce sont là des questions sur lesquelles il est impossible de se prononcer et je ne puis que citer ici les conclusions dans mon mémoire sur l'histologie de ces Vers.

« Quant à essayer de déterminer les fonctions de ces bandes ciliées, j'avoue que je suis incapable d'émettre une opinion bien fondée ; je crois qu'il serait fort téméraire de vouloir établir des analogies entre ces organes et certains de nos organes des sens. Sans doute, on peut affirmer que l'organe de la nuque ne sert ni à la vue ni à l'ouïe, on peut avancer aussi qu'il ne saurait être utilisé comme appareil tactile ; sa situation au fond d'un repli s'oppose en effet à cette fonction. Je crois qu'il est difficile d'aller au delà. On se risquerait dans des interprétations aventureuses en voulant préciser davantage et en soutenant, par exemple, que cet organe sert au goût et non à l'olfaction ou *vice versa*. Je crois d'ailleurs que les conditions dans lesquelles s'effectue le fonctionnement des organes des sens chez les Invertébrés aquatiques doit nous engager sur ce point à la plus grande prudence ; il n'est pas impossible que certains de leurs appareils nerveux terminaux soient susceptibles de remplir des fonctions mixtes et que les sensations qu'ils révèlent soient intermédiaires entre celles que nous qualifions sous le nom de toucher et d'olfaction. Il est probable aussi que des sens spéciaux, dont les analogues n'existent pas chez nous, se rencontrent chez ces êtres et leur sont utiles à cause des conditions particulières dans lesquelles ils vivent.

« Ces considérations m'engagent à ne pas me prononcer sur le rôle physiologique de l'organe de la nuque. Tout ce qu'il est permis de dire, c'est que ce rôle ne doit pas être exagéré, et que si les bandes ciliées de cet organe doivent prendre place parmi les organes des sens, elles ne sauraient cependant avoir un rôle bien actif. »

L'observation vulgaire prouve que quelques Annélides du groupe des Hirudinées manifestent des signes certains de l'existence du sens du goût. Les médecins et toutes les personnes qui ont soigné des malades savent que les sangsues se décident à appliquer leurs ventouses et à entamer la peau des malades seulement lorsque celle-ci a été exactement nettoyée et que, si on prend le soin de frotter la région des téguments où l'on désire les placer avec du lait ou du sang, elles adhèrent plus facilement. Il faut donc reconnaître qu'elles sont capables d'apprécier, avec un sens que l'on peut qualifier du nom de sens du goût, les qualités des substances qui servent habituellement à leur nourriture. Si l'on remarque aussi que ces Vers sont des animaux aquatiques, on reconnaîtra que nous n'avons aucune difficulté à admettre chez eux l'existence de ce sens. Enfin la présence dans leur région céphalique d'organes sensitifs spéciaux, comparables aux corps cyathiformes des Poissons et à nos boutons gustatifs, pourrait encore nous confirmer dans cette interprétation. On voit au-dessus de la ventouse buccale chez les Sangsues une série de fossettes cupuliformes formées de minces cellules en bâtonnet. Ces sortes de bulbes reçoivent à leur base des rameaux nerveux. Ils rappellent par l'ensemble de leur structure non seulement les organes analogues des Vertébrés inférieurs, mais aussi les corps épithéliaux qui existent dans l'épaisseur de l'épithélium lingual au niveau de certaines papilles chez les Mammifères et chez l'Homme et qui sont aujourd'hui considérés comme les appareils nerveux terminaux du sens du goût.

ARTHROPODES. — D'après les idées que nous avons exposées dans un chapitre de ce livre et au début de celui-ci nous devons nous attendre à trouver un sens de goût bien développé chez les Arthropodes qui vivent dans l'eau tandis que le sens de l'odorat l'emportera chez les Insectes et les autres classes d'animaux articulés à vie aérienne.

Les Crustacés manifestent des signes certains de l'existence du sens du goût. Ils sont en effet capables de faire un choix dans les corps qui servent à leur alimentation de plus ils sont attirés de fort loin par les substances en putréfaction dont ils font volontiers leur nourriture. Comment qualifier cette faculté ? Chez leurs voisins les Insectes elle porte le nom d'olfaction ; dénomination qui leur est fort justement appliquée. Mais dans le cas qui nous occupe pourquoi ne pas admettre que les corps qui attirent ces Arthropodes émettent des particules qui se dissolvent dans le milieu ambiant et deviennent ainsi capables d'impressionner des terminaisons nerveuses sensitives. Il nous semble que le sens qui fonctionne dans ces conditions mérite plutôt le nom de goût que celui d'olfaction.

Leydig a décrit depuis longtemps chez les Crustacés des poils particuliers qu'il a désignés sous le nom de *cônes olfactifs* et qui serviraient à la perception des odeurs dans l'eau. Ces cônes se distinguent facilement par leur forme et leur structure des poils tactiles qui les environnent. Sur la branche externe ou *exopodite* de

l'Écrevisse et sur la face inférieure on trouve sur chaque
article deux faisceaux de poils modifiés. Chaque poil

Fig. 15. — Extrémité de l'antennule de l'*Asellus aquaticus*. — *o*, Cônes olfactifs.
— *t*, Poils tactiles. — *p*, Soie servant à protéger les organes des sens. —
n, Filets nerveux allant se terminer dans les organites *t* et *o* chargés de percevoir les sensations tactiles ou olfactives. (D'après Leydig.)

long de $0^{mm},15$ semble formé de deux articles : l'un
basilaire est arrondi, l'autre terminal est spatulé à extrémité tronquée ou papilliforme : le corps du poil est

rempli par un tissu qui est en rapport lui-même avec un filet nerveux (fig. 17). Ces organes ont été considérés autrefois comme étant en relation avec le sens auditif; aujourd'hui on admet généralement qu'ils servent à la perception des odeurs; enfin nous avons exposé les raisons qui nous engagent à les classer parmi les organes du goût. Leydig, dans un mémoire plus récent ajoute qu'il est fort difficile de distinguer chez les Crustacés les poils tactiles des poils gustatifs et ces derniers des bâtonnets olfactifs. Il existe entre eux tous les intermédiaires possibles et on peut en dire autant des poils auditifs.

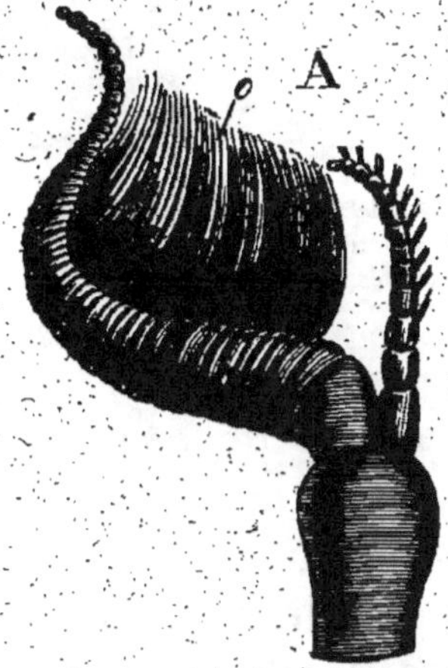

Fig. 16 — Antenne d'un Pagure. — o, Cônes olfactifs. (D'après Leydig.)

On voit que chez ces Arthropodes les trois fonctions du toucher, du goût et de l'odorat sont bien difficiles à séparer et qu'une même terminaison nerveuse semble capable de présider à plusieurs sensations.

On ne sait rien de précis au sujet du sens du goût

chez les Araignées ; Haller a cependant décrit chez les
Hydrachnes des poils qu'il appelle olfactifs qui servent
peut-être à un sens du goût rudimentaire, mais qu'il est
en tout cas impossible de distinguer des poils tactiles.

Nous verrons dans le chapitre suivant que chez les
Insectes le sens de l'odorat paraît l'emporter sur tous les

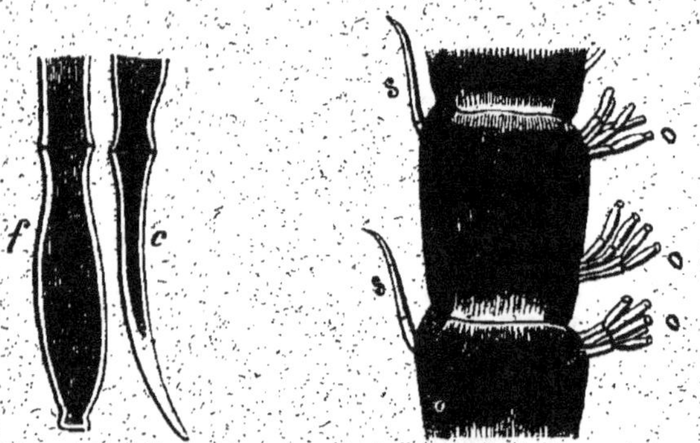

FIG. 17. — Portion de la branche externe de l'antennule de l'Ecrevisse ou exopodite grossie. — ss, Soies tactiles. — oo, Faisceaux de poils modifiés servant
à l'olfaction. — f, c, Extrémités des olfactifs, vue de face et de côté. (D'après
Huxley.)

autres. Il existe cependant un certain nombre de faits
faciles à vérifier qui montrent que les Insectes peuvent
distinguer des substances qui servent à leur alimentation.
Will et Forel ont récemment résumé les notions que
nous possédons sur ce sujet et nous empruntons encore
la plupart des données qui suivent au mémoire de ce
dernier auteur.

Nous citerons d'abord quelques faits montrant que ce
sens existe chez les Insectes et qu'il est distinct de l'odorat, nous examinerons ensuite quel est l'organe qui préside à son fonctionnement. On sait que les Chenilles

reconnaissent au goût la plante qui leur plaît. Quand on les place sur une feuille dont elles n'ont pas l'habitude de se nourrir, elles essaient d'en manger, mais bientôt elles s'arrêtent et, jusqu'à ce qu'elles aient trouvé celles qui leur conviennent, refusent toute nourriture. Des Guêpes qui arrivent sur une grappe de raisin s'appliquent à trouver le grain le plus mûr et les goûtent successivement avant d'en choisir un. On pourrait citer des exemples multiples pris sur des animaux de divers régimes. Forel a remarqué que les Fourmis ne s'aperçoivent pas à l'aide de leurs antennes de la quinine ou de la strychnine mêlée au miel dont elles sont très friandes; elles commencent à en manger, mais dès qu'elles en ont goûté elles se retirent. Elles ne savent pas cependant distinguer par l'odeur ni la saveur des subtances qui leur sont nuisibles comme le phosphore.

Plusieurs organes ont été considérés successivement comme étant le siège du sens du goût. Cette fonction a été attribuée autrefois par Knoch, Lesser, Léon Dufour et Packard, aux *palpes*. Plateau a fait sur le rôle de ces appendices une série d'expériences sur des Insectes, des Myriapodes et des Crustacés, et ces recherches tendent toutes à diminuer l'importance de ces petits organes. Les conclusions que ce savant observateur donne dans son dernier mémoire au sujet de ces organes me paraissent tout à fait probantes.

« Arrivé à la fin de ces recherches, je répéterai d'abord, en la modifiant un peu, la phrase qui termine la deuxième partie : les palpes des Insectes broyeurs, des Aranéides femelles et des Myriapodes chilopodes, représentent des pattes céphaliques dégénérées, n'ayant plus ni leurs dimensions primordiales, ni un rôle déterminé. Ce sont des organes devenus inutiles, ou à peu près, et dont ces animaux, comme mes expériences le prouvent, peuvent se passer sans inconvénient.

« J'ajouterai ensuite : la même conclusion est applicable à une partie des organes palpiformes des Crustacés, puisque les Isopodes et les Amphipodes, privés des endopodites, des pattes-mâchoires externes, homologues des palpes des Insectes, et les Décapodes brachyures auxquels on a enlevé les derniers articles de ces mêmes endopodites, parviennent à se nourrir comme les Arthropodes intacts.

« Enfin il est acquis que les appendices externes des pattes-mâchoires des Crustacés décapodes, auxquels certaines analogies de forme et de position ont fait donner abusivement le nom de palpes, c'est-à-dire les exopodites, n'interviennent en rien lors de la préhension des aliments ou lors de leur introduction dans la bouche. »

Will arrive aux mêmes résultats, et Forel en coupant les antennes et les palpes à des Guêpes a vu qu'elles étaient parfaitement capables de distinguer le miel pur de celui qui était mélangé à une certaine quantité de quinine. Il faut donc chercher ailleurs que sur les palpes le siège du sens du goût.

Wolff a localisé ce sens dans un organe situé au niveau de l'épipharynx.

Kunckel et Gazagnaire émettent une opinion qui se rapproche fort de celle de l'auteur précédent. Pour eux chez les Diptères la gustation commence au niveau des orifices des fausses trachées, s'accentue à l'extrémité de

l'épipharynx où existe un véritable bouquet de terminaisons nerveuses, se prolonge sur ses bords, et s'achève
à l'entrée ou sur tout le parcours du pharynx.

Will a étudié cette question avec le plus grand soin.
Il conclut de ses observations que les Hyménoptères
et les Diptères au moins sont pourvus d'un sens gustatif. Il décrit attentivement la langue et les parties buc-
cales environnantes et dit que les fossettes et les calices
de la base de la langue et du bord interne des pièces
maxillaires sont les organes terminaux de l'appareil
gustatif. Les filets nerveux se terminent à la surface et
sont accessibles à l'excitation chimique directe. Les
soies placées à l'extrémité de la langue peuvent être
aussi regardées comme des organes gustatifs; ainsi
que cela résulte du rôle joué par cet organe dans les différents stades de l'ingestion de la nourriture et aussi
par la structure de cette région.

Forel, croit que plusieurs organes peuvent servir à la
gustation et il admet parmi les organes du goût :

1° Les terminaisons nerveuses de la trompe des
Mouches décrites par Leydig et qui sont les homologues
des suivantes.

2° Les terminaisons nerveuses des mâchoires et de la
langue décrites par Meynert chez les Fourmis.

3° Les terminaisons nerveuses de l'extrémité de la
langue décrites par Forel chez les Fourmis.

4° L'organe nerveux terminal du palais ou de l'épipharynx décrit par Wolff. Ce dernier paraît même, chez
certains Insectes du moins, jouer un rôle prépondérant
et ce n'est pas pour rien qu'il est si développé chez les
Abeilles qui puisent le miel dans tant de fleurs.

On voit par ce qui précède que le sens du goût existe fort net et bien développé chez les Insectes et que son siège à peu près certain se trouve placé, ici comme chez les animaux supérieurs à vie aérienne à l'orifice du tube digestif.

MOLLUSQUES. — On sait que certains des animaux compris dans cette classe manifestent fort nettement le pouvoir de faire un certain choix dans leur alimentation. D'autres au contraire semblent tout à fait indifférents et avalent indistinctement la vase et les corps alimentaires qui arrivent à leur portée.

Nous ne suivrons pas l'exemple de quelques naturalistes qui admettent que le sens du goût ne saurait exister que dans la langue et qui s'efforcent de trouver dans cet organe chez les Mollusques des traces de sa présence.

La langue des Mollusques est tout à fait impropre à l'exercice du sens du goût; elle est dure, chitineuse et couverte de nombreuses saillies qui la transforment en une véritable râpe; aussi l'examen anatomique est-il suffisant pour nous autoriser à lui refuser cette fonction. C'est ailleurs que nous chercherons des preuves de l'existence de cette fonction et des terminaisons nerveuses spéciales à ce sens.

Nous ne connaissons sur le sujet qui nous occupe que le travail récent de Flemming sur les boutons gustatifs des palpes de différents Mollusques. Cet histologiste, dont nous avons eu déjà à citer les recherches, rappelle que Haller a trouvé dans le genre *Fissurella* au-dessous du sillon latéral et au milieu de ce sillon une série de monticules sensitifs munis d'un épithélium particulier. Chez les Troches, les tentacules beaucoup plus longs sont au nombre de quatre, placés au bord du pied, et, par leur longueur et leurs mouvements rapides, ils attirent l'attention de tous les observateurs.

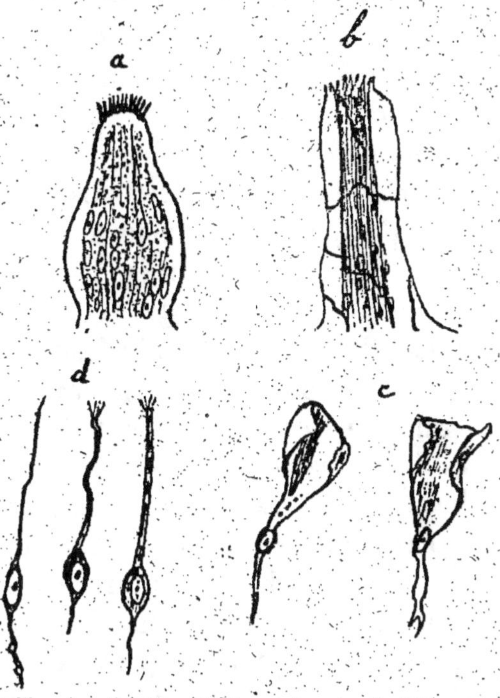

Fig. 18. — Papilles gustatives des Mollusques. — *a*, Papille traitée par l'acide acétique. — *b*, Papille ayant subi l'action du nitrate d'argent ; les limites des cellules de recouvrement sont indiquées par des lignes noires. — *c*, Cellules de recouvrement isolées. — *d*, Cellules sensitives occupant l'axe du bouton gustatif ; elles sont isolées comme les précédentes par macération dans le sérum iodé et l'acide acétique. (D'après Flemming.)

Flemming a trouvé sur les palpes ou tentacules marginaux de ces Animaux des papilles très serrées qui se rencontrent aussi sur les bords du manteau et sur la tête. Il les a isolées et a vu qu'elles présentaient une striation longitudinale correspondant à un faisceau central de longues et minces cellules dont les noyaux sont groupés à la base de la papille tandis que l'extrémité libre de la cellule se termine par un poil faisant saillie au bout de la papille. Ce faisceau central est entouré par des cellules d'une forme tout à fait différente. Ces dernières sont larges, aplaties et appliquées comme des éléments protecteurs à la surface des autres (fig. 18).

Flemming a trouvé des papilles tout à fait semblables chez certains Lamellibranches. C'est ainsi que chez le genre *Pecten,* les innombrables filaments tactiles du bord du manteau sont couverts de papilles au moins aussi serrées que sur les palpes des Troches et ayant une structure identique. Ces terminaisons nerveuses n'existent pas chez tous les Lamellibranches, mais c'est en vain que l'auteur que je viens de citer les a recherchées sur les tentacules des Mollusques d'eau douce et sur beaucoup de Lamellibranches marins.

Quel est le rôle qu'il est permis d'attribuer à ces appareils sensitifs terminaux. Ici je crois qu'il est préférable de laisser la parole à Flemming ou du moins d'analyser son mémoire aussi exactement que possible.

Les verrues épithéliales, c'est ainsi qu'il appelle les papilles que nous venons de décrire, peuvent être comparées évidemment aux organes gustatifs des larves de Grenouille décrits dans la cavité buccale par Schulze. Bien qu'elles soient proéminentes, on peut les considérer aussi comme semblables aux papilles gustatives placées au sein de l'épithélium stratifié des Mammifères, à celles des barbillons, des lèvres et de la tête des Poissons osseux ; elles n'en diffèrent ni par leur forme, ni par la disposition des cellules. Si on appelle ces derniers organes caliciformes, il faut évidemment comprendre sous la même dénomination les organes des Prosobranches et des Acéphales. La seule différence notable entre les papilles des Mollusques et les boutons gustatifs des Vertébrés consiste en ce que les poils terminaux des cellules sensitives centrales proéminent librement chez les premiers tandis que chez les derniers leur extrémité libre reste à l'intérieur de la papille ; mais ce n'est pas là une différence essentielle ; car, même dans ce dernier cas, les extrémités de de ces cils sont aussi en contact avec le liquide environnant.

Flemming, partageant en cela l'opinion admise par la grande majorité des biologistes, pense que les fonctions d'un organe ne sauraient se déduire de sa structure surtout quand cette structure est aussi simple que dans le cas actuel. Il rappelle que des cellules sensitives semblables à celles qui sont constitutives du bouton gustatif existent disséminées dans l'épaisseur de l'épithélium des Mollusques ; elles sont surtout nombreuses sur les tentacules et sur les parties proéminentes ; enfin dans le cas particulier étudié par Flemming elles sont simplement réunies en groupes et entourées de cellules aplaties adaptées à des fonctions spéciales de protection (fig. 18).

On peut supposer, pense l'histologiste allemand, que ces formations nous représentent la partie essentielle d'un organe terminal sensitif spécifique, mais cette opinion n'est pas démontrée.

Les tentacules ou les palpes des Mollusques, qui possèdent des papilles semblables à celles que nous venons de décrire, seraient donc peut-être des organes gustatifs. Mais cette fonction n'en exclurait pas d'autres, qui pourraient coexister comme celle du toucher.

Nous voyons par ce qui précède que chez presque tous les types d'Invertébrés nous rencontrons des preuves plus ou moins certaines de l'existence du sens du goût; mais nous devons reconnaître aussi que nous manquons de bases physiologiques. Il est néanmoins un fait qui semble résulter des lignes précédentes et sur lequel nous voulons encore une fois appeller l'attention. Nous voulons parler de l'impossibilité dans laquelle on se trouve de séparer nettement les terminaisons nerveuses du goût de celles du toucher ou de l'olfaction. Souvent le même épithélium sensitif préside à la fois à ces trois fonctions, il ne faut pas songer à distinguer. Il semble que de la fonction tactile primitive aient dérivé deux autres sens : celui du goût, qui adapté à la perception des modifications chimiques des milieux liquides, a persisté chez tous les êtres vivant dans l'eau et y a acquis une grande importance, et celui de l'odorat qui s'est montré à mesure que, quelques-uns des différents types du règne animal se trouvant placés dans un milieu différent, les modifications chimiques du milieu ambiant ne sont plus arrivées à eux que sous forme de vapeurs.

CHAPITRE V

L'ODORAT

L'odorat chez nous et chez les Vertébrés. Ses relations avec les fonctions de nutrition, de respiration et de reproduction. Leur développement chez certains Mammifères, son atrophie chez ceux qui sont adaptés à une vie aquatique. Impossibilité de le distinguer du goût chez les animaux qui vivent dans l'eau. Le sens de l'odorat chez les Insectes. Exemples de son importance : son siège dans les antennes, expériences démonstratives. Structure des antennes. L'odorat chez les Mollusques pulmonés.

L'expérience personnelle apprend à tout le monde combien ce sens a des rapports intimes avec celui du goût. On sait que nous ne sommes pas capables de percevoir nettement les nuances délicates du goût de nos aliments lorsque notre épithélium olfactif ne présente pas une intégrité parfaite.

Ces relations nous montrent que les connaissances que le sens de l'olfaction nous permet d'acquérir sont analogues à celles que le goût nous révèle. Nous remarquons seulement que les substances qui impressionnent nos sens du goût et de l'odorat arrivent au contact de ces organes à des états physiques différents. Les notions que nous rapportons au goût émanent de substances

dissoutes dans des liquides, celles qui se rattachent à l'olfaction arrivent au contact de notre muqueuse olfactive
sous forme de vapeurs ou de gaz. L'état liquide est indispensable à l'exercice de notre goût, de même que l'état
gazeux est nécessaire à la perception des odeurs. Il en
résulte que, pour nous qui vivons dans l'air, le sens de
l'odorat nous permet d'acquérir certaines notions sur les
qualités utiles et nuisibles de certains corps qui ne sont
pas en contact immédiat avec nous; il présente ainsi
plus de généralité et par conséquent plus d'importance
que celui du goût. Grâce à lui nous arrivons à connaître
les qualités de l'air qui entre dans nos poumons, et son
rôle est déjà par cela seul fort important. Il nous rend
capables d'apprécier la valeur des aliments avant leur
introduction dans notre cavité buccale, et remplit ainsi
un rôle préservateur des plus utiles.

Il faut reconnaître cependant que dans l'espèce humaine,
sinon chez tous les individus, mais au moins chez la
plupart, l'importance de ce sens ne doit pas être exagérée, mais surtout ne saurait être comparée avec ce qu'il
est chez certaines espèces animales. On connaît le rôle
important que le sens de l'odorat joue chez tous les
Mammifères pour le choix des aliments, pour la pour-
suite de la proie et aussi pour éviter les ennemis. On
sait que les Ruminants refusent l'herbe souillée ou frois-
sée par des corps capables de leur communiquer une
certaine odeur; c'est ainsi que les Chèvres ne veulent
pas saisir des feuilles imprégnées de salive humaine; on
sait aussi que les Canards lavent, avant de le manger,
le pain parfumé qu'on leur donne. L'odorat si remarquable du Chien est un exemple présent à tous les esprits;

on sait que ces animaux arrivent ainsi à suivre à la piste
une proie qui n'a laissé que des traces tout à fait inap-
préciables pour nous.

Le sens de l'odorat a aussi un rôle des plus considérables dans les fonctions de reproduction. Il est à la fois
un guide et un excitant pour les fonctions génitales.
L'odeur spéciale et particulière à chaque espèce qui
s'échappe des organes génitaux des femelles au moment
du rut permet à des individus de même race de les
retrouver de fort loin. Les exemples empruntés aux Vertébrés sont nombreux et nous aurons bientôt l'occasion
de citer des cas fort remarquables de l'utilité de l'odorat
dans les fonctions génitales en étudiant ce sens chez les
animaux inférieurs.

Si l'odorat est le plus souvent peu important dans
l'espèce humaine, on connaît cependant un certain nombre
d'exemples qui montrent que, chez certaines peuplades
ou chez quelques individus, sa délicatesse le rend comparable à ce qu'il est chez beaucoup d'espèces animales.
On cite les Indiens de l'Amérique du Nord comme
capables de suivre leurs ennemis à la piste et les nègres
comme pouvant retrouver ainsi leurs compagnons d'es-
clavage. Enfin dans les races civilisés, si l'on trouve des
individus presque complètement privés de ce sens, on en
rencontre aussi d'autres qui possèdent un odorat exceptionnellement développé.

Nous avons remarqué au début de ce chapitre que les
substances qualifiées comme odorantes nous arrivent à
l'état de vapeurs et que nous en avons déduit comme
conséquence la grande importance de ce sens chez les
animaux aériens. La plupart des auteurs décrivent ce-

pendant des fonctions olfactives et des organes de l'odorat chez les animaux aquatiques ; ils pensent que chez eux ces organes sont impressionnés par des vapeurs dissoutes dans l'eau. Nous avons soutenu dans le chapitre précédent l'opinion que, chez les animaux vivant dans l'eau, le sens du goût devait l'emporter sur celui de l'odorat et nous avons rapporté au goût la plupart des organes qui, chez beaucoup d'Invertébrés, sont décrits comme appartenant au sens de l'olfaction. Cette opinion trouve un premier fait favorable dans les notions que l'on possède au sujet du sens de l'odorat chez les Mammifères vivant dans l'eau, c'est-à-dire au sujet des Cétacés. Toutes les observations démontrent que cette faculté est fort réduite chez les Baleines et l'étude anatomique du cerveau de ces animaux conduit à un résultat admis aujourd'hui par tout le monde, qui est l'absence du lobe olfactif et des nerfs olfactifs. On peut donc en conclure que, chez les représentants aquatiques du type des Mammifères, cette fonction est réduite à sa plus simple expression. Nous avons vu aussi que nous avons rapporté au goût le sens qui permet aux Poissons de se diriger dans la recherche de la proie et nous avons admis que cette fonction se confond avec la faculté générale de percevoir les modifications chimiques du milieu ambiant.

Ces considérations nous obligent donc à exclure de ce chapitre la plupart des Invertébrés aquatiques. Dans la revue rapide que nous allons faire de ces différents types, nous nous contenterons de rappeler en quelques mots les organes qui ont été considérés comme olfactifs par quelques auteurs.

PROTOZOAIRES. — Aucune observation ne nous permet d'admettre l'existence de cette fonction chez les êtres unicellulaires.

CŒLENTÉRÉS. — Nous avons rapporté au goût les faits signalés par Romanes attribuant le sens de l'odorat aux Actinies.

ÉCHINODERMES. — Nous avons vu que l'existence du sens de l'odorat n'est pas encore démontrée chez ces animaux. Quelques faits indiquent cependant que ces êtres sont capables de saisir certaines modifications du milieu ambiant.

VERS. — Parmi les fonctions nombreuses et variées qui ont été attribuées aux fossettes ciliées de Némertes, nous devons citer l'opinion qui les fait considérer comme appartenant à l'odorat.

Nous avons rapporté au goût quelques organes et en particulier les corps cyathiformes des Sangsues qui sont souvent décrits comme olfactifs. Peut-être doit-on admettre l'existence de cette fonction chez les Hirudinées terrestres. Les observations des voyageurs, et en particulier les faits rapportés par Schmarda dans la relation de son voyage semblent parler en faveur de l'existence de cette fonction. Ce naturaliste, au sujet de ces animaux, s'exprime de la façon suivante :

« Les tourments que provoquent les Blattes et les Moustiques, ne sont rien en comparaison des douleurs qui tourmentent ici les voyageurs ; car, dans les forêts et dans les prairies, grouillent les petites Sangsues terrestres, que les anciens ont désignées sous le nom d'*Hirudo ceylanica*. Elles vivent dans l'herbe sous les feuilles mortes et sous les pierres, sur les arbres et sur les buissons. Elles sont extrêmement rapides dans leurs mouvements, et doivent flairer leur proie à une certaine distance. Dès qu'elles perçoivent la présence d'un Homme ou d'un animal, elles arrivent de tout le voisinage et se jettent sur leur victime. Souvent on s'aperçoit à peine de leur succion ; au bout de quelques heures elles sont gorgées et tombent spontanément. Les Indigènes qui nous accompagnaient, étendaient sur leurs blessures de la chaux vive, qu'ils portent dans leurs boîtes de bétel, ou de la salive rendue caustique par la chaux et par le bétel ; il m'a paru tout naturel qu'une inflammation violente s'ensuive et je m'expliquai aisément ainsi les abcès profonds que beaucoup d'indigènes portent aux pieds. Beaucoup d'entre eux regardent le suc d'un certain citron *(Citrus tuberoïdes)* comme un médicament spécifique. Tous ces remèdes conviennent parfaitement pour détacher les Sangsues ; mais ils irritent nécessairement la plaie. Ce qu'il y a de particulièrement désagréable, c'est que ces Sangsues recherchent de préférence les endroits déjà visités par d'autres, attendu que la peau enflammée et chaude les attire en raison de sa vascularisation. Pour se préserver des attaques de cet ennemi redoutable malgré son exiguïté, il est indispensable de protéger spécialement les pieds. On y parvient en fixant par dessus les vêtements qui couvrent les jambes, des bas de laine ou de cuir très épais qu'on attache au-dessus du genou. Ces bas de laine nous ont paru commodes et suffisants, mais nous en portions toujours une paire de rechange parce qu'ils se déchirent facilement dans les broussailles, ou s'usent pendant la marche. J'ai trouvé souvent, au niveau du lien, des douzaines de Sangsues terrestres qui s'efforçaient d'y pénétrer. Pendant la marche, nous en souffrions moins ; celui qui marchait en tête était toujours le moins torturé : quand ces Sangsues ont flairé une proie, elles attaquent avec d'autant plus d'avidité celles qui suivent. Bientôt, en dépit de toutes les précautions, nous en eûmes sur la nuque, dans les cheveux, sur les bras, car elles vivent non seulement dans l'herbe et dans les feuilles tombées, mais encore sur les arbres d'où elles se laissent choir sur les Hommes ou les animaux qui passent. »

On voit par ce qui précède que ces Vers sont avertis de la présence d'une proie par un sens qu'il faut rapporter à l'olfaction. Les relations qui existent entre le goût et l'odorat nous permettent de supposer que les organes qui servent à cette fonction sont peut-être les mêmes que ceux que nous avons décrits sous le nom de corps cyathiformes chez les Sangsues médicinales ; mais nous ne possédons sur ce sujet aucune connaissance certaine.

ARTHROPODES. — Les animaux de cet embranchement qui mènent une vie aquatique, c'est-à-dire les Crustacés sont pourvus d'une faculté qui est capable de les attirer de fort loin auprès des substances servant à leur nourriture, et que la plupart des auteurs rapportent à une olfaction dans l'eau. Nous avons déjà eu plusieurs fois l'occasion d'exposer les raisons qui nous engagent à rattacher ce sens au goût. Aussi ne cherchons-nous pas à trouver le sens de l'odorat chez ces êtres. Nous pensons que chez eux le goût et l'olfaction se confondent en une faculté commune.

Les raisons qui nous font refuser l'odorat aux Crustacés nous autorisent *a priori* à accorder cette fonction aux Arthropodes à vie aérienne. Tous les observateurs s'entendent volontiers pour reconnaître que dans cette section les Insectes sont remarquablement doués à cet égard. Aussi n'aurons-nous aucune peine à démontrer l'existence de l'odorat chez ces animaux.

L'odorat chez les Insectes. — Un grand nombre d'observateurs se sont occupés de l'étude de cette question; nous aurons l'occasion de les citer bientôt lorsque nous discuterons le siège de ce sens ; mais il en est deux dont nous voulons rappeler les travaux dès maintenant, ce sont MM. Forel[1] et Plateau[2]. Nous avons bien souvent à leur emprunter des faits intéressants ou des expériences démonstratives ; aussi pensons-nous qu'il est de notre devoir de faire connaître, encore une fois, la source à laquelle nous les prenons.

L'existence de l'odorat chez les Insectes n'est mise en doute par personne, les faits vulgaires le démontrent et tout le monde en observant les mœurs de ces êtres pourrait apporter des preuves nouvelles. Nous voyons que ce sens sert de guide aux Insectes dans l'accomplissement de leurs fonctions de nutrition et de reproduction : nous aurons, de plus, l'occasion de montrer qu'il

---

[1] Forel, *Recueil zoologique suisse*, t. IV, nᵒˢ 1 et 2, 1887.

[2] Plateau, *Fonctions des antennes chez la Blatte (Comptes rendus de la Société entomologique de Belgique*, 5 juin 1886).

est aussi utilisé dans quelques autres circonstances de leur vie. Nous pensons cependant qu'il est bon de rappeler quelques faits ne laissant aucun doute.

Il est de connaissance vulgaire que les Mouches sont attirées auprès de la viande en putréfaction dont elles font leur nourriture et sur laquelle elles déposent leurs œufs ou leurs larves. Un cadavre d'un petit Vertébré, un Oiseau ou un Rat, quelque bien caché qu'il soit à la vue de ces êtres est facilement découvert par eux.

On voit de même des représentants de cette classe appartenant à diverses espèces accourir auprès d'un cadavre abandonné dans un champ où il était auparavant impossible de rencontrer un seul de leurs congénères.

Tous ceux qui ont habité la campagne savent combien il est difficile de se mettre à l'abri des Guêpes qui s'introduisent avec persistance dans les appartements lorsqu'elles sont attirées par l'odeur qui s'exhale du miel ou des confitures. Odeurs insignifiantes pour nous, mais qui sont parfaitement perçues par ces Hyménoptères.

On sait aussi que la délicatesse de ce sens est même capable de leur faire commettre des erreurs. C'est ainsi que l'on voit des Mouches déposer leurs œufs dans des fleurs de la famille des Aroïdées qui exhalent une odeur semblable à celle de la viande pourrie.

Enfin on n'ignore pas que si certaines odeurs attirent les Insectes, d'autres les font fuir; l'usage des essences et de diverses substances odorantes, pour éloigner les Insectes nuisibles aux draps, aux collections, est une preuve de la faculté que ces Arthropodes possèdent de percevoir les odeurs.

Les exemples se rapportant aux relations qui unissent le sens de l'odorat et la reproduction pourraient être aussi nombreux et plus intéressants.

Milne-Edwards rappelle que les entomologistes ont vu souvent des Lépidoptères nocturnes mâles arriver de fort loin auprès d'une femelle de leur espèce, qui capturée à la campagne et renfermée dans une boîte, avait été transportée dans une ville où ces animaux n'habitent jamais.

Balbiani prenant des mâles du *Bombyx mori* qui venaient d'éclore et ayant la précaution de les isoler et de les éloigner pour qu'ils n'aient aucun contact avec les femelles, les divise en deux lots, qu'il met dans des boîtes distinctes. L'un des lots est conservé intact, ceux de l'autre lot ont les antennes sectionnés à leur base. En approchant la boîte renfermant les Papillons mâles intacts de la table sur laquelle se trouve la boîte des femelles, on voit ces Papillons mâles s'agiter vivement et battre des ailes même à plusieurs mètres de distance; au contraire si on approche des femelles les Papillons dépourvus d'antennes, on voit qu'ils restent tranquilles et ne sont nullement émus par le voisinage des femelles. Cette expérience montre l'importance du sens de l'odorat; nous la retiendrons aussi pour la démonstration du siège de cette faculté dans les antennes.

Forel rapporte qu'ayant élevé à Lausanne un certain nombre de *Saturnia carpini* dans sa chambre, l'essaim des mâles qui vint du dehors assiéger ses fenêtres au moment de l'éclosion de ses Papillons femelles fut tel qu'il provoqua un attroupement de gamins dans sa rue. Les gamins cherchaient à attraper ces beaux Papillons et n'en revenaient pas de les voir tous aller frapper à sa fenêtre et entrer dans sa chambre lorsqu'il l'ouvrit.

Nous pensons qu'il faut encore rapporter à l'odorat la faculté qu'ont certains Insectes vivant en colonie de se reconnaître et de se diriger, ainsi que ces faits singuliers et fort intéressants qu'un de nos savants observateurs, J.-H. Fabre, a étudiés chez l'Ammophile.

Les naturalistes qui se sont occupés des mœurs des Fourmis, Lubbock en particulier, pensent que l'odeur qu'elles laissent sur leur piste leur sert à se diriger. On suppose qu'elles sont capables de distinguer leur piste fraîche de celles qui sont devant elles et qu'elles trouvent ainsi des indications pour le chemin qu'elles doivent suivre. Forel a trouvé que cette faculté de direction était chez elles fort développée : c'est ainsi qu'il prend une Fourmi retournant à son nid et la place à un mètre en arrière sur la ligne suivie par ces compagnes. Dans tous les cas où il a fait cette expérience il a toujours vu qu'après un moment d'hésitation la Fourmi était parfaitement capable de suivre sa direction primitive. Ces observations le conduisent à examiner quel est le sens qui leur sert dans cette circonstance. Il fait remarquer qu'il faut éliminer l'existence d'un sens de la direction, et que, dans le cas de son expérience, il faut, pour que la Fourmi puisse se diriger, que ses antennes soient intactes. Il est amené à croire que cette faculté de retrouver la direction de la fourmilière pourrait bien se confondre avec le sens de l'odorat. L'olfaction chez ces Insectes serait ainsi utilisée pour procurer à ces animaux la notion de l'espace. Il croit pouvoir conclure de ces faits que l'odorat des Fourmis est capable de localiser ses impressions dans l'espace ou plutôt de fournir à la conscience de l'Insecte une certaine localisation de l'espace. Cette localisation jointe à celle du toucher et à la mémoire doit suffire à donner à certains Insectes cette étonnante connaissance des lieux et surtout de la direction indépendante de la vue et, comme nous venons de le voir, impossible à expliquer par l'odeur vague d'une piste. « La Fourmi distingue probablement les impressions de son antenne droite de celles de son antenne gauche, celles de la face gauche et de la face droite de chaque antenne, les impressions qui viennent du côté gauche en général de celles qui viennent du côté droit, etc. Ainsi elle distingue par ses antennes et connaît les deux côtés du chemin, de sorte que mise tout à coup à un endroit quelconque des lieux qui lui sont connus, elle s'oriente avec ses antennes par les objets qui l'entourent et sait dans quelle direction est son nid, de même que nous nous reconnaissons en pareil cas par la vue distincte et la mémoire (mémoire des lieux vus). »

Le sens de l'odorat supplée donc chez certains Insectes à l'imperfection de leur vue et les aide à retrouver leur chemin. Il leur permet aussi de reconnaître non seulement les lieux, mais aussi les individus. Forel fait remarquer que l'odorat des Insectes peut s'exercer aussi bien au contact qu'à distance. Les Fourmis arrivent ainsi à distinguer les amis des ennemis et à reconnaître certaines qualités des substances qui leur avaient jusqu'alors échappé. Cet odorat au contact qui se rapproche singulièrement du goût est différent du toucher, car, ainsi que le fait remarquer ce savant, il procure des notions non seulement sur les caractères physiques mais aussi sur les qualités chimiques des corps. Enfin je crois qu'il faut encore rapporter à l'odorat cette faculté particulière dont M. H. Fabre décrit si bien les manifestations chez l'Ammophile et qui permet à cet Hyménoptère de trouver les Chenilles qu'il destine à la nourriture de sa larve ; ce savant naturaliste admet difficilement cette interprétation ; il fait remarquer que chez nous ce sens est plutôt passif qu'actif et qu'il fonctionne à l'aide d'organes absolument différents de ceux qui, chez les Insectes, servent à cet usage. Il pense aussi qu'il est difficile d'admettre que ces larves dégagent une odeur ; elles sont en tout cas inodores pour nous et M. H. Fabre pense qu'il est impossible d'admettre qu'elles ne le soient pas pour l'Insecte, surtout dans le sol où elles sont plongées. Il croit plutôt à un sens spécial sur lequel il ne peut se prononcer.

Les exemples précédents ne laissent aucun doute sur l'existence d'un odorat très subtil chez les Insectes. Cette olfaction présente même une finesse et des caractères spéciaux tels qu'elle est difficilement comparable avec ce que ce sens est chez nous. On s'est demandé quel était le siège de cette faculté et une série d'observateurs se sont occupés à résoudre ce problème.

Siège du sens de l'olfaction chez les Insectes. — Lefebvre fait remarquer que lorsqu'on approche une aiguille humectée d'éther de la tête d'une Abeille, l'Insecte dirige ses antennes vers l'aiguille. Si l'aiguille est approchée de l'abdomen et des stigmates, même jusqu'à les toucher, l'Abeille ne réagit nullement. Il remarqua aussi que les Guêpes auxquelles il coupe les antennes ne sentent plus l'éther.

Perrin dans un mémoire paru en 1850 dans les *Actes de la Société linnéenne de Bordeaux* démontre que l'odorat des Insectes doit résider dans leurs antennes. Il fit voir que les *Bombex*, les *Cynips*, les *Leucospis* reconnaissent à l'aide de leurs antennes leur proie cachée sous terre ou dans le bois. Il déroute les *Dinétus* en interceptant les émanations de la proie au moyen d'un carré de papier caché sous terre.

Plusieurs naturalistes parmi lesquels je citerai Rœsel, de Blainville, Robineau Desvoidy, Erichson, A. Dugès, H. Kuster, Slater, Vogt, Dönhoff, Cornalia, Hauser, Kræpelin, Lubbock, Schiementz et Forel partagent l'opinion des deux auteurs précédents. Les expériences et les recherches de Hauser surtout semblent ne laisser aucune place au doute.

Hauser observe d'abord l'attitude des Insectes en présence de substances fortement odorantes telles que l'acide phénique, l'essence de térébenthine avant et après l'enlèvement des antennes. Il étudie ensuite les allures des Insectes dans la recherche de leur nourriture. Enfin il s'est livré à des expériences sur les modifications, sur la manière d'agir des deux sexes, relativement à l'accouplement, avant et après l'enlèvement des antennes.

Dans le premier cas il a vu qu'en approchant une baguette de verre chargé d'acide phénique de quelques *Philanthus æneus* à antennes intactes il les mettait en fuite dans une direction opposée à celle d'où venait l'odeur et avec les signes d'une vive inquiétude. Il coupait alors les antennes à un certain nombre d'individus de cette espèce et il vit qu'ils n'étaient plus sensibles, ni à l'acide phénique ni à l'essence de térébenthine. Le même observateur obtint des résultats analogues moins nets cependant sur plusieurs genres et même chez plusieurs Myriapodes; mais ses expériences sur quelques Coléoptères des genres *Carabus*, *Melolontha* et *Silpha* réussirent moins.

Hauser étudia alors l'attitude de plusieurs espèces appartenant aux genres *Silpha*, *Sarcophaga*, *Calliphora* et *Cynomya* en présence de la viande corrompue. Il vit que ces animaux intacts finissaient toujours par trouver le godet qui renfermait leur nourriture, tandis qu'ils en étaient incapables lorsqu'on coupait leurs antennes. Il obtint un résultat identique avec d'autres espèces et il vit que des. Mouches, qu'il avait de même mutilées, étaient devenues impuissantes à retrouver la viande en putréfaction sur laquelle elles se précipitaient auparavant.

Enfin il plaça des mâles d'espèces et de genres différents, tels que *Saturnia pavonia*, *Melolontha dispar* dans des boîtes en compagnie de femelles de la même espèce. Parmi les mâles les uns avaient les antennes sectionnées, les autres les avaient intactes. En observant quelque temps après, il vit que, parmi les individus accouplés, le nombre des mâles intacts l'emportait de beaucoup sur celui des mutilés.

Ces expériences accompagnées de la description des appareils nerveux terminaux des antennes entraînèrent les hésitants et tout le monde admit que les appendices céphaliques étaient bien chez les Insectes le siège du sens de l'odorat.

Quelques auteurs cependant n'étaient pas de cet

avis. C'est ainsi que, pour Rosenthal, l'organe de l'odorat se trouverait chez les Diptères dans une membrane tendue entre les deux antennes.

Kirby et Spencer, Wolff et Graber ont pensé qu'il était placé dans l'appareil nerveux terminal du palais, dans la région dorsale du pharynx.

Treviranus l'a cherché dans l'œsophage. Baster, Lehmann, Cuvier, Duméril, Burmeister, Joseph croient pouvoir fixer son siège dans les stigmates.

D'autres encore crurent que les palpes pouvaient servir à l'odorat.

Cependant, malgré ces quelques divergences, les naturalistes se rattachaient de plus en plus à l'opinion classique plaçant cette faculté dans les antennes; lorsque des recherches nouvelles de Graber ébranlèrent ces idées et sollicitèrent de nouvelles recherches.

Graber, à la suite d'une série d'expériences qui font connaître un grand nombre de faits nouveaux et intéressants, mais pour lesquelles il ne se place malheureusement pas dans des conditions naturelles, arrive aux conclusions suivantes dont j'emprunte le résumé à un mémoire de Plateau.

« 1° Contrairement aux conclusions générales de Hauser et d'autres, les Fourmis et les *Lucilia Cæsar* sans antennes, possèdent encore le sens olfactif, ce qui le conduit à admettre que *la perception des odeurs ne se fait pas par les antennes seules.*

« 2° Que chez le *Silpha thoracica* privé d'antennes, l'odeur de l'essence de romarin est manifestement perçue, tandis que celle moins pénétrante de l'asafœtida laisse l'animal absolument indifférent. D'où cette conclusion que *les antennes peuvent être les parties du corps les plus sensibles pour les émanations odorantes.*

« 3° Par des expériences comparatives sur l'excitabilité des antennes, des palpes et des cerques chez le *Gryllotalpa vulgaris* que, chez certaines formes, les *palpes peuvent être plus sensibles à l'odorat que les antennes.*

« 4° Par une longue série d'essais sur le Lucane que, suivant la matière odorante employée, *ce sont tantôt les palpes, tantôt les antennes qui sont le plus rapidement excitées.*

« 5° Enfin, par des expériences parallèles sur des *Periplaneta* les uns intacts, les autres décapités depuis plusieurs jours, que la perception des odeurs peut avoir lieu aussi par les cerques.

« Graber est naturellement amené à cette conclusion générale que *les Insectes n'ont pas d'organe spécial de l'odorat* et que, lorsque les émanations odorantes sont intenses, celles-ci peuvent être perçues par l'intermédiaire de toute portion de la surface du corps revêtue de couches tégumentaires minces et même de terminaisons nerveuses excitables. »

Graber dans toutes ses expériences a soumis les Insectes qu'il observait à des odeurs fortes et étrangères au groupe de celles qu'ils sont habitués à sentir. C'est ainsi qu'il a employé souvent la térébenthine, l'essence de romarin et d'autres à odeur pénétrante. On lui a fait remarquer que ces substances étaient capables d'agir sur les animaux soumis à ses expériences de deux façons. Elles pouvaient impressionner le sens de l'odorat, ou bien se comporter comme toutes les substances irritantes sont capables de le faire sur les régions délicates de nos téguments. C'est ainsi que la benzine, l'acide sulfureux sont perçus chez nous à faible dose par notre muqueuse olfactive seule, mais que, à une dose plus élevée, ou bien lorsque ces agents arrivent directement sur une autre muqueuse comme la conjonctive ou la muqueuse laryngée, ils peuvent l'impressionner par une action irritante générale et en dehors de toute sensation olfactive. On a objecté à Graber que chez les Insectes il fallait aussi distinguer les manifestations de sensibilité générale dues à l'action de certaines substances, des sensations réellement olfactives et qu'un Insecte privé de ses antennes pouvait encore percevoir certaines impressions irritantes sans que l'on puisse qualifier ces phénomènes du nom d'olfaction. Par ce mot en entend, en effet, non seulement la faculté d'être sensible à certains agents, mais aussi et surtout le pouvoir de reconnaître à l'aide d'un sens spécial la nature chimique de différents corps.

Plateau a fait au sujet des résultats et des procédés expérimentaux de Graber quelques réflexions fort justes.

« Sans mettre en doute que la perception des odeurs fortes puisse se faire par des organes multiples, je constate qu'il résulte des recherches mêmes de Graber que certains de ces organes, parfois les palpes, *surtout les antennes*, sont plus facilement impressionnés que n'importe quelle autre région du corps. Or, dans la nature, à l'état de liberté, lorsque les Insectes se laissent guider par le sens olfactif, soit dans la recherche de leur nourriture, soit pour le rapprochement sexuel, il ne s'agit pas d'émanations intenses telles que celles des essences de rose, d'anis, de thym, de mélisse, de térébenthine,

de divers alcools ou acides, etc., placés à une distance
minime de leur individu, comme dans la plupart des
expériences de laboratoire; il s'agit d'odeurs faibles, si
faibles même que l'Homme les perçoit à peine ou ne les
perçoit pas.

C'est alors que les Insectes utilisent ceux de leurs
organes qui sont le plus sensibles et, si nous parve-
nons à déterminer quels sont ces organes, nous avons
le droit de dire que ce sont les *organes olfactifs* de l'espèce
ou des espèces étudiées[1].

Frappés par les côtés défectueux que présentaient
les expériences de Graber, Forel et Plateau se sont
livrés à des recherches dans le but de contrôler les résultats de leurs prédécesseurs en se plaçant dans des
conditions aussi naturelles que possible.

Forel s'est adressé aux Fourmis et aux Mouches.
Voici quelques-unes de ses expériences.

« Je mis ensemble dans un même bocal des Fourmis
d'espèces et même de genres différents *(Camponotus ligniperdus, Tapinoma erraticum*, diverses espèces de *Lasius*
et de *Formica)* après leur avoir coupé à toutes les deux
antennes. Elles se mêlèrent complètement les unes aux
autres, sans distinction; je vis des *Lasius* lécher des
Formica et des *Camponotus*; j'observai même un commencement de dégorgement entre une *Lasius fuliginosus*
ouvrière et une *C. ligniperdus*. Ces Fourmis ne s'aper-
cevaient de la présence du miel que lorsque leur bouche
venait par hasard s'embourber dedans; elles se mettaient

[1] Plateau, *La fonction des antennes chez la Blatte (Comptes rendus de la
Société entomologique de Belgique*, 5 juin 1886).

alors à manger, mais maladroitement, et elles finissaient toujours par engluer leurs pattes antérieures avec
lesquelles elles cherchaient à tâter pour remplacer leurs
antennes. Ces Fourmis laissaient voir clairement que
leur intelligence n'avait souffert en rien, mais qu'elles
n'étaient plus susceptibles de fines sensations. Elles
cherchaient autant que possible à s'orienter avec leurs
pattes, leurs palpes et leur tête, faisant faire à ces
organes des mouvements inaccoutumés. Quand elles se
rencontraient les unes les autres, elles se tâtaient avec
leurs palpes et leurs pattes antérieures et finissaient évidemment d'après ce que nous venons de voir par se
prendre pour des amies. J'observai cependant dans quelques occasions certains gestes de méfiance fort marqués :
ainsi un recul subit avec menaces des mandibules, mais
cela n'avait pas de suite.

« Une autre fois je mis des ouvrières de *F. fusca*
d'une même fourmilière, et auxquelles j'avais coupé les
antennes, dans un bocal avec leurs larves, leurs cocons
et de la terre. Elles n'essayaient pas même de se creuser
la moindre case, ni de donner le moindre soin à leurs larves qui périrent bientôt. Elles demeurèrent ainsi pendant
deux semaines, la plupart du temps immobiles, présentant un aspect des plus lamentables. J'avais mis avec
elles une *F. pressilabris* privée aussi de ses antennes.
Elles ne lui firent aucun mal[1]. »

Sur d'autres Hyménoptères le même observateur s'est
livré à des recherches non moins concluantes.

« 1° Après avoir fait jeûner trois *Pollistes gallicus*

---

1. Forel, *Fourmis de la Suisse*.

(espèce de Guêpe), je coupe au premier les deux antennes, au second tout le devant de la tête jusqu'aux yeux et de plus tout ce qui reste du pharynx après l'avoir extrait de la surface de section ; puis je laisse le troisième intact. Après un court repos, je plonge la tête d'une épingle dans du miel, et je l'approche des Guêpes qui sont tranquilles. Il faut l'approcher jusqu'à environ un centimètre pour éveiller l'attention de la Guêpe normale au repos. Mais dès qu'elle a flairé le miel, elle dirige ses deux antennes en les agitant vers l'épingle. Si on retire lentement l'épingle sans la laisser toucher par la Guêpe, ni sans s'éloigner trop, on voit l'Insecte la poursuivre et laper le miel lorsqu'il l'a atteinte. La Guêpe à laquelle j'ai coupé le devant de la tête et enlevé par conséquent tous les organes sensoriels de la bouche, y compris l'organe de Wolff (qu'il est facile de disséquer dans le pharynx extirpé), se comporte exactement comme la Guêpe normale. Elle flaire le miel d'aussi loin qu'elle, dirige ses antennes vers l'épingle et la poursuit comme elle. Lorsqu'on la laisse atteindre le miel, elle essaie de manger, naturellement en vain, n'ayant plus de bouche. Par contre la Guêpe sans antennes se comporte tout autrement. Elle demeure sans mouvement si près qu'on approche l'épingle ; elle ne s'aperçoit absolument pas du miel. Il faut mettre le miel en contact direct avec sa bouche pour qu'elle le reconnaisse ; alors elle commence à manger. Mais dès qu'on éloigne l'épingle d'une idée de sa bouche, elle est incapable de la suivre. Lorsqu'on enlève une seule antenne, la Guêpe perçoit le miel presque aussi bien qu'auparavant. Un *Sphex* s'est montré capable de flairer le miel et sa direction à une distance plus

grande que les *Pollistes*. Les Abeilles ont l'odorat si obtus
que cette expérience réussit mal avec elles.

« 2° Dans une boîte vitrée on dépose une goutte de
miel qu'on recouvre d'un petit hémisphère en toile métallique à larges mailles. Puis on met dans la boîte des
Abeilles qui ont un peu jeûné. Le miel doit être assez
rapproché du treillis et les mailles de ce dernier doivent
être assez larges pour qu'il soit très facile aux Abeilles
de passer leur trompe et de manger à loisir. Mais si
l'on a soin de ne pas souiller de miel le treillis, on rend
impossible aux Abeilles de venir toucher par hasard leurs
mets de prédilection en se promenant. On sera fort
étonné de voir que toutes les Abeilles se promènent
cent fois à deux ou trois millimètres du miel, passent et
repassent sur le treillis, sans s'arrêter, sans se douter de
la présence du liquide dont elles sont affamées. Il leur
suffirait pourtant d'étendre la trompe à travers le treillis
pour se rassasier. Dès qu'on enlève le treillis, elles rencontrent le miel par hasard et s'en repaissent avec avidité.
Cela montre à quel point Wolff s'est trompé. C'est en
même temps une confirmation des résultats de Lubbock.
Comme cet auteur, je me suis assuré que les Abeilles
se dirigent presque exclusivement par la vue. (Leurs
antennes sont très courtes, sans massue et n'ont de
terminaisons olfactives que sur leur face interne
dorsale) [1]. »

Enfin nous consignons encore ici quelques autres
expériences du même auteur. Celles-ci se rapportent
à des Mouches, à des Coléoptères et à des Lépidoptères.

[1] Forel, *Recueil zoologique suisse*, t. IV, n° 2, 1887.

« *Sur des Mouches.* — Le 3 juillet 1876, à 11 heures et demie du matin, je plaçai à Munich sur ma fenêtre une Taupe en décomposition sous un hémisphère en toile métallique.

« A. Bientôt arrive une *Sarcophaga vivipara* femelle qui s'efforce d'entrer sous le treillis. Mais elle ne trouve point d'issue. Je la saisis et lui enlève les deux yeux avec un rasoir. Aussitôt elle vole dans ma chambre en tournoyant, va se cogner contre le plafond, contre les murs et finit par tomber sur le plancher. Ceci répété deux ou trois fois, je la prends et lui coupe une aile. Puis je la mets près de la Taupe que j'ai découverte. La Mouche se calme, va vers la Taupe, s'efforce d'en faire l'ascension, y réussit, plonge sa trompe en divers endroits et trouve enfin une plaie par laquelle j'avais enlevé le cerveau à l'animal. Là elle s'arrête, suce avec la trompe en deux ou trois endroits, puis tout à coup recourbe sa tarière et, en un clin d'œil pond trois ou quatre larves. Je l'écarte et aussitôt je lui coupe soigneusement les deux antennes. De ce moment, malgré des essais répétés, la Mouche ne fit pas plus attention à la Taupe qu'à une pierre ou à un morceau de bois. Mise de côté, elle ne cherchait plus à se diriger vers le cadavre. Elle ne pouvait du reste plus s'orienter. Elle n'essaya plus une seule fois de pondre. Mise dans une boîte, elle y pondit finalement deux ou trois larves. Son autopsie me montra ses ovaires bourrés d'œufs et de larves.

« B. Peu après arrive une petite Mouche femelle rapprochée de la *Calliphora vomitoria.* Je lui coupe une aile. Après avoir goûté la Taupe, elle cherche à pondre à divers endroits. Elle trouve la plaie, y enfonce sa ta-

, rière et pond un œuf. Aussitôt je l'arrête et lui coupe les deux antennes. Dès cet instant elle cesse de pondre et ne fait plus aucune attention à la Taupe. Bref, quoique ayant les deux yeux, elle se comporte exactement comme la précédente. »

Forel a répété cette expérience en la variant un peu sur différentes Mouches, et il a toujours obtenu des résultats identiques. Il conclut de ces expériences que les Mouches sentent la chair putréfiée avec leurs antennes. Ces résultats montrent aussi que l'envie de pondre est chez ces animaux une sensation générale qu'on peut comparer à un appétit sexuel et qui est provoquée par une impression olfactive. Dans quelques cas il a noté des pontes peu nombreuses limitées à quelques œufs. Il considère ces pontes comme involontaires et comme la simple conséquence d'un oviducte trop plein. Les Coléoptères lui ont donné des résultats semblables.

« Un Hérisson et un Rat putréfiés me servent d'objet d'expérimentation dans un jardin inhabité de l'asile des aliénés de Munich, le 12 juin 1878. Une foule de *Silpha sinuata* et *reticulata*, trois *Silpha thoracica*, trois *Creophilus maxillosus*, divers *Philonthus* et de nombreuses *Aleochara* fourmillent dans ces cadavres. Je coupe les antennes de toutes les *Silpha* (environ trente-cinq) des trois *Creophilus* et de cinq à six *Philonthus*. Je les pose tous à un endroit, dans l'herbe. Puis je déplace mes deux cadavres que je mets à vingt-huit pas de distance, dans un fouillis de mauvaises herbes.

« Le lendemain 13 juin, je viens visiter mes cadavres. Pas une *Silpha*, pas un *Creophilus*. Quelques *Philonthus* s'y trouvent, mais ils ont tous leurs antennes.

« Le 14 juin, jour chaud, légèrement humide, deux *Silpha reticulata* sont sur le Rat, mais leurs antennes sont intactes. Je les coupe et je dépose les *Silpha* à une courte distance. Aucun Insecte à antennes coupées ne s'y retrouve. Je coupe alors à sept ou huit *Aleochara* et à deux ou trois *Philonthus* deux ou trois pattes d'un même côté, leur laissant leurs antennes; puis je les dépose à distance.

« Interrompu dans mon expérience, je ne reviens que le 22 juin, jour chaud. Aucune des opérées n'est là. Alors je coupe les trois pattes du même côté à une douzaine d'*Aleochara* (il n'y avait plus de *Silpha*) que je dépose à distance. Puis je recouvre de feuilles mes cadavres après les avoir déplacés.

« Le lendemain, je trouve cinq de mes *Aleochara* a trois pattes coupées dans la carcasse du Hérisson. Je les enlève et les dépose de nouveau à distance.

« Le 26 juin, je visite ma carcasse et j'y trouve de nouveau une de mes *Aleochara* à trois pattes.

« Une autre fois au mois de juillet, je fis jeûner pendant vingt-quatre heures, un *Nécrophorus vespillo*. Puis je lui donnai une tête de Lapin assez fraîche sur laquelle il se jeta avec voracité.

« Éloigné par moi de quelques centimètres, il furette, inquiet, cherche, revient sur ses pas lorsqu'il s'éloigne de la tête de Lapin et l'a bientôt retrouvée. Alors je lui coupe la massue des deux antennes. Il cesse aussitôt de chercher, ne se dirige plus et semble plongé dans une sorte de torpeur. Mais dès que je le place moi-même sur la tête du Lapin, il se met avidement à manger. Par contre, dès que je l'en éloigne le moins du monde, il se montre incapable de la retrouver. »

Ces expériences s'adressant à des Insectes de classes variées permettent de plus en plus de localiser l'odorat dans les antennes. Nous analyserons encore en terminant une expérience de Plateau sur les Blattes qui nous paraît, si c'est possible, encore plus démonstrative. Cet expérimentateur prend quatre Blattes; à deux

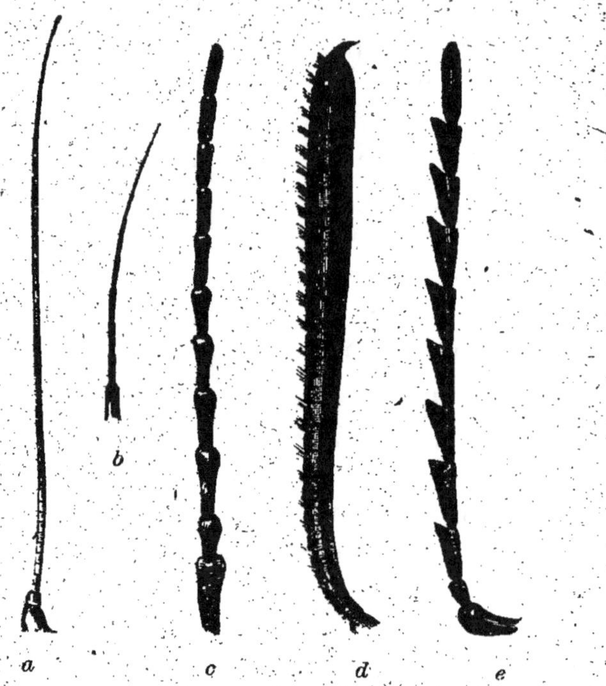

Fig. 19. — Antennes des Insectes. — a, *Locusta*. — b, *Œschna*. — c, *Carabus monilis*. — d, *Macroglossa stellatarum*. — e, *Agriotes*. (D'après Kunckel d'Herculais.)

d'entre elles il coupe les palpes maxillaires et labiaux; leurs antennes et leurs cerques sont intacts; aux deux autres il enlève les antennes en respectant les palpes. Il place ensuite les quatre Insectes dans un grand cristallisoir, et au centre de ce cristallisoir, il met une boîte circulaire à bords élevés, dans laquelle se trouve du pain mouillé avec de la bière, nourriture dont les Blattes sont très friandes. Il a conservé ces animaux en expérience pendant un mois, et jamais il n'a aperçu une Blatte privée de ses antennes sur la boîte renfermant la nourriture, tandis que *vingt-trois* fois, il a vu des Insectes sans palpes sur le pain mouillé de bière. Il termine son mémoire par les lignes suivantes que nous reproduisons.

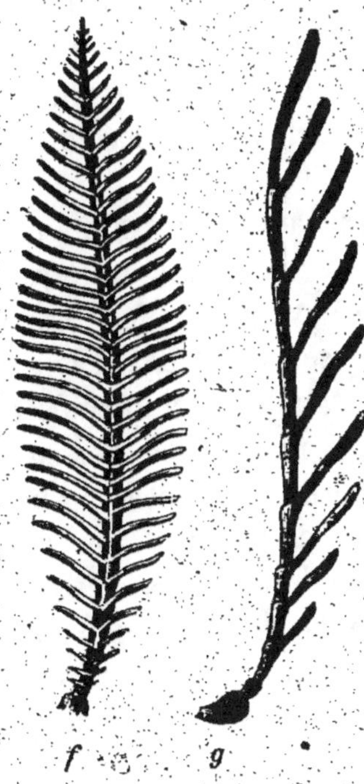

Fig. 20. — Antennes des Insectes. — *f, Saturnia Pyri.* — *g, Corymbites aulicus.*
(D'après Kunckel d'Herculais.)

« On voit, par cet essai dans lequel les Insectes pouvaient être regardés comme aussi libres qu'ils le sont dans les boulangeries, les celliers ou les armoires des cuisines et étaient guidés par des émanations odorantes assez faibles, que ni les palpes ni les cerques n'ont été d'aucune utilité. Les antennes seules ont été impressionnées d'une façon suffisante.

« En résumé, je crois qu'on peut affirmer que chez les Blattes les antennes sont les organes olfactifs [1]. »

Les expériences que nous venons de consigner ici, nous obligent à admettre que les antennes sont chez ces animaux les organes de l'odorat. Il nous reste à rechercher si la structure anatomique confirme les études physiologiques et à voir si ces appendices ne possèdent pas des terminaisons nerveuses spéciales appropriées à cette fonction.

Plusieurs observateurs se sont occupés de l'étude des appareils nerveux terminaux qui siègent dans les antennes. C'est à Leydig que l'on rapporte les premières observations précises à cet égard (fig. 22). Les travaux de Hauser et autres ont confirmés depuis les points fondamentaux des recherches de ces auteurs. Ces histologistes ont vu qu'il existait à la surface des antennes un grand nombre de petits organes d'aspect morphologique assez varié, mais tous construits sur le même plan que les poils tactiles que nous avons décrits dans un chapitre précédent. Si nous nous en rapportons au mémoire de Hauser qui est un des plus récents et des plus complets sur ce sujet, nous voyons que les nerfs

[1] Plateau, *Une expérience sur la fonction des antennes chez la Blatte* (Comptes rendus de la Société entomologique de Belgique, 5 juin 1886).

des antennes vont se distribuer à de petits renflements sous-cuticulaires composés d'une cellule sensitive à gros noyau et à nucléole multiple *et d'une cellule* qui par son extrémité centrale, est en rapport avec le filet nerveux,

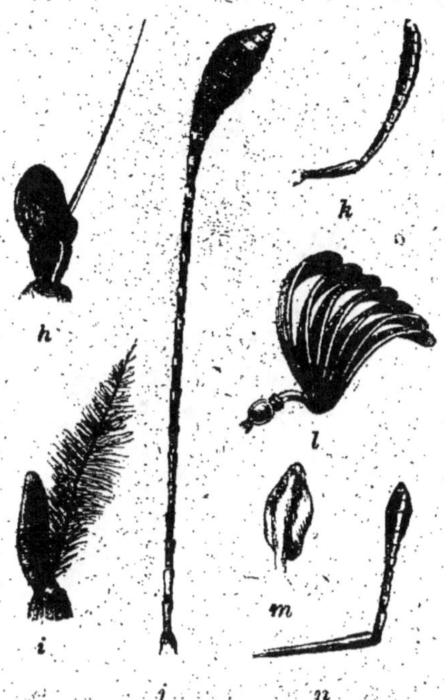

FIG. 21. — Antennes des Insectes. — *h, Eristalis tenax.* — *i, Volucella plumata.* — *j, Vanessa Atalanta.* — *k, Vespa crabro.* — *l, Pollyphylla fullo.* — *m, Paussus n, Otiorynchus ligustici.* (D'après Kunckel d'Herculais.)

tandis que son extrémité périphérique porte un bâtonnet, désigné sous le nom de bâtonnet olfactif, qui est situé au sein d'une dépression en forme de fossette. Quelquefois à cette cellule sensitive, chez le Frelon par exemple, se trouve annexée une autre cellule, que Hauser appelle cellule productrice d'une membrane et qui est comparable à la cellule dite du poil des terminaisons nerveuses tactiles (fig. 23).

Nous voyons donc que par leur constitution histologique intime, ces terminaisons nerveuses ne diffèrent pas sensiblement des poils tactiles. Mais leur aspect

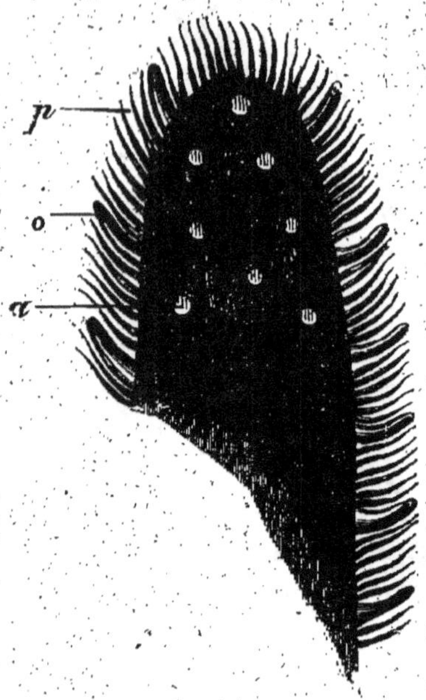

Fig. 22. — Extrêmité d'une antenne de Fourmi. — p, Poils. — o, Cônes olfactifs. — a, Dépressions au fond desquelles s'insèrent ces derniers éléments. (D'après Leydig.)

extérieur, leur morphologie, étant susceptible de varier dans des limites assez grandes, on peut les diviser en cinq catégories. Dans deux de ces catégories les poils sont invaginés à l'intérieur de l'antenne, et n'apparaissent à l'extérieur que sous forme de fossette. Cette forme est une des plus répandues, c'est elle qui a été considérée autrefois comme capable de servir à l'audition et a été confondue avec les otocystes. Quelquefois le poil olfactif, au lieu d'être saillant au fond d'une fossette, est couché dans une rainure. Les poils couchés sont fréquents chez les Fourmis et Forel les considère même comme correspondant à l'organe olfactif fondamental. Ils sont répandus chez tous les Insectes et d'autant plus abondants que l'odorat est plus développé. Ils sont plus nombreux chez les mâles que chez les femelles. Enfin ils existent presque seuls chez les Ichneumons qui ont un odorat exquis. Les dernières formes de terminaison nerveuse olfactive sont représentées par les cornes et les massues olfactives de Leydig qu'il est quelquefois difficile de distinguer des poils tactiles.

Forel a encore décrit chez les Fourmis des organes particuliers qu'il désigne sous le nom d'*organes en bouchon de champagne* et d'*organes en bouteille*. Le rôle physiologique de ces organes n'est pas encore démontré et ce n'est qu'avec le plus grand doute qu'il est permis de les rapporter à l'olfaction.

Hauser dans son mémoire s'est préoccupé de la distribution et du nombre des terminaisons olfactives dans les différentes classes et il a noté des relations étroites entre le développement de ces petits appareils et la puissance olfactive chez la même espèce, suivant la nourriture et suivant le genre d'existence.

Parmi les Diptères, toutes les espèces qui se nourrissent de viande corrompue ou d'excréments se distinguent par un grand nombre de fossettes olfactives. C'est ainsi que les antennes de la grosse Mouche bleue de la viande *(Sarcophaga carnaria)* portent quatre-vingts fossettes composées; d'autres espèces du même genre en

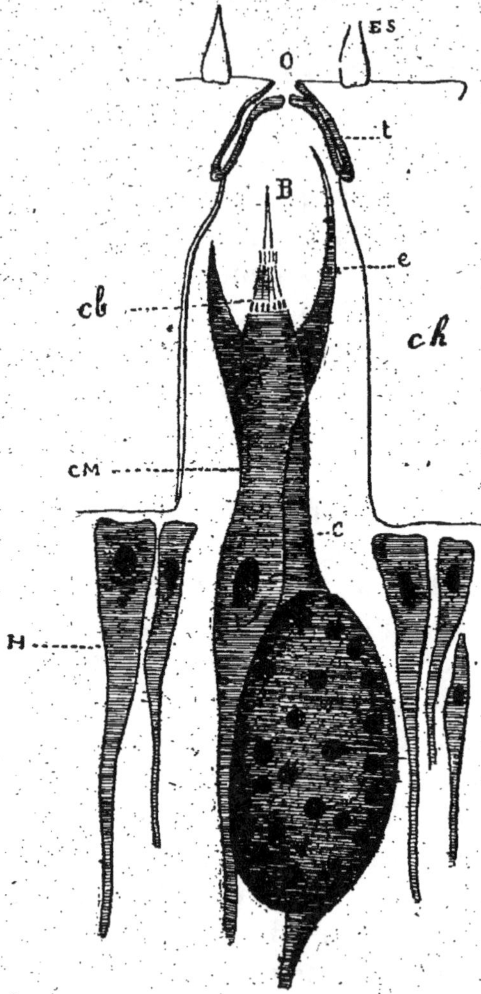

Fig. 23. — Coupe verticale passant par une fossette olfactive d'une Guêpe (*Vespa Crabro* Lin.). — *cb*, Enveloppe chitineuse de l'antenne. — B, Bâtonnet olfactif. — *o*, Ouverture en fente. — *t*, Cavité du repli intérieur. — H, Cellules hypodermiques. — *c*, Cellule sensitive. — CM, Cellule productive d'une membrane. — *e*, Echancrure de cette cellule. — ES, Elévation squamiforme de l'enveloppe extérieure de l'antenne. — *cb*, Couronne inférieure de bâtonnets. (D'après Hauser.)

ont cent et même plus ; tandis que les Volucelles qui butinent sur les fleurs et ont des mœurs complètement différentes, ne portent sur chaque antenne que deux ou trois terminaisons olfactives (fig. 23).

Les Hyménoptères sont remarquables par le grand nombre de leurs fossettes et de leurs cônes olfactifs. Hauser en compte environ 14.000 chez l'Abeille et de 13 à 14.000 chez le Frelon. Cette faculté paraît aussi très développée, si on tient compte du moins du nombre des fossettes olfactives, chez les Hyménoptères fouisseurs qui donnent des Insectes en nourriture à leurs larves comme les Ammophiles et les Pompiles.

Enfin toujours dans la même classe, les Ichneumons sont remarquables par leurs longues antennes et par le grand nombre et les grandes dimensions de leurs appareils olfactifs terminaux.

Les Hyménoptères à régime végétal comme les *Tenthredinidæ* ne possèdent pas de fossettes et ne montrent que des appendices conoïdes.

Chez les Libellules, les fonctions olfactives paraissent réduites. Ce fait concorde avec un grand développement de l'appareil visuel qui supplée ici l'odorat ; aussi les fossettes sont peu nombreuses mais volumineuses.

Les Lépidoptères offrent un nombre plus ou moins grand de terminaisons nerveuses olfactives suivant qu'ils appartiennent au sexe mâle ou femelle. Aussi Hauser termine-t-il son mémoire par la conclusion suivante.

« On peut regarder comme une loi invariable, existant dans tous les ordres d'Insectes, que les mâles ont des antennes plus développées que les femelles, toutes les fois que ces dernières se distinguent des mâles par

leur manière de vivre, qu'elles sont lourdes et pares-
seuses et qu'elles se tiennent dans des lieux cachés et
retirés. »

Si nous considérons maintenant les modifications de
forme que les antennes peuvent présenter, nous voyons
qu'elles sont des plus diverses et, sans insister sur toutes
les variétés morphologiques dont les figures ci-jointes
peuvent donner une idée (voy. fig. 19, 20, 21, pag.
172, 175, 177), nous ferons remarquer que l'on a toujours distingué un article basilaire servant de support,
facile à reconnaître par son épaisseur, et un autre terminal beaucoup plus long. L'article terminal peut prendre les formes les plus variées. Il est tantôt filiforme,
tantôt en bouton, ou en lamelle; d'autres fois il est en
forme de peigne. Les entomologistes distinguent ainsi
des antennes sétacées, sétiformes, filiformes, fusiformes,
noueuses, pectinées.

Cette étude sur l'odorat des Insectes nous montre
l'importance que ce sens peut acquérir chez certains
Invertébrés. Nous voyons qu'un sens qui, chez nous, ne
joue qu'un rôle secondaire, prend ici un tel développement qu'il l'emporte certainement sur tous les autres.
Mais il est inutile de dire que nous n'avons nullement le
droit d'assimiler complètement les sensations que les
Insectes perçoivent avec leurs antennes à celles qui
nous sont communiquées par l'intermédiaire de notre
muqueuse olfactive. Ainsi que nous avons déjà eu l'occasion de le dire, une action reçue à la périphérie par un
épithélium adapté à la perception de certains changements du milieu ambiant arrive aux centres nerveux qui
utilisent cette perception, l'analysent et en tirent le

parti le plus utile pour l'individu. Une odeur est perçue par l'intermédiaire des fossettes olfactives, mais c'est dans les centres nerveux que la perception a lieu. Chez les Insectes comme chez les Vertébrés, certaines cellules nerveuses président à cette fonction; mais même si nous pouvions établir des analogies morphologiques entre les lobes olfactifs des Vertébrés et certaines parties du cerveau des Insectes, il est bien certain que nous ne pouvons affirmer que les éléments nerveux ont dans les deux cas les mêmes propriétés et ont entre eux les mêmes relations. Il faut donc nous persuader qu'en désignant sous le nom d'odorat les fonctions des antennes des Insectes, nous n'entendons pas leur assigner un rôle entièrement semblable à celui qui caractérise l'odorat chez nous. Ces idées nous autorisent à être moins étonnés lorsque nous voyons certains Insectes trouver à l'aide de leurs antennes la place où, sous une couche de terre plus ou moins profonde, se trouve un Ver gris; c'est là certainement un acte dont nous serions tout à fait incapables à l'aide de notre nez, de même qu'il nous serait impossible d'accomplir une foule d'actions qui sont familières et faciles aux Insectes. Les Arthropodes sont construits sur un type tout à fait différent de celui des Vertébrés, et, si certains de leurs sens sont difficiles à assimiler aux nôtres, nous devons cependant reconnaître que l'ensemble de leurs organes constitue un tout harmonieux qui en fait des êtres capables d'accomplir des actes dont la délicatesse nous étonne.

MOLLUSQUES. — Des expériences répétées et l'observation ne laissent aucun doute sur l'existence de ce sens chez les Mollusques à vie aérienne, c'est-à-dire chez les Gastéropodes pulmonés. Nous avons exposé, au début de ce chapitre, les raisons qui nous engagent à confondre chez les animaux à vie aquatique le sens de l'odorat avec celui du goût et qui nous dispensent ainsi de rechercher l'existence de cette faculté chez les Lamellibranches, les Céphalopodes et beaucoup de Gastéropodes.

La plupart des naturalistes qui se sont occupés des Gastéropodes pulmonés ont remarqué que ces animaux étaient guidés dans le choix de leur nourriture par un sens qui était comparable à notre odorat. Mais c'est à Moquin-Tandon que l'on doit les premières observations précises à cet égard. Ce naturaliste constate que « si l'on enferme dans un sachet de toile un très petit morceau de fromage ou une fraise, et qu'on présente le sachet à des Hélices ou à des Arions, on voit ces animaux se diriger vers la matière nutritive, flairer le sachet, le toucher, le mouiller, le mordre, attirés certainement par l'odeur de la substance enveloppée[1] ». Ce naturaliste varia ces observations de mille manières. Il vit des Arions et des espèces d'un genre voisin, se diriger vers leurs aliments placés à proximité, bien que ceux-ci fussent cachés par un écran comme une feuille ou une brique.

A la suite de ces observations, on a, comme toujours, cherché le siège du sens dont on venait de découvrir les manifestations ; et ici encore cette fonction a été localisée sur divers organes. Cuvier et de Blainville attribuaient la propriété de percevoir les odeurs à la totalité des tégu-

---

[1] Moquin-Tandon, *Histoire naturelle des Mollusques*, Paris, 1855, t. I, p. 124.

ments. Treviranus localisait cette fonction à la muqueuse buccale. Carus, devançant une opinion soutenue encore aujourd'hui, plaçait cet organe de l'odorat à l'orifice du poumon. Leydig donnait la faculté olfactive à l'extrémité antérieure du pied. Enfin l'abbé Dupuy considéra les grands tentacules comme les véritables organes de l'odorat. Cette opinion fut appuyée par des expériences nombreuses et intéressantes de Moquin-Tandon, expériences qui ont été fort bien résumées dans les leçons sur les organes des sens de M. J. Chatin, à qui nous empruntons les lignes suivantes :

« Toutes les expériences physiologiques, toutes les investigations anatomiques confirment l'opinion de l'abbé Dupuy et de Moquin-Tandon. Si l'on place un champignon, une pomme, etc., à quelque distance d'une Limace, on la voit agiter ses grands tentacules, les diriger vers cet objet, puis s'acheminer dans sa direction ; qu'on le porte à droite ou à gauche, aussitôt le Mollusque modifiera sa marche ; qu'on le place au-dessus de l'animal, de suite il dardera ses tentacules et cherchera à prendre un point d'appui pour s'élever jusqu'à sa proie. Les mêmes résultats sont obtenus lorsqu'on masque celle-ci par un écran quelconque ; mais si l'on ampute les tentacules et qu'on répète l'expérience après la cicatrisation de la plaie, l'approche des mêmes aliments laissera la Limace insensible, et ce sera seulement quand on les mettra en contact avec sa bouche qu'elle commencera à les attaquer. »

Le siège du sens de l'odorat étant ainsi déterminé, on s'appliqua à étudier le structure de l'organe. Lespès, à l'aide de la dissection seule, arriva à démontrer que le nerf olfactif se termine dans un ganglion ovoïde ou piriforme qui donne lui-même naissance à une houppe nerveuse traversant une couche de tissu granuleux pour se rendre dans la portion adjacente de la peau. Depuis, la structure de l'extrémité des tentacules de l'Escargot a été étudiée attentivement par Flemming dont nous avons

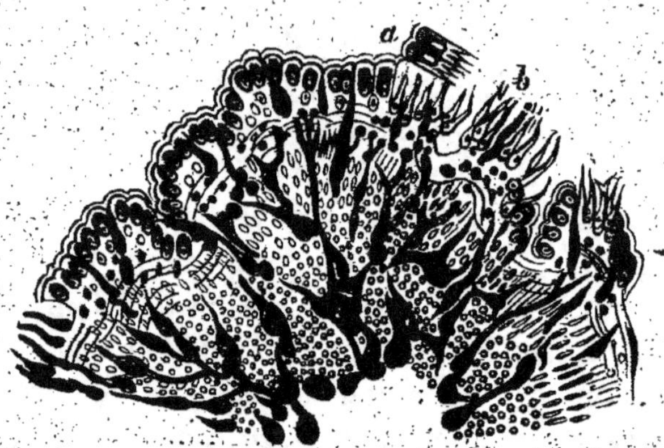

FIG. 24. — Extrémité d'un tentacule de l'*Helix pomatia*. — *a*, Cellules épidermiques. — *b*, Bâtonnet recevant inférieurement les fibrilles terminales du nerf tentaculaire. (D'après Flemming.)

déjà analysé les travaux à propos du sens du goût. Sur une coupe longitudinale du tentacule on voit que le nerf tentaculaire ne va pas se rendre tout entier à l'œil (fig. 24). Celui-ci est situé un peu latéralement et reçoit un simple rameau du nerf optique qui continue ensuite son trajet primitif et va se terminer dans le ganglion déjà signalé par Lespès. De ce ganglion partent plusieurs rameaux qui ne sont pas de simples nerfs, mais qui représentent plutôt tout autant de petits lobes tentaculaires constitués surtout par des cellules nerveuses et allant aboutir au-dessous de l'épithélium dans l'épaisseur

duquel ils envoient de nombreux prolongements fibrillaires. Cet épithélium est formé par des cellules cylindriques et par des éléments plus étroits en bâtonnet
représentant un véritable neuro-épithélium. Ces cellules
en bâtonnet sont en contact à leur base avec les fibrilles
nerveuses émanant du ganglion tentaculaire. Ces bâtonnets olfactifs n'offrent malheureusement aucun caractère
spécifique et, sans les résultats physiologiques, on les
confondrait volontiers avec les cellules tactiles du reste
de la surface du corps.

On voit donc que l'organe olfactif tentaculaire des
Gastéropodes pulmonés manque de caractères anatomiques précis. Sans doute l'extrémité du tentacule peut
être considérée comme une région plus richement innervée, mais il n'existe là aucun élément anatomique
que l'on ne puisse rencontrer ailleurs.

L'opinion que nous avons examinée dans les lignes
précédentes est celle que l'on peut appeler classique,
mais elle est loin d'être admise par tous les naturalistes.
En Allemagne surtout, plusieurs travaux ont été pu-
bliés qui tendraient à faire adopter une des opinions
que nous avons signalées sans nous y arrêter au début
de ce paragraphe.

Le Dr Sochaczewer a fait plusieurs expériences dans le
but de rechercher lequel des organes prétendus olfactifs, c'est-à-dire des tentacules, de l'organe de Semper,
et de la glande pédieuse, remplissait réellement cette
fonction. Pour ses observations cet auteur coupait les
tentacules à un Colimaçon du genre *Helix*, le plus souvent c'est l'*Helix pomatia* qui servait à ses recherches,
et, après guérison, ce Gastéropode était placé au mi-

lieu d'une assiette; les bords de cette assiette étaient barbouillés à l'essence de térébenthine. En observant les mouvements de l'animal, on voyait qu'ils étaient très lents et incertains. S'il se décidait à approcher des bords du plat; il ne tardait pas à retourner au milieu, il se rétractait alors et s'enfermait dans sa coquille. Un Escargot intact et ayant ses tentacules en bon état agissait de même. Ces expériences et d'autres semblables sont suffisantes, d'après cet observateur, pour autoriser les naturalistes à refuser aux tentacules le rôle dans l'olfaction qu'on leur a attribué jusqu'à aujourd'hui.

L'organe de Semper, ainsi dénommé d'après le zoologiste qui l'a décrit pour la première fois, existe chez les genres *Helix*, *Arion*, *Lymnœus*, mais est surtout bien développé dans le genre *Limax*. Dans ce dernier cas il a la forme de quatre à cinq processus glandulaires en forme de lobes, qui sont placés sur le bord de la bouche; chaque lobe offre lui-même l'aspect d'un peigne. Semper a signalé des nerfs fort nombreux dans l'épaisseur de cet organe et il l'a admis parmi les appareils sensitifs. Les cellules constitutives de ces lobes sont semblables, comme Semper lui-même l'a avancé, aux éléments glandulaires des glandes salivaires et surtout aux cellules glandulaires de la glande du pied. Ces éléments sont entourés par une membrane et reposent sur un réseau de tissu connectif. La structure de cet organe d'après Sochaczewer ne plaide pas en faveur de fonctions sensitives. Enfin ce naturaliste pense que la glande du pied doit être regardée comme le véritable siège de l'olfaction. Cet organe est gros, bien innervé; il est formé par des cellules ovales placées dans des spaces libres au milieu de fibres musculaires entrecroisées. Cette glande, située sur la ligne médiane du pied, est entourée de deux ou trois vaisseaux circulaires. Les cellules elles-mêmes sont de forme variable; celles du conduit efférent de la glande sont de deux sortes, quelquefois elles sont ciliées; d'autres présentent à leur extrémité un bâtonnet délicat qui s'élargit à son extrémité libre en un bouton cilié. Ces éléments ont une grande ressemblance avec les éléments décrits par Flemming comme sensitifs dans ses recherches sur l'épithélium des Mollusques. Le même auteur fait remarquer que nous trouvons ainsi, dans l'épaisseur du corps, un organe glandulaire communiquant avec l'extérieur et dans l'épaisseur duquel on rencontre des cellules semblables à celles qui sont considérées ailleurs comme sensitives, et auxquelles nous pouvons ainsi attribuer les mêmes fonctions.

Sochaczewer croit qu'il est impossible de déterminer exactement la fonction d'un organe ainsi situé; mais il pense que cet organe sert peut-être à percevoir les odeurs et il appuie son opinion sur les considérations suivantes. Les trois conditions nécessaires pour qu'un organe puisse être considéré comme olfactif sont : la présence d'une couche de cellules sensitives, la pénétration ou le contact de l'air, et enfin un organe glandulaire versant à sa surface son produit de sécrétion. Ces trois conditions sont réalisées dans la glande pédieuse. L'air pénètre librement, les matières odorantes qui s'y introduisent se mêlent à la sécrétion de la glande, et entrent ainsi en contact avec les cellules nerveuses périphériques.

On voit que l'opinion du naturaliste allemand diffère beaucoup de celle que nous avons exposée au début. Les faits anatomiques qu'il fait connaître sont importants à constater mais les expériences sur lesquelles il s'appuie nous paraissent insuffisantes et peuvent même donner lieu à quelques observations semblables à celles qui ont été faites à Graber à propos de ses recherches sur les antennes des Insectes. Nous ne croyons pas que l'essence de térébenthine soit un bon agent pour ces expériences; l'odeur émise par ce liquide est trop forte et les animaux n'y sont pas habitués; elle n'est pas du groupe de celle que ces êtres ont coutume de prendre pour guide dans la recherche de leur nourriture; de plus elle doit agir comme agent irritant sur tous les éléments sensitifs de la peau, quelles que soient leurs fonctions spéciales. Ces considérations nous engagent à ne pas accepter, jusqu'à ce que de nouveaux faits nous soient révélés, l'opinion de Sochaczewer. Les considérations anatomiques sur lesquelles cet auteur base les idées qu'il avance au sujet du rôle de la glande pédieuse sont fort justes; malheureusement elles ne sont pas suffisantes pour déterminer notre jugement.

Simroth, dans une note parue dans le *Zoologischer Anzeiger* a étudié récemment l'organe olfactif du genre *Parmacella*. Il pense qu'il existe quelque relation entre le sens olfactif et l'organe de la respiration. Près de l'extrémité antérieure du sac respiratoire on trouve dans la cavité du manteau une fossette profonde limitée par deux bords distincts égaux en longeur au diamètre transverse du corps. Ces bords garnis de cellules ganglionnaires et traversés par des fibres musculaires doi-

...ent être considérés comme un organe sensitif et sans doute olfactif.

Dans les lignes précédentes nous avons étudié l'odorat et son organe seulement chez les Gastéropodes à respiration aérienne. Nous avons en effet une tendance à rapporter au sens du goût, beaucoup de phénomènes que la plupart des savants considèrent comme étant du domaine de l'odorat. Nous devons cependant signaler ici quelques organes que Spengel a étudiés chez les Gastéropodes à vie aquatique et qui sont considérés comme appartenant au sens de l'olfaction.

Ces organes olfactifs se trouvent à la base de la branchie chez les genres *Trochus* et *Turbo*. La surface de ces organes est recouverte d'un épithélium épais recevant des fibres d'un gros ganglion sous-jacent. Ces appareils olfactifs ont été décrits et figurés pour la première fois par Lacaze-Duthiers dans les genres *Calyptrœa, Natica, Murex, Nassa, Buccinum, Doliolum* et *Cassidaria*. Ils se présentent souvent sous une forme plus compliquée qui les a fait prendre pour des branchies par les anciens auteurs; ils se composent en effet d'un arc de chaque côté duquel sont disposés des prolongements analogues aux barbes d'une plume. Mais malgré cette complexité apparente ces organes se composent toujours d'une partie centrale nerveuse et d'une couche corticale épithéliale.

Spengel considère encore comme un organe d'olfaction, une tache pigmentée qui, chez les Aplysies, est située au voisinage de la branchie. Des organes semblables existent dans les genres *Doridium* et *Gasteropteron*. Malheureusement ici encore les expériences physiologiques capables d'entraîner la certitude font complètement défaut et ces opinions paraissent trop fondées sur de simples considérations morphologiques.

On s'est appliqué à rechercher des organes de l'odorat même chez les Mollusques lamellibranches et Spengel attribue cette fonction à une bande épithéliale brun verdâtre qui chez l'*Arca Noeæ* s'étend entre l'anus et l'extrémité postérieure du pied.

Enfin, chez les Céphalopodes, Spengel considère comme olfactif l'organe décrit par Kölliker, situé non loin des yeux et qui se compose d'une petite cavité placée à la base des tentacules et parcourue par un grand nombre de sillons et de replis. Zernoff a montré qu'au fond de chacune de ces fossettes, un nerf venait s'épanouir en se divisant en un grand nombre de fibrilles. L'épithélium de ces petites cavités serait lui-même formé de cellules cylindriques parmi lesquelles on distinguerait un grand nombre de petits bâtonnets sensitifs analogues à ceux que nous avons rencontrés dans les téguments de tous les Mollusques.

CHAPITRE VI

L'OUIE

Des parties constitutives essentielles de l'appareil auditif dans l'espèce humaine. Réduction de cet appareil à ses organes principaux chez les Vertébrés inférieurs. Les otocystes des Mollusques ont été admis comme des appareils auditifs et considérés comme base de comparaison de tous les organes dits auditifs des Invertébrés. Corpuscules marginaux des Méduses. Otocystes des Vers. Le sens de l'ouïe chez les Crustacés et les Insectes. Description des otocystes des Mollusques. Le sens de la direction peut-il être localisé dans ces organes ?

Certaines vibrations des corps produisent sur notre organisme des impressions particulières que nous qualifions de sonores et qui sont perçues par un appareil de structure fort complexe que nous appelons appareil auditif. Un nerf met en rapport cet organe avec une région spéciale de notre cerveau où ces actions sont perçues.

L'appareil auditif des Vertébrés, et surtout celui des Mammifères, est fort complexe. Il est composé d'organes d'importance diverse. Les uns comme le pavillon de l'oreille et le conduit auditif externe servent à recueillir et à diriger les ondes sonores : ces organes sont accessoires aussi les voyons-nous manquer chez beaucoup de

Vertébrés. Les parties que l'on désigne sous le nom d'oreille moyenne sont beaucoup plus importantes; c'est dans cette oreille moyenne ou cavité tympanique que sont contenues un certain nombre de pièces osseuses et quelques muscles auxquels on a attribué autrefois un rôle exagéré. On pensait que ces petits organes étaient capables de tendre plus ou moins la membrane du tympan qui sépare l'oreille moyenne du conduit auditif et de modifier ainsi sa capacité d'être ébranlée par tel ou tel son. Ces idées sont abandonnées aujourd'hui; on a fait remarquer avec raison qu'une semblable accommodation ne pouvait être que très désavantageuse, notre appareil auditif servant surtout à la perception de vibrations complexes, des bruits plutôt que des véritables sons. L'observation journalière montre que nous sommes capables de saisir les moindres nuances de ces bruits, leurs plus petites modifications. Pour cela il faut que la membrane du tympan soit passive, qu'elle nous les transmette intégralement, or cela serait impossible, si elle était toujours à l'unisson de telle ou telle vibration simple. Enfin on a fait aussi remarquer qu'une membrane qui a un son propre, une fois ébranlée dans son rythme, conserve longtemps ce mouvement; ce qui est en opposition avec le fait que nous entendons des variations très rapides, même des bruits.

Nous n'avons pas à entrer ici dans l'analyse des fonctions que l'on a attribuées aux différentes parties constitutives de cette oreille moyenne, nous devons seulement retenir que son importance est considérée aujourd'hui comme étant bien moindre qu'autrefois.

A cette oreille moyenne fait suite une série d'organes

constituant l'oreille interne. C'est là que le nerf acoustique va aboutir et que ses fibres vont se mettre en contact avec certaines régions de son épithélium de recouvrement ayant subi des modifications spéciales en rapport avec ses fonctions. Ce sac renferme un liquide aqueux désigné sous le nom d'endolymphe. Il reste à cet état chez certains Vertébrés supérieurs, mais chez la plupart d'entre eux il se complique beaucoup. Il se divise en deux cavités qui prennent les noms de saccule et d'utricule; la première se divise encore, se ramifie et donne naissance aux canaux demi-circulaires; le second émet un long tube qui se replie en spirale et devient le limaçon. Toutes ces parties sont entourées de périlymphe qui comble l'espace entre elles et les parties dures du rocher. Le limaçon se subdivise lui-même en deux tubes étendus sur toute sa longueur qui sont les deux rampes du limaçon et un canal désigné sous le nom de canal limacien.

Le nerf acoustique se termine dans les crêtes acoustiques de l'utricule, du saccule et des ampoules des canaux demi-circulaires. Dans ces crêtes l'épithélium est modifié, on remarque à sa place des cellules spéciales désignées sous le nom de cellules acoustiques, surmontées chacune d'un ou de plusieurs cils très longs plongés dans l'endolymphe et en contact avec les concrétions calcaires ou otolithes qui y sont contenues. Dans le limaçon, le nerf acoustique vient se terminer au niveau d'un organe de nature épithéliale connu sous le nom d'organe de Corti. C'est au niveau de cette formation que les impressions auditives se feraient sentir et grâce à la complexité de sa structure nous pourrions saisir les nuances les plus délicates des sons qui nous impressionnent.

Il n'entre pas dans notre plan de décrire ces différentes parties fort complexes de l'oreille des Mammifères ; nous les signalons en faisant remarquer que l'étude des types inférieurs de la série des Vertébrés nous montre que ces organes de perfectionnement n'apparaissent que successivement et n'existent que dans les formes supérieures. Les Poissons en effet ont un appareil auditif réduit aux organes qui chez nous constituent l'oreille interne, c'est-à-dire à un utricule, à un saccule et à des canaux demi-circulaires. Chez les Invertébrés, chez lesquels nous allons successivement rechercher des dispositions organiques capables de remplir des fonctions sensitives analogues à celle de notre oreille, nous verrons que ce rôle a été attribué à des formations de types fort divers. Mais le plus souvent on a donné le nom d'appareil auditif à des sortes de petites poches renfermant un liquide au sein duquel flottent quelques concrétions. Cette disposition a été comparée aux parties similaires qui existent dans notre oreille interne et en se basant sur ces homologies on a cru pouvoir leur attribuer les mêmes fonctions. Nous verrons à la fin de ce chapitre que ces petits organes ont été l'objet d'études nouvelles qui tendent à modifier les idées que l'on avait sur leur rôle physiologique et à leur attribuer aussi les fonctions que l'on donne aux canaux demi-circulaires des Vertébrés.

PROTOZOAIRES. — Malgré la bonne volonté que tains naturalistes mettent à décrire les similaires de nos différents organes des sens chez les êtres unicellulaires, nous devons reconnaître qu'il n'existe pas de travaux signalant des manifestations de l'existence de ce sens chez les Protozoaires.

CŒLENTÉRÉS. — Les zoologistes connaissent depuis longtemps déjà chez certains Cœlentérés, qui mènent une vie pélagique et errante, des appendices spéciaux situés sur les bords de l'ombrelle chez les Méduses craspédotes et qu'ils ont qualifiés du nom de *corps marginaux*. Quelquefois ces formations contiennent un corps transparent entouré de pigment, et on les a considérées comme des organes de la vision : mais d'autres fois elles renferment des concrétions qui ont porté les auteurs à les comparer aux otocystes des autres Invertébrés et à les décrire comme des appareils auditifs. Cette interprétation est confirmée en partie par les rapports qui ont été découverts entre ces vésicules marginales et le système nerveux de ces animaux.

Ces organes auditifs existent en nombre souvent considérable et sont placés sur un des cordons nerveux circulaires du bord de l'ombrelle. Ils sont essentiellement formés par des cellules ectodermiques modifiées. Ces éléments adaptés à ces fonctions nouvelles sont aplatis en forme de ruban et se continuent vers leur région basilaire en un filament qui est en relation avec les cordons nerveux, tandis que du côté opposé ils se prolongent en un cil tantôt court et épais, tantôt long et fin (fig. 25). La forme générale de ces organes est susceptible de quelques modifications. Tantôt ce sont de simples fos-

settes disposées en série sur le bord du velum. Ces fossettes, en se fermant, constituent une vésicule secon-

Fig. 25. — Vésicule auditive de *Phialidium* traitée par l'acide osmique étendu. — *d1*, Épithélium de la face supérieure du voile. — *d2*, Épithélium de la face inférieure. — *r*, Canal circulaire du bord du voile. — *nr1*, Anneau nerveux supérieur. — *b*, Cellules auditives. — *bh*, Soies auditives. — *np*, Coussinet nerveux formé par un renflement de l'anneau nerveux inférieur. Tout près de l'anneau nerveux on voit une cellule figurée en noir qui renferme un otolithe. (Empruntée à Lankester, d'après O. et R. Hertwig.)

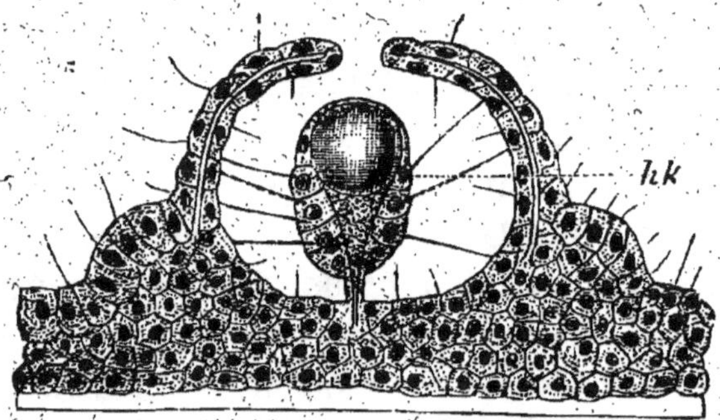

Fig. 26. — Organe auditif de *Rhopolonema*. L'organe consiste en un tentacule modifié *hk* pourvu de cellules auditives, ainsi que de concrétions, et enfermé en partie dans une capsule. (Empruntée à Lankester d'après O. et R. Hertwig.)

daire. Chez d'autres (*Ægina, Cunina*), les vésicules secondaires sont portées sur des tigelles solides plus ou moins

longues et forment ainsi de petites massues, suspendues librement dans l'eau. Enfin chez les Géryonides (*Rhopalonema, Geryona, Carmarina*), cette massue est entourée par des relèvements du disque et enfermée à la fin dans cette masse même (fig. 26).

Malheureusement, si nous sommes bien renseignés sur la nature de ces petits organes et sur leur distribution chez les différents genres, nous sommes fort pauvres en observations physiologiques capables de ne nous laisser aucun doute sur le rôle que nous attribuons à ces formations appendiculaires. Nous les classons parmi les appareils auditifs, parce qu'ils nous rappellent la structure des otocystes des Mollusques, mais nous ne possédons aucune observation sur leur valeur et leur rôle physiologique.

ÉCHINODERMES. — Quelques auteurs ont autrefois décrit chez les Synaptes jeunes des dispositions rappelant les otocystes des Mollusques, mais depuis, les recherches les plus récentes des zoologistes n'ont apporté aucun fait nouveau confirmant cette opinion : aussi peut-on jusqu'à aujourd'hui considérer ces animaux comme n'ayant rien de semblable à un appareil auditif.

VERS. — Quelques Vers plats ont des otocystes construits comme ceux que nous allons bientôt décrire chez les Mollusques. Ces organes existent aussi dans quelques cas chez les Nemertes où ils semblent prendre la place des taches oculaires qui font alors défaut.

Les Nématodes étaient considérés autrefois comme dépourvus d'appareils auditifs, mais les recherches de Marion semblent démontrer l'existence de formations analogues à des otocystes chez ceux de ces animaux qui mènent une vie libre et errante ; c'est ainsi que dans le genre *Amphistenus*, on trouve, sur les côtés de la tête et un peu en avant du collier nerveux, deux petites cavités limitées par une fine membrane, renfermant un liquide visqueux et contenant un ou plusieurs otolithes.

Ces appareils auditifs rudimentaires ont été signalés chez un grand nombre de Vers annelés. Ceux des genres *Marphysa* et *Arenicola* sont connus depuis longtemps et ont été l'objet d'études attentives. Ils ont été décrits également chez les Fabricies et les Amphicorines. Enfin chez quelques formes d'Annélides tubicoles, chez les Sabelles et les Térébelles on connaît des otocystes construits sur le même type.

Plusieurs naturalistes, parmi lesquels nous devons signaler MM. de Quatrefages et Claparède, ont donné de bonnes figures de ces organes. Malheureusement les recherches de ces naturalistes semblent avoir porté surtout sur la morphologie et les rapports des capsules auditives. Aussi avons-nous pu faire sur les Arénicoles quelques études complémentaires qui nous font mieux connaître la structure intime de ces otocystes.

En débitant en coupes le segment céphalique d'une *Arénicole*, on rencontre sur certaines coupes ces organes qui sont faciles à reconnaître, grâce à la présence de leurs petits corpuscules calcaires. Ces otocystes sont placés dans l'épaisseur des téguments, éloignés de l'hypoderme et plongés au milieu des faisceaux musculaires ; ils sont

fixés par l'enveloppe conjonctive des faisceaux musculaires qui se prolonge sur eux et les entoure. Ils ne sont
pas en contact immédiat avec les commissures œsopha-
giennes, mais réunis à elles par plusieurs nerfs. Ils sont
placés au-dessus de ces commissures, par conséquent
vers la face dorsale de ces animaux.

Ces otocystes ont une forme sphérique, ainsi que les
coupes le démontrent. Le diamètre de la cavité de l'otocyste mesure 14/100 de millimètre, et le diamètre de sa
sphère constituée par sa capsule externe est égal à
22/100 de millimètre. La différence entre ces deux chiffres indique l'épaisseur des parois des capsules auditives.
Ces parois sont constituées par une couche de cellules
fusiformes, par un réseau de fibrilles disposées en plexus
serré et enfin par une coque conjonctive. Les cellules
forment la plus grande partie de l'épaisseur de la capsule ; elles sont très minces, en fuseau, légèrement renflées vers le milieu de leur hauteur, au point où est situé
le noyau ; elles augmentent également d'épaisseur à leur
extrémité interne où elles sont surmontées d'un plateau
épais. Les plateaux de toutes ces cellules se soudent intimement entre eux et constituent ainsi une cuticule qui,
sur les coupes, se détache souvent des cellules qui lui
ont donné naissance. Il nous a été impossible de voir
nettement une couche de cils vibratiles ; c'est à peine si,
sur les pièces les mieux fixées par l'acide osmique, nous
avons pu en distinguer quelques traces. Les cellules s'ef-
filent à leur base et se courbent en même temps dans
des directions différentes. Tous ces prolongements basilaires s'anastomosent et forment ainsi un réseau très délicat de fibrilles qui, par leur réunion, constituent à la

base de la couche épithéliale une véritable petite zone intermédiaire entre les fibres nerveuses et les pieds des cellules; on y distingue quelques rares noyaux. Ce plexus repose lui-même sur la coque conjonctive formée par une membrane mince et dense, présentant des perforations à travers lesquelles le plexus basilaire se met en rapport avec les fibres nerveuses.

Les otolithes flottent dans un liquide albumineux ; ils sont nombreux, sphériques, leurs dimensions peuvent varier dans de grandes limites.

On verra, par la description que nous allons bientôt donner de ces mêmes organes chez les Mollusques, que les capsules auditives des Annélides sont construites sur le type des otocystes de ces animaux et qu'il nous serait difficile de signaler entre eux des différences essentielles.

ARTHROPODES. — L'observation vulgaire et en particulier celle des pêcheurs démontre que les Crustacés supérieurs sont parfaitement sensibles au moindre bruit. Tout le monde sait que le silence est nécessaire à la pêche de ces animaux, et une observation déjà fort ancienne d'un naturaliste italien, de Minasi, ne laisse aucun doute sur l'existence de cette faculté. On sait que cet observateur, voulant vérifier à ce sujet l'opinion des pêcheurs, enferma des Crabes dans un vase. Ceux-ci s'agitaient bruyamment et essayaient de grimper le long des parois pour recouvrer leur liberté ; si l'on venait alors à agiter dans le voisinage une petite sonnette pour leur imposer silence, ils rentraient immédiatement dans l'immobilité absolue. Plus récemment Hensen a fait une série d'expériences pour s'assurer de l'existence des facultés auditives

des Crustacés. Il plaça dans un aquarium de jeunes Pa-
lémons fraîchement capturés, et vit que le moindre son
qu'on fait rendre au plancher et aux parois du vase pro-
voque chez ces animaux des contractions instantanées
qui les font sauter au-dessus de l'eau, tandis qu'un simple
ébranlement des parois sans production d'aucun son les
laisse parfaitement immobiles. Quand on les plonge pendant quelques heures dans de l'eau salée additionnée de
strychnine pour exciter le pouvoir réflexe des centres
nerveux, leur acuité auditive devient bien plus évidente
et les sons les plus légers les impressionnent au point de
provoquer chez eux des mouvements violents.

L'appareil qui sert chez ces animaux à percevoir les
vibrations sonores se trouve chez les Crustacés supérieurs
sur l'article basilaire des antennes internes. Il consiste
essentiellement en une petite cavité ou sinus creusée dans
cet article basilaire et communiquant avec l'extérieur ;
d'autres fois cette vésicule se ferme et se convertit ainsi
en un véritable otocyste renfermant un corpuscule qui
est un otolithe (fig. 27 et 28).

Huxley a donné de cet organe chez l'Écrevisse une description qui peut servir de type pour les formes voisines
et à laquelle nous empruntons les lignes suivantes :

« De très curieux sacs auditifs qui sont logés dans les
articles basilaires des antennules permettent aux vibrations sonores d'agir comme stimulant d'un nerf spécial
relié au cerveau. Ces articles basilaires sont trièdres, la
face externe convexe, l'interne appliquée contre son homologue plate, et la supérieure sur laquelle repose le pédoncule oculaire, concave (fig. 27). Sur cette face supérieure se trouve une ouverture ovale, étroite et allon-

gée, dont la lèvre externe est munie d'un pinceau plat
de longues soies très rapprochées les unes des autres, et
dirigées horizontalement au-dessus de l'ouverture qu'elles

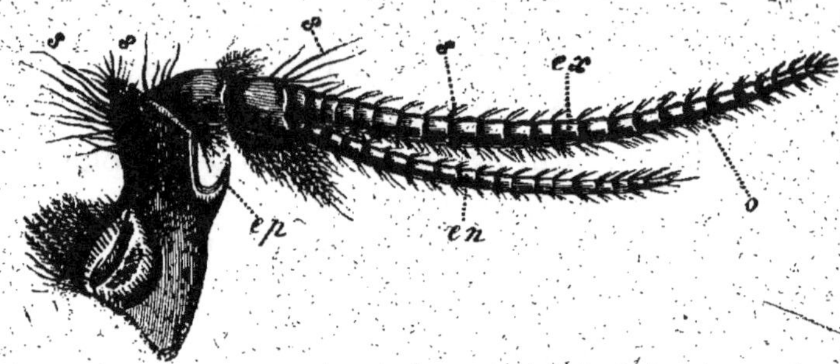

Fig. 27. — Antennnule de l'Écrevisse vue par son côté interne. — *au*, Sac
auditif situé dans l'article basilaire. — *ex*, Branche externe de l'antennule ou
exopodite. — *en*, Branche interne ou endopodite. — *s*, Soies. — *ep*, Épine
située sur l'article basilaire. — *o*, Cônes olfactifs. (D'après Huxley.)

ferment en réalité. L'ouverture conduit dans un petit sac
à parois délicates, revêtues par un prolongement chiti-

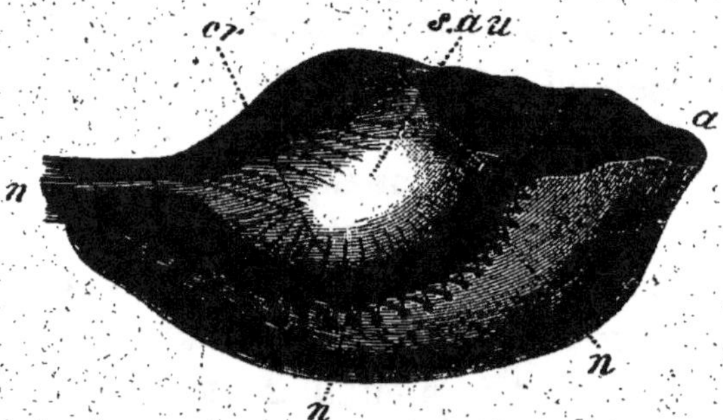

Fig. 28. — Sac auditif de l'antennule de l'Écrevisse extrait de l'article basilaire,
très grossi. — *s au*, Sac auditif. — *n*, Nerf auditif. — *cr*, Crête garnie de
soies délicates. (D'après Huxley.)

neux de la cuticule générale. La paroi inférieure et postérieure de ce sac est soulevée, le long d'une ligne
courbe, en une crête qui se projette dans l'intérieur du

sac. Chaque côté de cette crête est couvert d'une rangée de soies délicates dont la plus longue mesure environ un demi-millimètre ; elles forment ainsi une bande longitudinale courbée sur elle-même (fig. 28). Ces soies auditives se projettent dans le contenu fluide du sac, et leurs sommets sont pour la plupart enfouis dans une masse gélatineuse qui contient des particules irrégulières de sable et parfois d'autres corps étrangers. Un nerf se

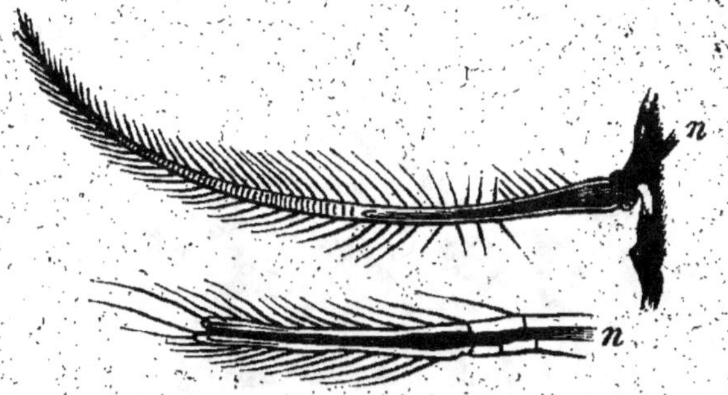

FIG. 29. — Une soie auditive et son extrémité très grossie avec la fibre nerveuse *n* qui y pénètre. (D'après Huxley.)

distribue au sac et ses fibres pénètrent dans la base des poils, on peut même les suivre jusqu'à leur sommet où elles se terminent en corps allongés, particuliers, en forme de bâtonnets (fig. 29). Voilà un organe auditif des plus simples. Il demeure, en réalité, pendant toute la vie, à l'état d'un simple sac, ou d'une simple involution des téguments, pareille à ce qui est l'oreille des Vertébrés à la première période de son développement.

« Les vibrations sonores transmises par l'eau dans laquelle vit l'Écrevisse aux contenus solide et liquide du sac auditif, sont recueillis par les poils délicats de la crête et donnent naissance à des changements moléculaires qui traversent les nerfs auditifs et atteignent les ganglions cérébraux. »

Les poils qui représentent ici les extrémités nerveuses, chargées de la perception sont semblables aux autres poils des téguments. Ils ne s'en distinguent que par des modifications secondaires.

Ces appareils auditifs sont remarquables par la situation bizarre qu'ils occupent quelquefois. Chez les Mysis, au lieu d'être placés sur l'article basilaire de l'antennule, ils

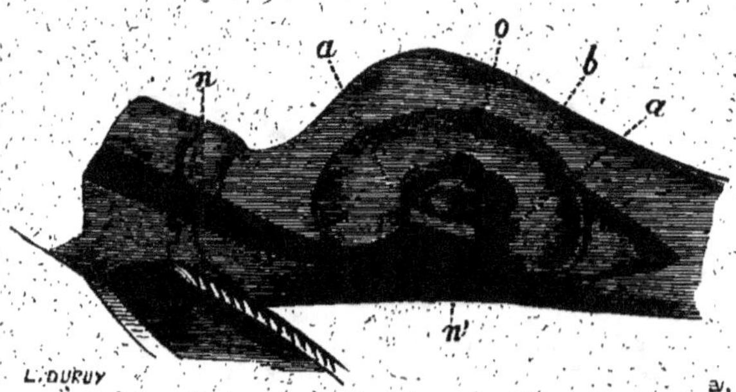

Fig. 30. — Appendice caudal du *Mysis spinulosus* avec son appareil auditif. — b, Vésicule auditive. — o, Otolithe ; poils de l'otolithe avec soies auditives. — n, Nerf venant du dernier ganglion abdominal et dont les fibres vont se terminer dans les soies auditives. (D'après Hensen.)

sont situés dans la lamelle latérale interne de la nageoire caudale (fig. 30). L'otocyste renferme un otolithe unique, volumineux, sphérique. Cette capsule auditive est en relation par un filet nerveux avec le dernier ganglion abdominal.

Les opinions sont partagées au sujet des fonctions auditives des Araignées : les uns leur attribuent une ouïe très délicate, les autres leur refusent presque complètement cette fonction. Les deux mémoires les plus récents que nous connaissons sur ce sujet sont ceux de Haller et de Dahl sur les Araignées.

Haller a décrit, près le bord postérieur de la dernière articulation de la première paire de pattes de ces animaux, deux *foramina* couverts par une membrane transparente incolore. A l'intérieur de ces petites cavités, on trouve des poils chitineux et un otolithe présentant dans leur ensemble une disposition semblable à l'appareil auditif des Crustacés.

Plus récemment Dahl a publié les résultats de ses premières recherches sur l'ouïe des Araignées. Il s'est d'abord assuré de l'existence de cette fonction chez ces animaux. Il a toujours vu qu'un son produit auprès d'une Araignée en marche, et en prenant soin qu'aucune impression visuelle n'arrivât à l'animal, l'arrêtait subitement. Il a recherché quel pouvait être l'organe servant à cette perception et il a trouvé deux sortes de poils placés sur les pattes et les palpes qui lui paraissaient aptes à la perception des sons. Il décrit d'abord des poils d'une égale minceur sur toute leur étendue, frangés de poils courts et délicats au sommet ; ces poils sont implantés dans une dépression des téguments en forme de coupe et extrêmement mobiles ; un filet nerveux vient se terminer à leur base. Il signale ensuite, comme pouvant aussi servir à l'audition, des poils placés en cercle et plus saillants que les poils protecteurs ordinaires. Ces poils peuvent servir à la perception des mouvements de la toile ou des mouvements de l'air ; mais l'observation directe démontre qu'ils sont sensibles aux vibrations sonores. En les observant à un faible grossissement, on voit qu'ils vibrent à l'émission d'une note et cessent lorsqu'on s'arrête. Les longueurs différentes des poils indiquent pour l'auteur des adaptations à diverses notes.

Les organes les plus divers ont été considérés chez les Insectes comme capables de servir à l'audition. Nous ne rappellerons pas toutes les opinions qui ont été émises à ce sujet, mais nous croyons qu'il faut d'abord rechercher expérimentalement si ce sens existe en réalité.

La faculté d'émettre des sons que possède un grand nombre d'Insectes a fait supposer que la plupart d'entre eux pouvaient entendre. Les expériences et les observations de plusieurs naturalistes ne sont cependant pas favorables à cette opinion. Je citerai Huber, Perrin, Dugès, Lubbock et Forel qui ont tous obtenu des résultats négatifs. A l'exception de quelques Orthoptères et en particulier des Grillons, tous les autres Insectes sont restés sourds aux sons les plus variés. Lubbock semble admettre cependant que les Insectes sont sensibles à certains sons trop hauts pour être perçus par nous. Forel a vérifié ces résultats, et c'est en vain qu'il a multiplié et varié les bruits auprès d'Abeilles en train de butiner dans les fleurs ; en prenant la précaution de les protéger contre son haleine et en s'abritant de leur vue, jamais ces Animaux ne prêtaient la moindre attention aux bruits qu'il produisait.

Enfin récemment Graber a attribué les fonctions de l'ouïe à des terminaisons nerveuses particulières qu'il a désignées sous le nom d'*organes chordotonaux*. Ces organes sont généralement composés de baguettes hyalines isolées ou groupées, placées sous les ailes ou sur les pattes. Graber a distingué parmi ces petits appareils un certain nombre de formes qu'il a désignées sous des noms spéciaux. Bolles Lee chez les Diptères a trouvé que dans chaque segment du corps il existe un organe composé et un organe simple ; ces organes sont disposés latéralement et d'une façon symétrique ; il rectifie la description anatomique de Graber et pense que le bâtonnet hyalin de ces organes doit être regardé comme un revêtement capsulaire d'une extrémité nerveuse renflée, et non comme la terminaison elle-même.

Dans la partie physiologique de son travail, Graber admet comme conclusion que ces nouveaux appareils sont probablement auditifs, mais les faits qu'il apporte n'ont pas une grande valeur démonstrative, et jusqu'à aujourd'hui du moins cette opinion doit être considérée comme une hypothèse.

Nous voyons donc que nos connaissances sur les organes auditifs des Insectes sont bien bornées et il faut avouer que, si on laisse de côté les opinions anciennes, reconnues fausses aujourd'hui, on est obligé de reconnaître que ce sujet sollicite de nouvelles recherches.

MOLLUSQUES. — Les Invertébrés qui font partie de cet embranchement sont certainement ceux chez lesquels tous les auteurs s'accordent pour décrire, sinon des facultés auditives remarquables, mais au moins des organes considérés, d'après leur aspect morphologique, comme de véritables organes de l'ouïe. C'est même chez ces êtres que les otocystes ont été décrits pour la première fois.

Siebol dès 1833 décrivit les otocytes des Lamellibranches et les désigna sous le nom d'*organes énigmatiques*.

Ces capsules auditives ou otocystes existent dans les *Cyclas*, les *Unio*, les *Anodonta*, et sont situées dans la région pédieuse. Leur structure rappelle complètement celle des mêmes organes chez les Arénicoles ; c'est-à-dire qu'ils se composent d'une tunique conjonctive qui les limite à l'extérieur et d'une assise cellulaire à cils vibratiles. Cette capsule renferme un liquide transparent au milieu duquel flotte un seul otolithe.

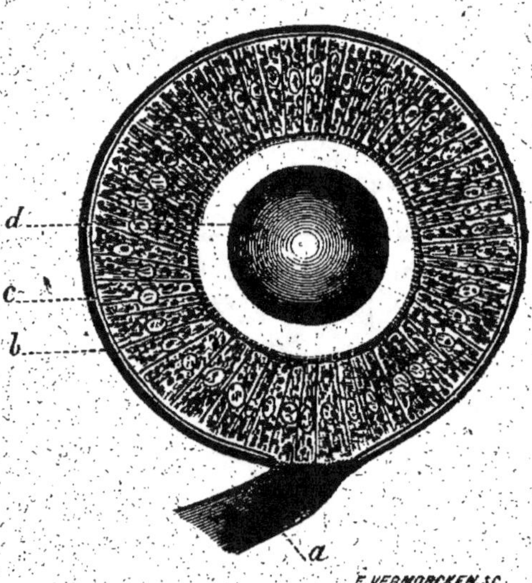

Fig. 31. — Organe auditif de l'*Unio*. — *a*, Nerf auditif. — *b*, Tunique conjonctive de l'otocyste. — *c*, Cellules vibratiles. — *d*, Otolithe. (D'après Leydig.)

Les otocytes des Gastéropodes ont été vus par la plupart des naturalistes qui se sont occupés de l'anatomie de ces animaux, mais nous devons signaler surtout les travaux de Krohn, de Milne-Edwards, d'Huxley, de Leuckart, comme ayant contribué à fixer définitivement l'opinion des zoologistes à ce sujet. Leur existence dans

un grand nombre de genres était donc un fait démontré, mais leur situation, leurs rapports, leur structure,
méritaient encore de faire l'objet de quelques recherches. Les travaux de M. H. de Lacaze-Duthiers ont beaucoup contribué à éclairer ces différents points. Les études
de ce savant et celles de ses prédécesseurs ont montré
que les otocystes sont placés sur la partie latérale

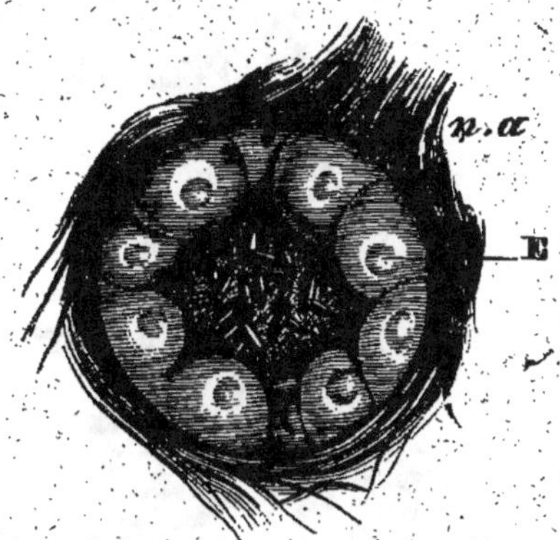

FIG. 32. — Otocyste de *Clausilia nigricans.* — E, Cellules ciliées. — *na*, Nerf auditif. Au centre de l'otocyste se voient des otolithes elliptiques. (D'après H. de
Lacaze-Duthiers.)

de la région frontale, chez les Carinaires, les Éolides,
les Atalantes, les Firoles, les Tritoniadés, les Doris,
tandis que chez les Paludines, les cyclostomes, les
Cabochons, les Murex, les Calyptrées, les Natices, ils
se montrent dans le voisinage des ganglions pédieux.
Enfin, chez les Colimaçons, ils semblent reposer sur ces
derniers ganglions ou y être rattachés par un pédoncule,
ainsi que cela existe dans un grand nombre de genres,
tels que les Néritines, les Patelles, les Pleurobranches.

La structure de ces petits organes est encore semblable
à celle des mêmes appareils chez les Arénicoles. Ils se
composent donc essentiellement d'une tunique conjonctive, d'une couche cellulaire formée d'éléments épithé-

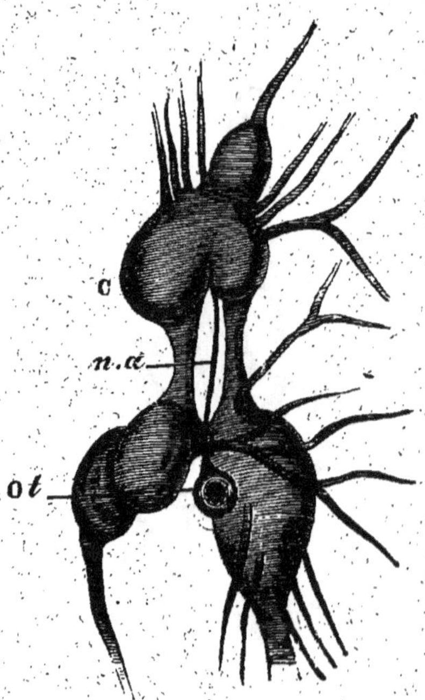

Fig. 33. — Figuré montrant les rapports de l'otocyste et des centres nerveux
chez le *Limax agrestis*. — *ot*, Otocyste reposant sur le centre pédieux ou sous-
œsophagien. — *na*, Nerf auditif venant des ganglions cérébroïdes *c*. (D'après
H. de Lacaze-Duthiers, *Archives de zoologie expérimentale*, t. I.)

liaux plus ou moins hauts, pourvus de cils vibratiles
bien visibles et qui se manifestent bien sur l'animal
vivant par les mouvements qu'ils communiquent aux
corpuscules contenus dans la cavité de l'organe (fig. 32).
La capsule auditive renferme tantôt un seul otolithe
très volumineux comme chez les Cyclostomes, tantôt

une foule de petites granulations calcaires souvent ovoïdes.

Les travaux de M. H. de Lacaze-Duthiers ont beaucoup contribué à faire mieux connaître l'innervation de ces petits organes (fig. 33). Ces recherches démontrent que, quelle que soit la situation des otocystes, les nerfs qui s'y rendent ont toujours une seule et même origine et qu'ils émergent des ganglions cérébroïdes.

Les Céphalopodes possèdent aussi des capsules auditives, mais elles ont des contours irréguliers et sont protégées par le cartilage céphalique dans l'épaisseur duquel elles sont logées.

Sens de la direction. — On sait que la plupart des physiologistes cessent aujourd'hui d'attribuer un rôle important dans la perception des ondes sonores aux canaux demi-circulaires, et que l'on considère plutôt ces parties de l'oreille interne comme servant à nous donner des notions d'attitude et de direction. On s'est demandé si les otocystes des Invertébrés ne pouvaient pas remplir le même rôle. Quelques auteurs, et en particulier M. Delage, se sont livrés à ce sujet à des recherches qui semblent confirmer cette hypothèse. Si, comme ce naturaliste l'a fait, on observe un Céphalopode dont les otocystes ont été détruits, on voit que lorsque l'animal se met à nager le mouvement est d'abord régulier et normal, mais bientôt l'allure ne tarde pas à se modifier. On remarque d'abord une sorte de roulis qui le fait verser alternativement sur un côté, puis sur l'autre. Ces mouvements en devenant plus rapides accentuent encore ces désordres et l'animal finit par se trouver la face ventrale en haut. C'est en vain qu'il cherche à se redresser et à retrouver son attitude normale. Les Céphalopodes privés de leurs yeux ne manifestent aucun phénomène semblable. Ils ont une marche lente, hésitante, mais correcte. L'auteur pense donc que les otocystes peuvent renseigner l'animal sur les mouvements de rotation que son corps accomplit, et provoquer par voie réflexe les petits mouvements correcteurs qui maintiennent le corps dans son orientation normale et l'empêchent de s'écarter de la trajectoire qu'il doit suivre.

Les expériences du même observateur sur les Crustacés et en particulier sur les Mysis, les Crevettes et les Crabes, lui ont fourni des résultats analogues.

Chez les Mysis, il semble que la vue est capable de suppléer les otocystes dans cette fonction ; de telle sorte que pour obtenir des résultats complets il faut détruire à la fois les yeux et les capsules auditives. On voit alors que ces petits animaux, après quelque temps de repos au fond du vase, se mettent à nager d'une façon tout à fait désordonnée. Ils tournent sur eux-mêmes autour de l'axe longitudinal et toujours dans le même sens. D'autres tournent sur le côté ; quelques-uns décrivent des hélices allongées.

Les Crevettes ont présenté des phénomènes semblables.

M. Delage pense que les faits qu'il a vus ne sont pas le résultat d'une excitation nerveuse spéciale, mais que les phénomènes de désorientation locomotrice sont dus à l'abolition des fonctions otocystiques. Il résume les conclusions de son travail dans les lignes suivantes :

« La destruction des otocystes produit une désorientation locomotrice chez les animaux qui l'ont subie.

« Ce résultat est dû à l'abolition des fonctions de l'organe et non à son excitation ou à une irritation du nerf correspondant.

« La suppression des sensations visuelles et tactiles ne produit aucun effet de ce genre.

« La vue et le toucher peuvent, dans une certaine mesure, suppléer les otocystes détruits, mais le plus souvent la désorientation locomotrice n'est qu'atténuée sur les indications de ces deux sens.

« Les otocystes, outre leur fonction auditive, jouent le rôle d'organes régulateurs de la locomotion, probablement en provoquant par voie réflexe les actes musculaires correcteurs qui maintiennent le corps sur la trajectoire voulue et dans son orientation normale pendant toute la durée du mouvement.

« Il y a de fortes raisons de croire que ces organes envoient aussi aux ganglions cérébroïdes des sensations véritables qui renseignent l'animal sur les mouvements de rotation accomplis activement ou passivement par son corps.

« Ces sensations, ainsi que les actes réflexes précédents, peuvent être provoquées par l'action mécanique exercée pendant les mouvements par le liquide ou par les otolithes sur les terminaisons nerveuses de la paroi. »

CHAPITRE VII.

LA VUE

Action de la lumière sur les êtres organisés. Elle agit sur les phénomènes généraux de nutrition ; mais elle peut aussi être perçue par des organes spéciaux. Capacité de distinguer la lumière de l'obscurité chez quelques animaux aveugles. Chromatoblastes. Fonctions dermatoptiques. Constitution générale de l'œil des Vertébrés supérieurs. La vue chez les Protozoaires et les Cœlentérés. Taches visuelles des Echinodermes. Ce sens ne saurait exister chez les Vers parasites. La vision chez les Turbellariés, les Géphyriens, les Annélides, les Mollusques et les Arthropodes. Manifestations de l'existence de cette fonction chez beaucoup de Lamellibranches. Description de l'œil de l'Arche et du Pecten d'après les travaux de W. Patten et de Hickson. Conclusions du premier de ces deux naturalistes au sujet de la structure de l'œil à facettes des Arches pris pour point de départ d'une comparaison avec celui des Arthropodes. Structure de l'œil des Gastéropodes et des Céphalopodes L'œil composé des Arthropodes d'après Grenacher. W. Patten, ses travaux, ses idées. Théories physiologiques de la vue à l'aide des yeux comparés. Observations de Lubbock, Forel et Plateau sur la vision des Insectes. Perception de la forme. Perception des mouvements. Perception des couleurs.

L'influence de la lumière sur les êtres vivants est au nombre des faits biologiques évidents. De tout temps la lumière et la vie d'une part, l'obscurité et la mort d'une autre, ont toujours paru comme des choses allant naturellement ensemble, formant, ainsi que Paul Bert l'a dit, une antithèse vieille comme le monde.

La lumière agit de plusieurs façons sur les organismes

qui nous entourent. Elle se comporte comme un agent capable de modifier leur nutrition, et elle procure à quelques-uns d'entre eux des sensations particulières que nous qualifions de sensations visuelles.

L'observation vulgaire a démontré depuis longtemps que les végétaux jaunissent, s'étiolent à l'obscurité et que, parmi les animaux, l'espèce humaine elle-même est impressionnée favorablement par la vie au grand air, à la lumière. Ces idées sont confirmées par les observations des botanistes et des zoologistes. On sait que, si les plantes se trouvent mieux lorsqu'elles sont au soleil, c'est parce que c'est dans ces conditions seulement qu'une de leurs fonctions de nutrition, la plus essentielle peut-être, la fonction chlorophyllienne, peut s'exercer dans toute sa plénitude.

Dans le règne animal il existe des êtres qui sont complétement dépourvus de tout appareil pouvant être assimilé à un œil, si rudimentaire qu'il soit, et qui, cependant, soit par leur attitude, soit par leurs déplacements, indiquent qu'ils sont sensibles à la lumière.

Parmi ces organismes, les uns sont incolores ou blancs, les autres ont leur corps orné de taches de diverses couleurs désignées sous le nom de taches de pigment.

La physique nous enseigne que les corps blancs diffusent en égale proportion tous les rayons du spectre. Si certains corps nous apparaissent comme rouges ou verts, c'est parce qu'ils absorbent toutes les autres couleurs, à l'exception du rouge ou du vert. Nous appelons noirs les corps qui absorbent toutes les couleurs sans en diffuser aucune. Ces notions sont importantes à retenir parce qu'elles nous montrent que les corps colorés, surtout ceux qui renferment des pigments noirs ou bruns, sont plus capables que les autres d'absorber la lumière. Les êtres dont les téguments sont colorés sont ainsi plus aptes à utiliser les rayons lumineux et occupent à ce point de vue un niveau supérieur.

Il existe cependant un assez grand nombre de faits qui montrent que le protoplasma incolore peut réagir sous l'action des rayons lumineux. Engelmann a vu un Protozoaire incolore du genre *Pelomyxa* se contracter lorsqu'on l'exposait à la lumière. Les Hydres d'eau douce, qui sont des êtres presque complètement incolores, montrent aussi, par leurs mouvements, qu'ils sont impressionnés par cet agent. Les expériences de Tremblay ne laissent à ce sujet aucun doute. Les observations de ce savant se trouvent consignées dans tous les ouvrages, mais elles sont si démonstratives que nous croyons devoir les rappeler ici. Cet habile naturaliste, ayant remarqué que ces petits Polypes recherchent les endroits éclairés, plaça plusieurs individus de cette espèce dans un manchon opaque sur le côté duquel il pratiqua une ouverture en forme de chevron. Il remarqua alors que les Hydres se disposaient le long de la ligne tracée par la lumière qui passait par le chevron et lorsqu'on déplaçait cette ligne brillante les Polypes suivaient lentement. En variant ses expériences et en se plaçant dans des conditions différentes, Tremblay acquit la certitude que ce n'est ni la chaleur ni le voisinage de l'air, mais bien la lumière, qui porte ces êtres à se rapprocher des parties éclairées du vase où ils vivent emprisonnés.

Les animaux incolores ou blancs sont rares. Chez la plupart des Invertébrés, on trouve des taches de pigment le plus souvent brunes ou noires, qui les placent dans des conditions beaucoup plus favorables. Ces taches sont de véritables organes pouvant absorber et utiliser les rayons lumineux ; elles peuvent ainsi être comparées aux grains de chlorophylle des végétaux et, sans admettre toutes les conclusions théoriques qu'un savant naturaliste américain, M. Patten, a proposées à la fin d'un mémoire que nous aurons souvent à citer, nous devons cependant reconnaître que le nom d'*héliophages*, par lequel il les désigne, est bien choisi.

Ces grains de pigment ou chromatoblastes, ces organes héliophages peuvent, comme on le sait, donner aux animaux qui les possèdent des couleurs variées ou des nuances d'intensité différentes suivant le milieu dans lequel ils vivent. M. G. Pouchet a montré que les Poissons, tels que les Soles et les Turbots, devenaient d'une couleur analogue au fond sur lequel ils vivaient, mais il a vu aussi que ces changements étaient liés à l'appareil visuel et qu'ils ne pouvaient plus se manifester lorsqu'on pratiquait l'ablation des yeux ; il faut donc, dans ce cas, admettre qu'il n'existe pas une action directe de la lumière sur les chromatoblastes, mais que les contractions et les expansions qui correspondent aux changements de couleurs de l'animal sont liés aux impressions qui arrivent sur la rétine de ces êtres et leur permettent de s'adapter à des milieux de couleurs différentes.

P. Bert a cependant observé sur le Caméléon des faits qui indiquent que les changements de couleurs peuvent s'effectuer indépendamment de la faculté visuelle et qui révèlent une action directe de la lumière sur leur peau. Sur un Caméléon endormi et exposé au soleil, ce savant physiologiste a vu une région du corps de cet animal qu'il avait abritée de la lumière offrir une teinte beaucoup plus claire et faire comme une sorte de tache au milieu des téguments, devenus foncés, qui l'entouraient.

On sait aussi que la peau humaine est loin d'être insensible aux rayons lumineux et qu'une exposition de quelques heures à l'action directe du soleil suffit pour lui faire prendre une coloration spéciale.

Mais ces derniers faits n'ont rien de commun avec une impression visuelle et ne nous indiquent pas que les animaux chez lesquels on les observe perçoivent, à l'aide de leurs téguments, une sensation optique si rudimentaire qu'elle soit.

Fonctions dermatoptiques. — Il existe cependant de nombreuses observations qui nous montrent que, même en l'absence de tout appareil visuel, certains Invertébrés peuvent faire la différence entre l'obscurité et la lumière. On sait que quelques-uns d'entre eux, que l'on appelle quelquefois animaux lucifuges, se dérobent à l'action des rayons lumineux ou, du moins, fuient devant une lumière trop intense : ce sont, par exemple, les Blattes, les Ténébrions, la plupart des Myriapodes et beaucoup de Mollusques. On a remarqué que ces faits pouvaient se manifester chez des animaux aveugles et l'on a désigné ces sensations, naturellement vagues, sous la dénomination de *perceptions dermatoptiques*.

On peut emprunter des exemples de cette sensibilité

spéciale aux différentes classes du règne animal ; mais M. G. Pouchet est le premier observateur qui se soit livré à des recherches attentives sur ce sujet. Ce savant biologiste a démontré que les larves de Mouche privées d'organes visuels étaient sensibles à l'action des rayons lumineux. Il a vu que lorsqu'on plaçait sur une table, devant une fenêtre, un certain nombre de ces larves, on les voyait se diriger toutes vers le bord de la table qui était tourné vers le fond de l'appartement et fuir ainsi la lumière. Ces mouvements indiquent que ces êtres saisissent bien les différences d'intensité lumineuse.

Depuis, l'étude des perceptions visuelles par les animaux aveugles a été reprise par plusieurs observateurs parmi lesquels je citerai P. Bert, Graber et Plateau. Le dernier de ces auteurs a résumé, en tête d'un récent mémoire, les principales observations ayant un intérêt pour l'étude de cette question. Des remarques analogues à celles de Tremblay ont pu être faites sur quelques Cœlentérés. C'est ainsi que, sur les Veretilles et sur plusieurs Zoanthaires, différents naturalistes ont observé des faits qui témoignent que ces êtres sont sensibles à la lumière. J'ai pu voir moi-même, sur des Actinies du genre *Paractis*, des manifestations évidentes de cette sensibilité spéciale. Ces Orties de mer restent fermées aussi longtemps qu'on les expose à une lumière trop vive ; elles ne s'épanouissent que lorsqu'on les met à l'abri des rayons lumineux.

Les Méduses à l'état larvaire et adulte présentent des phénomènes de même nature. Les larves de *Cyanea* se rassemblent de préférence, d'après Sars, sur les points les plus éclairés des aquariums. Parmi les Siphonophores, les Vellèles semblent manifester des sensations analogues.

Les Échinodermes privés de leurs taches oculaires perdent leur sensibilité à la lumière.

Parmi les Annélides, les Vers de terre ont fait l'objet de quelques études intéressantes ; Graber s'est particulièrement occupé de ce sujet. Il a démontré que les Lombrics sont affectés par les rayons lumineux et il a fait voir en même temps que cette sensibilité n'était pas localisée comme on l'avait cru, dans les premiers anneaux du corps, mais qu'elle existait sur toute la surface et qu'elle permettait à ces animaux la perception de faibles différences d'éclairage.

En étudiant bientôt la vision chez les Mollusques, nous citerons des faits qui montreront que ces animaux peuvent percevoir les différentes intensités lumineuses à l'aide de simples taches de pigment.

Enfin nous devons signaler les observations de Graber et de Plateau sur les Arthropodes. Le premier a aveuglé des Blattes et il a vu que ces Insectes ainsi mutilés avaient conservé la faculté de percevoir la lumière. Plateau, s'est adressé aux Myriapodes, il a choisi ceux qui étaient naturellement dépourvus d'un appareil visuel. On nous permettra de nous arrêter un instant sur les recherches de ce dernier savant à cause du soin avec lequel ses observations ont été faites et des résultats intéressants qu'elles ont fournis.

Les expériences de Plateau ont porté sur des Myriapodes aveugles tels que ceux du genre *Cryptops* et sur des Lithobies possédant des appareils visuels. Cet auteur s'est toujours appliqué à éliminer diverses influences capables de fausser ses résultats. Les causes d'erreurs peuvent provenir d'une température plus élevée dans la région fortement éclairée ou bien de certaines particularités dépendant du mode d'existence de ces Arthropodes. Ces êtres ont une grande tendance à s'enfoncer dans les moindres fissures; de telle sorte que, si l'on place plusieurs lames de verre au fond d'un cristallisoir renfermant des *Cryptops*, on voit ces petits animaux, qui courent d'abord dans toutes les directions, s'insinuer au-dessous des ces corps transparents et ne rester tranquilles que lorsqu'ils s'y sont logés en totalité ou en partie. Une autre cause d'erreur peut dépendre du besoin d'humidité très développé chez ces Arthropodes, et qui fait qu'il suffit de placer au fond d'une boîte un fragment de papier humide pour voir ces petits êtres s'y appliquer.

En ayant soin de se mettre à l'abri de ces influences et en variant ses méthodes d'observation dans le détail desquelles nous ne croyons pas devoir entrer, Plateau a vu que les Myriapodes aveugles, aussi bien que ceux possédant des yeux, s'arrêtent de préférence dans les régions obscures. Il en conclut que les Myriapodes aveugles perçoivent la lumière du jour et savent choisir entre la lumière et l'obscurité.

Cet observateur a remarqué de plus qu'il faut un temps assez long pour que ces animaux s'aperçoivent qu'ils ont passé d'une obscurité relative ou complète à la lumière et que la durée de la période latente n'est pas plus grande chez les Myriapodes aveugles que chez les Myriapodes munis d'yeux.

Il résulte de cette lenteur de perception que les Myriapodes aveugles, quoique sensibles à la lumière, peuvent traverser des espaces sombres, mais de peu d'étendue, sans s'en apercevoir et ne savent plus les retrouver lorsqu'ils en ont dépassé les limites.

Les observations de Plateau et de ses prédécesseurs démontrent donc que certains animaux perçoivent la lumière bien qu'ils soient dépourvus de toute trace d'appareil visuel.

Ces résultats sont bien faits pour étonner ceux qui sont peu au courant de la physiologie des animaux inférieurs et on pourrait être tenté de leur attribuer plus d'importance qu'ils n'en ont en réalité. Il ne faudrait pas croire en effet que les sensations perçues par les téguments fournissent aux centres nerveux de ces êtres autre chose que des notions d'intensité lumineuse. Ces sensations dermatoptiques ont été comparées assez heureusement à celles que nous éprouvons lorsque les yeux fermés, nous nous tournons alternativement vers une région éclairée ou vers un point obscur. Nous distinguons ainsi l'obscurité et la lumière, mais les nuances délicates et les objets nous échappent complètement.

Nous avons pensé qu'il était bon de réunir au début de ce chapitre ces faits curieux, parce qu'ils sont la première indication de la faculté de percevoir les rayons lumineux et aussi parce qu'ils occupent une place à part parmi les phénomènes dépendant des sensations visuelles.

Mais à mesure que nous nous élevons dans la série animale nous ne tardons pas à voir une région des téguments se spécialiser en vue de cette fonction et des appareils particuliers adaptés à ce rôle se montrer avec une constitution générale toujours la même, mais aussi avec des différenciations secondaires donnant à quelques-uns d'entre eux des apparences qui les rendent quelquefois difficilement comparables.

Constitution générale de l'œil des Vertébrés supérieurs. — Les organes visuels de l'Homme et des Vertébrés sont constitués par un certain nombre de parties fondamentales que nous devons connaître parce que nous y trouverons un guide pour les descriptions qui vont suivre. L'œil des animaux supérieurs se compose toujours d'organes de réfraction désignés sous le nom de système dioptrique ; d'une membrane sensible ou rétine associée à une couche de cellules pigmentées formant la choroïde. Cet appareil est accompagné d'un organe d'accommodation qui sert à régler l'intensité lumineuse et à adapter le système dioptrique aux diverses distances auxquelles l'œil doit fonctionner.

Les corps réfringents de l'œil comprennent : une lentille biconvexe nommée cristallin et un tissu spécial qui occupe presque toute la cavité du globe oculaire et qui est désignée sous le nom de corps vitré. Ce système optique dévie les rayons lumineux et se comporte comme l'objectif des chambres noires des photographes, c'est-à-dire qu'il forme sur la face interne de la partie postérieure du globe oculaire une image renversée des objets que nous voyons. L'appareil d'accommodation nous permet de faire apparaître cette image juste au niveau du point où se trouve notre écran sensible, c'est-à-dire la rétine, dont les parties les plus délicates sont protégées par les franges pigmentées de l'épithélium choroïdien. Cette rétine est une dépendance directe du cerveau auquel elle

est reliée par le nerf optique ; elle se compose essentiellement d'éléments anatomiques spéciaux correspondant à une adaptation particulière de l'épithélium sensitif caractérisé par des formations que l'on désigne
sous le nom de cônes et de bâtonnets. Cette région
épithéliale de la rétine est en rapport à sa base avec des
cellules nerveuses qui forment une sorte de ganglion nerveux périphérique.

Dans l'étude qui va suivre et dans laquelle nous allons
passer en revue les appareils visuels des animaux inférieurs, nous verrons que souvent l'œil se compose d'une
simple association de cellules pigmentées auxquelles viennent se mêler des cellules sensitives. Quelquefois même
la distinction n'est pas allée jusqu'à cette première séparation ; une même cellule est réfringente à son extrémité
externe, chargée de pigment au milieu, en rapport à sa
base avec des éléments nerveux ; elle suffit à elle seule
pour réaliser les trois fonctions que nous voyons s'accomplir chez les Vertébrés à l'aide d'organes différents.
Ces cellules, caractérisées par leur pigment et, par conséquent, faciles à reconnaître, se groupent et constituent
un œil véritable. Un premier perfectionnement est in-
diqué par la séparation des deux fonctions, que l'on
pourrait appeler, chez nous, choroïdienne et rétinienne ;
il est caractérisé par la localisation dans des éléments
anatomiques distincts des fonctions sensitives et pigmentaires. Un état d'organisation encore plus élevé se
manifeste par l'apparition de corps réfringents indépen-
dants qui constituent alors un cristallin, quelquefois même
un corps vitré. Enfin il est très rare de voir s'adjoindre à
ces parties essentielles un véritable appareil d'accommo-

dation ; nous avouons même ne pas en avoir à l'esprit des exemples bien démontrés.

Cet exposé rapide de l'état de l'appareil visuel chez les Invertébrés nous permet déjà de supposer que les notions que ces Animaux acquièrent à l'aide de la vue ne sauraient être comparées à celles que nous arrivons à posséder à l'aide de nos yeux. Même dans les cas des yeux les plus parfaits, l'absence d'un appareil d'accommodation suffira pour démontrer que la vision ne peut être nette. On a donc le droit de dire, sans avancer une hypothèse bien hardie, que souvent les animaux chez lesquels nous allons décrire des organes visuels ne sauraient percevoir, à l'aide de ces appareils rudimentaires, autre chose que des différences d'intensité lumineuse, et qu'ils n'arrivent, sans doute, pas à distinguer la forme des objets,

Nous verrons donc que si, par certains de leurs sens, les animaux inférieurs l'emportent sur les Vertébrés et sur l'Homme, il n'en est pas de même pour la vue.

PROTOZOAIRES. — Les partisans de l'unicellularité des Protozoaires ne sauraient admettre ici un organe de la vue dans le véritable sens anatomique du mot. Nous devons reconnaître cependant que l'on a signalé chez un grand nombre de ces êtres des taches de pigment qui leur permettent d'éprouver certaines sensations pouvant passer pour une vision rudimentaire. On sait, en effet, que beaucoup de Protozoaires se groupent, dans les régions éclairées ou obscures, indiquant ainsi qu'ils distinguent la lumière de l'obscurité. Chez les *Gymnodinium Polyphemus*, M. G. Pouchet a même rencontré un degré plus grand d'évolution. Il a vu que la tache de pigment comparable à une choroïde était accompagnée d'un petit corps transparent qui y était enchâssé à la façon d'un cristallin, de telle sorte que nous sommes en présence, dit l'auteur, « d'un appareil spécial né et développé dans le corps cellulaire, en vue d'une fonction définie, comme naît et se développe le mécanisme compliqué d'un poil urticant dans la cellule défensive d'une Méduse ». Cette disposition nous autorise à admettre que les êtres unicellulaires peuvent offrir des différenciations protoplasmiques rappelant les dispositions structurales qui, chez les autres animaux, résultent de certaines associations cellulaires. Mais il faut reconnaître aussi que ces faits sont exceptionnels et que les taches visuelles des Protozoaires, lorsqu'elles existent, se réduisent à un simple petit amas pigmentaire.

CŒLENTÉRÉS. — Certains Spongiaires à l'état larvaire paraissent sensibles à la lumière. W. Marshall a signalé, en effet, les larves des *Reniera filigrana* comme capables de rechercher les endroits obscurs et de s'y grouper.

Nous avons vu que certains Coralliaires percevaient les rayons lumineux, bien qu'ils soient dépourvus de toute trace d'appareil visuel. Les bourses chromatophores des espèces du genre *Actinia*, qui étaient des yeux pour Schneider et Rotteken, ne sont, comme nous l'avons démontré, que des associations de capsules urticantes.

Cependant depuis les recherches de O. et R. Hertwig sur les Méduses, on considère comme des yeux les corpuscules marginaux qui sont situés sur le bord de l'ombrelle. Ces savants anatomistes ont étudié ces petits organes sur des espèces des genres *Lizzia* et *Oceania*.

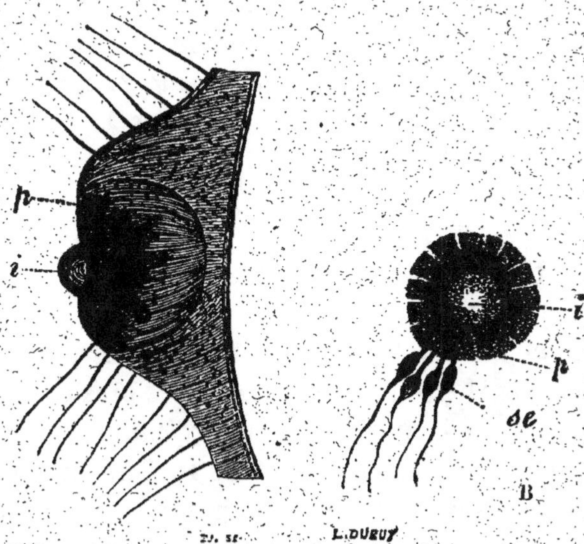

Fig. 34. — Œil de la *Lizzia Kollikeri* vu de profil et de face. — *i*, Cristallin. — *p*, Tunique pigmentaire. — *sc*, Bâtonnet rétinien. (D'après O. et R. Hertwig.)

Chez les *Lizzia* l'œil est situé à la base d'un tentacule et se compose d'un cristallin enchâssé dans un bulbe chargé de pigment. Le cristallin est un simple épaississement de la cuticule et le bulbe est formé de trois sortes d'éléments : 1° de cellules pigmentaires : 2° de cellules sensorielles qui constituent les véritables éléments rétiniens ; celles-ci possèdent un renflement central pourvu d'un noyau, un prolongement périphérique représentant un bâtonnet rudimentaire et une fibre centripète en continuité avec des cellules ganglionnaires situées à la base de l'œil.

Les taches visuelles dépourvues de cristallin des *Oceania* représentent des appareils plus simples. Claus a également décrit chez quelques Méduses acraspèdes des organes construits sur le même type.

Enfin nous devons ajouter que Schäfer qui a étudié les mêmes formations chez l'*Aurelia aurita* ne trouve pas dans la structure de ces petits organes la preuve qu'ils puissent servir à la vision.

ÉCHINODERMES. — Nous ne possédions jusque dans ces dernières années que des notions très vagues sur les yeux des Échinodermes. Les taches pigmentaires décrites par Hœckel à l'extrémité des bras des Astéries étaient fort mal connues. Aujourd'hui les recherches de O. Hamann et celles de C. et P. Sarasin nous fournissent quelques données plus précises. Le premier de ces observateurs a étudié attentivement les taches oculaires qui sont situées sur le pied tentaculaire terminal occupant l'extrémité du bras des Étoiles de mer. En examinant ces organes à la loupe, on voit que les yeux apparaissent comme des taches pourpres placées au centre d'un coussinet épithélial. Au milieu de ces taches semble exister un corps hyalin et à contours arrondis. Sur les coupes chaque tache oculaire apparaît sous la forme d'un cône de couleur pourpre correspondant à une région où les cellules épithéliales sont refoulées. Au centre de l'organe le corps cristallinien se montre comme correspondant à un enfoncement de la cuticule. Si l'on fait macérer un bourrelet oculaire dans l'alcool au tiers, on arrive à séparer ses éléments constitutifs;

on distingue des cellules bourrées de granulations pigmentaires qui portent à leur extrémité libre un corps
semi-sphérique dont le contenu est de consistance
aqueuse. Les cellules sensitives et pigmentaires forment
ici une association que nous allons souvent rencontrer
dans les yeux simples de beaucoup d'Invertébrés.

O. Hamann croit que ces organes ne sauraient passer
que pour des yeux bien imparfaits; aussi les noms de
taches oculaires ou visuelles leur conviennent-ils de
préférence.

MM. C.-F et P.-B. Sarasin ont trouvé dans l'océan
Indien un Oursin qu'ils supposent être le *Diadema
setosum* et qui est remarquable par ses taches oculaires.
En examinant ces Échinides on trouve à la surface de leur
corps des séries de taches bleues dont la structure justifie l'interprétation de ces auteurs. Si l'on étudie attentivement au microscope un de ces petits organes on voit
qu'il offre l'aspect d'une mosaïque d'hexaèdres ou de
pentaèdres irréguliers rappelant par sa disposition les
yeux des Arthropodes. Chacune de ces figures correspond à une pyramide réfringente dont l'extrémité obtuse
enfoncée dans les téguments est recouverte de pigments.
On compte un ou deux milliers de formations semblables par tache. L'épithélium général des parois du
corps recouvre ces organes en formant une couche mince
qui peut passer pour une cornée. Toutes les pyramides
réfringentes ont leur moitié inférieure tapissée de cellules
de tissu conjonctif chargées de pigments, et elles sont
en rapport avec les plexus nerveux des parois du corps.

Lorsqu'on approche la main des taches oculaires d'un
de ces Oursins vivants, on voit les piquants qui les

entourent se redresser et se tourner vers la tache comme si l'animal était capable de percevoir les rayons lumineux. Il semble donc certain que ces zoologistes ont décrit pour la première fois de véritables appareils visuels chez les Échinides. Il est à supposer que des organes analogues existent chez d'autres Échinodermes et on peut souhaiter que des recherches nouvelles viennent nous éclairer à ce sujet.

VERS. — Le genre de vie de quelques types compris dans cet embranchement nous permet d'écarter dès le début de cette étude plusieurs classes dont les représentants mènent une existence parasite qui s'oppose à la perception de la lumière. Nous pouvons même dire que quelques Vers, comme les Némathelminthes et les Géphyriens, sont presque complètement dépourvus de types à organes visuels distincts.

L'étude de la vision chez les animaux appartenant à cet embranchement se limite ainsi aux Turbellariées à vie errante et aux Annélides.

TURBELLARIÉES. — Les Vers plats non parasites comprennent deux formes principales : les Turbellariées proprement dits et les Nemertes.

Les yeux des Rhabdocœles et des Dendrocœles ont été étudiés par Hertwig, Carrière et Lang. Ces organes sont loin d'être rares chez les représentants de cette classe, on peut même dire qu'ils y sont fort répandus. Ils sont situés dans la région céphalique tantôt immédiatement au-dessus des ganglions cérébroïdes, tantôt en avant et recevant alors des filets nerveux qui se détachent de cette partie des centres nerveux. Ces yeux apparaissent comme des taches pigmentaires de couleurs diverses, tantôt simples tantôt accompagnées d'un corps réfringent. Il peut en exister deux, trois ou quatre, ce dernier chiffre est même assez fréquent. Quelquefois ces taches visuelles sont encore plus nombreuses et on les remarque toujours sur le bord antérieur ou dans la région antérieure du corps.

La structure intime des yeux des Turbellariées, malgré les recherches les plus récentes, n'apparaît pas avec une netteté suffisante pour autoriser une comparaison avec les organes similaires des autres Invertébrés. Le corps pigmentaire consiste en un amas de petits globules colorés qui ne semblent pas renfermés dans des cellules distinctes, si nous nous en rapportons du moins aux figures de Carrière. Ce corps pigmentaire est creusé en une coupe à l'intérieur de laquelle des fibres nerveuses viennent se terminer par des renflements hyalins en forme de massue. L'association de ces bâtonnets renflés en massue constitue un cristallin. Quelquefois plusieurs taches visuelles semblables se rapprochent et se confondent de telle sorte que les yeux de quelques espèces des genres *Dendrocœlum*, et *Leptoplana* résultent de l'association de plusieurs organes plus petits.

L'appareil visuel des Nemertes est semblable à celui des Turbellariées. Il se compose également d'un certain nombre de taches pigmentaires disposées dans la région antérieure du corps en avant du cerveau. Ces taches, visuelles, lorsqu'on les étudie sur des coupes faites avec les méthodes histologiques actuelles, offrent une assez grande complexité de structure. Elles se composent essentiellement d'une masse transparente que l'on peut appeler cristallin ou corps vitré. Cette masse affecte la forme d'une lentille ou d'un cône tronqué, enfoncé par son sommet dans une cupule pigmentaire constituée par une association de bâtonnets chargés de corpuscules bruns. Il nous a été impossible de distinguer, sur nos coupes, les bâtonnets rétiniens, des cellules choroïdiennes. Le corps réfringent se présente avec un aspect particulier ; il est formé d'éléments à contours polygonaux, avec un noyau très net, et rappelle, par sa constitution, le cristallin des Mollusques du genre *Pecten*. Cette situation n'existe, parmi les Vers, que chez les Némertes ; les yeux des Annélides ne présentent rien de semblable. Les taches visuelles, dont le nombre peut être considérable, sont situées, comme chez les Planaires, au-dessus de la couche épithéliale.

Némathelminthes. — Les yeux sont, ici, fort rares ; ils n'existent qu'exceptionnellement chez les formes à vie errante et manquent, ainsi qu'il est permis de le supposer, chez les types parasites.

Rotifères. — Quelques-uns de ces petits êtres possèdent un œil situé immédiatement au-dessus du cerveau. Dans quelques genres, cet œil se divise en deux parties similaires juxtaposées ; cette séparation peut, enfin, aller jusqu'à constituer deux yeux distincts. Mais la structure de ces organes est mal connue et il est fort difficile de donner de leurs parties essentielles une description sérieuse. Les auteurs notent encore ici l'existence d'une masse pigmentaire creusée en coupe et logeant à ce niveau un bâtonnet réfringent remplissant les fonctions d'un cristallin.

Géphyriens. — Ces Vers, presque toujours tubicoles ou du moins vivants, soit dans les cavités qu'ils ont construites, soit dans celles qu'ils ont rencontrées par hasard, sont à l'abri des rayons lumineux et ne présentent aucun appareil capable de percevoir la lumière ; aussi est-il permis de les considérer comme complètement dépourvus de tout organe pouvant être comparé à un œil. O. Schmidt a, cependant, observé quelques faits qui lui ont montré que les Siponculiens sont sensibles à la lumière et M. H. de Lacaze-Duthiers, dans ses recherches sur la Bonellie, fait remarquer que cet animal perçoit les différences d'intensité lumineuse. Cet être si bizarre paraît avoir des heures fixes dans la journée pour sortir de son trou. L'exposition plus ou moins directe aux rayons du soleil semblerait devoir jouer un rôle dans le choix de son habitation ; c'est en vain qu'on chercherait la Bonellie en plein midi ; jamais on ne la voit avant quatre heures, et on ne la trouve, le plus souvent, qu'à cinq heures et à l'ombre du soleil couchant ; de plus, dans des lieux ensoleillés où les Bonellies paraissent absentes dans la journée, elles se montrent le soir en grand nombre. Ces observations montrent que ces Géphyriens sont sensibles à la lumière et expliquent l'opinion de Schmarda qui avait dit que la Bonellie était un animal nocturne.

Annélides. — Nous avons signalé, au début de ce chapitre, le Lombric parmi les animaux qui sont sensibles à la lumière, bien que dépourvus de tout appareil visuel. Quelques autres Vers annelés présentent des phénomènes semblables ; mais beaucoup d'entre eux possèdent des yeux véritables munis des parties essentielles que nous avons reconnues dans tous les appareils visuels bien constitués.

M. de Quatrefages a étudié, pour la première fois, les organes de la vue chez les Vers annelés, et il a trouvé qu'ils sont fort répandus chez tous les Annélides, aussi bien chez les tubicoles que chez les errants. Ils occupent toujours des situations en rapport avec le mode d'existence particulier à ces êtres et souvent ces situations sont bien bizarres. Quelques Serpuliens ont des yeux sur leurs branchies céphaliques ; d'autres, les Protules, les portent sur la collerette qui dépasse l'orifice du tube ; quelques espèces des genres *Protula* et *Amphicorina* ont des yeux céphaliques. Enfin, on a signalé des yeux ou des taches visuelles dans une situation tout à fait extraordinaire, dans le genre *Fabricia* ; ces yeux sont placés à l'extrémité postérieure et sont même plus gros que ceux qui sont disposés sur la tête. Ce fait, en apparence anormal, s'explique par le genre de vie de ces Vers qui n'habitent leurs tubes que temporairement et se déplacent à reculons et en traînant derrière eux leur panache de branchies.

Les Annélides errants ont des yeux presque toujours céphaliques, le plus souvent au nombre de deux, quelquefois de quatre. Ces chiffres sont loin d'être réguliers dans une même espèce ; c'est ainsi qu'il m'est arrivé quelquefois de trouver chez des *Eunice torquata*, qui ont habituellement une seule paire de ces organes, deux yeux d'un côté et un seul de l'autre. De plus, quelques espèces sont remarquables par la présence d'un grand nombre de taches visuelles disposées sur les flancs de l'animal et par paires dans chacun des anneaux du corps.

Le genre *Polyophthalmus* est bien connu par cette particularité anatomique. Ces yeux sont tantôt fort volumineux et saillants comme dans le genre *Alciope*, tantôt
très réduits et situés dans l'épaisseur des téguments
comme chez les Euniciens. Dans ce dernier cas, il
n'existe pas de nerf optique, l'œil est comme enchâssé,
de chaque côté, dans une dépression du cerveau et ses
éléments sont en rapport immédiat avec les cellules
nerveuses.

Si on s'en rapporte aux recherches de l'auteur qui a
le mieux étudié ces appareils visuels et qui les a examinés
chez le plus grand nombre de types, à Graber, on voit
que les yeux des Vers annelés diffèrent peu les uns des
autres par leur structure intime et qu'il est permis de les
rattacher à deux formes principales suivant qu'ils possèdent un cristallin ou qu'ils en sont dépourvus.

Nous décrirons d'abord l'œil tel qu'il existe dans les
cas où il est muni de toutes ses parties essentielles,
c'est-à-dire lorsqu'il possède un cristallin ; il nous sera
ensuite bien facile d'indiquer les modifications qu'il offre
dans les autres formes. Nous prendrons pour type de
cette description l'appareil visuel des espèces du genre
Eunice : ces Vers sont, en effet, plus faciles à se procurer que les Alciopiens et on pourra plus aisément
vérifier les détails qui sont consignés dans les lignes
suivantes.

L'œil présente dans son ensemble une forme parfaitement sphérique chez l'*Eunice torquata*, tandis qu'il
prend, chez l'*Eunice Harassii*, l'aspect d'un tronc de
cône ou d'une pyramide irrégulière à arêtes mousses.
Ces yeux sont en contact immédiat avec le cerveau, ils

ne possèdent rien de semblable à une sclérotique, et ils ne sont visibles à l'extérieur que grâce à une légère saillie des téguments; la cuticule à leur niveau n'offre aucune modification apparente qui permette de lui donner le nom de cornée; elle ne s'amincit même pas et présente une épaisseur toujours égale. Au-dessous de cette cornée cuticulaire on ne note rien de semblable à un iris, elle est en contact sur ses bords avec les cellules de l'hypoderme, tandis que, au niveau de son centre, elle touche le cristallin.

Les milieux réfringents de l'œil comprennent un cristallin occupant le centre et la région antérieure de l'appareil visuel et un corps vitré lui formant une sorte de calice qui ne manque que dans le point où le cristallin est en contact avec la cuticule. Graber a pensé que le cristallin était une dépendance de cette membrane; on pourrait, en effet, le considérer comme une sorte de bourgeonnement sous-cuticulaire (fig. 35). Une étude attentive des coupes en série laisse distinguer à la limite du corps vitré et du cristallin la section d'une membrane qui constitue à la lentille cristallinienne une sorte de coque. Cette enveloppe est seule en continuité directe avec la cuticule; le corps du cristallin qui y est renfermé pourrait alors être assimilé à une masse visqueuse indépendante de la cuticule et extérieure à elle.

La capsule du cristallin est entourée d'une couche formée de bâtonnets hyalins juxtaposés et qui n'est autre que le corps vitré. Ces bâtonnets réfringents sont disposés en palissade les uns à côté des autres, et leurs limites sont faciles à apercevoir à cause de leurs contours fortement colorés par les réactifs. Ces bâtonnets sont bien limités du côté de leur extrémité cristallinienne, mais ils le sont beaucoup moins vers leur périphérie. Il n'existe pas de limite nette entre le corps vitré et la

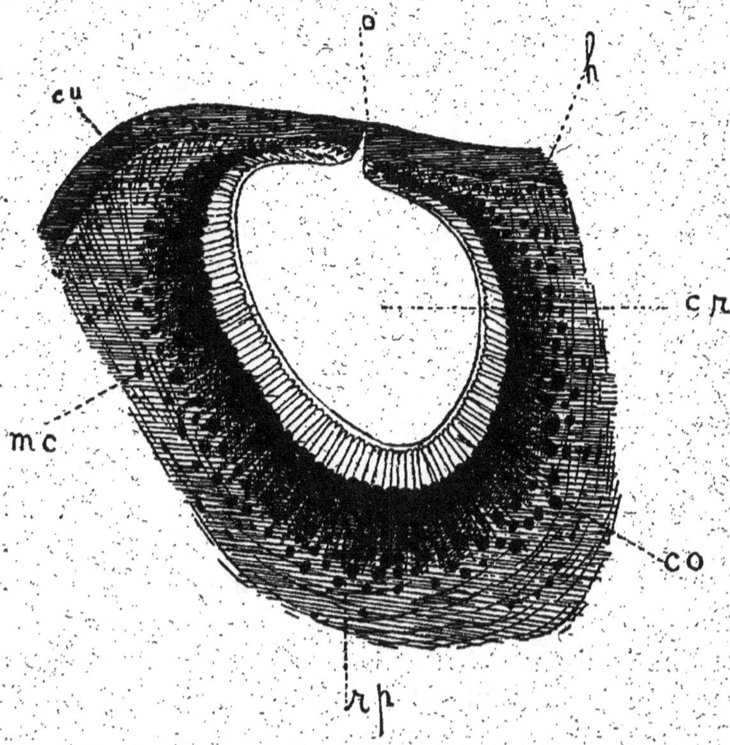

Fig. 35. — Coupe d'un des yeux de l'*Eunice Harassii* passant par l'axe de l'organe. — *cu*, Cuticule. — *b*, Cellules épithéliales des téguments (hypoderme des auteurs). — *o*, Pore dont la cuticule est percée au niveau du pôle antérieur de l'œil. — *cr*, Cristallin. — *mc*, Membrane cristallinienne se continuant avec les parois du pore, c'est-à-dire avec la cuticule. — *co*, Corps vitré formé de bâtonnets réfringents en continuité chacun avec un élément de la rétine. — *rp*, Rétine.

rétine; nous croyons même que le corps vitré tout entier est formé par la réunion des extrémités externes réfringentes des éléments rétiniens.

En dehors de ce corps vitré on trouve une zone remarquable par le pigment brun qui la caractérise. Cette couche, qui est appelée une rétine, est constituée par la région moyenne de ces cellules en bâtonnet dont les extrémités réfringentes forment le corps vitré (fig. 35). A leur base ces cellules rétiniennes se prolongent chacune en un filament qui va se perdre dans une couche cellulaire distincte, constituée par des éléments dont tous les caractères rappellent ceux des cellules nerveuses. Le nom de cellules ganglionnaires qui leur a été donné par Graber, mérite de leur être conservé. Elles doivent correspondre physiologiquement aux couches des cellules nerveuses de notre rétine.

L'œil des Alciopiens appartient à une forme encore plus parfaite. Il se compose d'un cristallin cuticulaire séparé des éléments de la rétine par une vaste cavité sans structure remplie d'un liquide appelé humeur vitrée. Ces éléments faisant partie de la rétine qui limite extérieurement cette cavité, présentent tous une extrémité hyaline tournée vers le corps vitré; une région moyenne chargée de pigment et une base étroite allant se perdre encore ici dans la zone des cellules ganglionnaires.

Mais, ainsi que nous l'avons déjà fait remarquer, les Vers annelés ne possèdent pas tous des yeux aussi complets, et on peut même dire que ceux que nous venons de décrire font partie de cas exceptionnels. Chez la plupart des genres, le cristallin fait défaut et l'œil se trouve réduit à une masse réfringente contenue dans une capsule de pigment. Ces deux parties de l'organe visuel ne sont pas formées par des éléments distincts; le cristallin réfringent est constitué par les extrémités des cellules

rétiniennes devenues transparentes ; tandis que les portions moyennes de ces éléments, chargées de pigment,
forment la capsule pigmentaire qui est elle-même en
rapport avec le cerveau, soit directement, soit par l'intermédiaire d'un nerf optique. Les yeux des espèces
appartenant aux genres *Nereis*, *Polynoë*, *Hesione*, et bien
d'autres encore, sont construits sur ce dernier modèle.

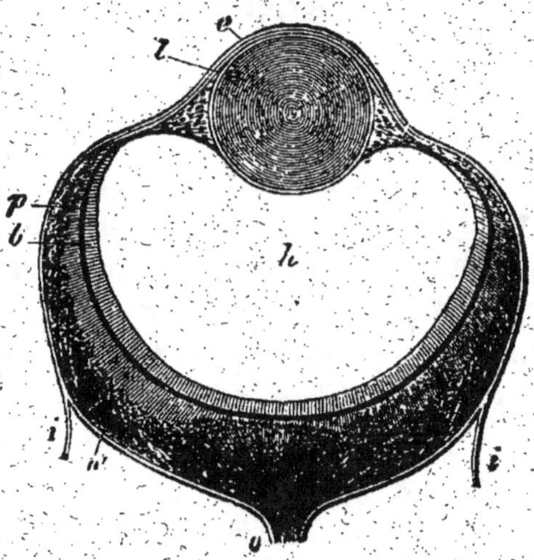

Fig. 36. — Œil d'un Alciope. — *i*, Cuticule. — *e*, Continuation de la cuticule en
avant de l'œil. — *l*, Cristallin. — *b*, Corps vitré. — *o*, Nerf optique. —
v', Épanouissement de ce nerf. — *b*, Couche de bâtonnets. — *p*, Couche pigmentée. (D'après Greef.)

Les cellules rétiniennes que nous avons plusieurs fois
décrites sont de simples éléments hypodermiques modifiés, effilés en pointe à leur base ; elles sont chargées
de pigment dans leur partie moyenne et sont devenues
hyalines à leur extrémité sous-cuticulaire.

Les Annélides nous représentent ainsi une classe du
groupe des Vers chez lesquels l'appareil visuel a pu ac-

quérir, chez certains types pélagiques, un état si parfait qu'il faut s'adresser à des animaux beaucoup plus haut placés dans l'échelle des êtres organisés pour trouver des formes de comparaison.

Nous pouvons maintenant nous demander si les faits anatomiques précédents sont capables de nous faire connaître la nature des sensations que ces animaux éprouvent. Nous devons avouer que nous ne possédons à ce sujet aucune notion certaine. Ces Vers distinguent-ils seulement les diverses intensités lumineuses, ou bien quelques-uns sont-ils capables de percevoir aussi la forme et la couleur des objets ? Nous l'ignorons complètement ; les expériences sur ce sujet nous font défaut, et il nous est aujourd'hui impossible d'ébaucher la physiologie des organes que nous venons de décrire.

ENTÉROPNEUSTES. — Cette classe est représentée par le genre Balanoglosse, chez qui les yeux manquent complètement.

MOLLUSQUES et ARTHROPODES. — Contrairement à l'ordre que nous avons adopté dans les chapitres précédents, nous étudierons les organes de la vision des Mollusques avant ceux des animaux à pattes articulées. Ces derniers sont caractérisés, en effet, par des yeux d'une structure complexe et spéciale qui seraient difficiles à comprendre, sans la connaissance de quelques états plus simples qui existent justement chez les Mollusques. Cette considération nous a également engagé à examiner les organes visuels de ces animaux dans un seul et même paragraphe. Nous pourrons ainsi trouver plus aisément et mieux utiliser les termes de comparaison.

Manifestations de l'existence de la vue chez les Lamel-libranches. — Parmi les Mollusques lamellibranches, on ne signalait, jusque dans ces dernières années, que les espèces du genre *Pecten* comme possédant des yeux et comme étant capables de percevoir la lumière. Poli le premier indiqua, dès 1795, l'existence des yeux chez les

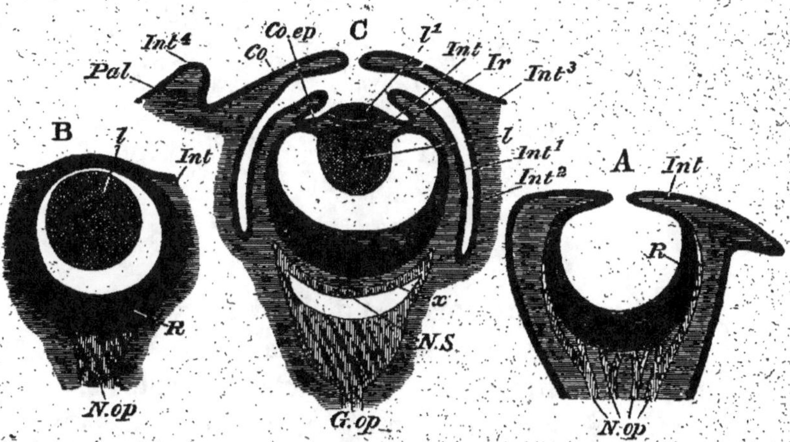

Fig. 57. — Trois coupes diagrammatiques d'yeux de Mollusques. — A, Nautile. — B, Gastéropode (Limace ou Hélice). — C, Céphalopode dibranchial. — *Pal*, Paupière. — *Co*. Cornée. — *Co.ep*, Épithélium du corps ciliaire. — *Ir*, Iris — *Int, Int¹... Int⁴*, Différentes parties du tégument. — *l*, Cristallin. — *l¹*, Segment externe du cristallin. — *R*, Rétine. — *N.op*, Nerf optique. — *G.op*, Ganglion optique. — *x*, Couche interne de la rétine. — *NS*, Couche nerveuse de la rétine. (D'après Grenacher.)

Peignes et le premier aussi il donna une courte description de leur apparence extérieure. Après lui plusieurs zoologistes, et en particulier Krohn, Duvernoy, Will, Hickson et Hensen se sont occupés du même sujet, mais la plupart, à l'exception de Will, ont borné leurs recherches aux espèces des genres *Pecten* et *Arca*. Ces bivalves ont, en effet, des yeux remarquables par leur nombre, leur volume et certaines particularités de leur structure ; mais ils ne sont pas seuls à posséder la capacité de percevoir les rayons lumineux. Des recherches récentes, et en particulier celles du Dr Benjamin Sharp, démontrent que beaucoup de Lamellibranches sont parfaitement sensibles à la lumière.

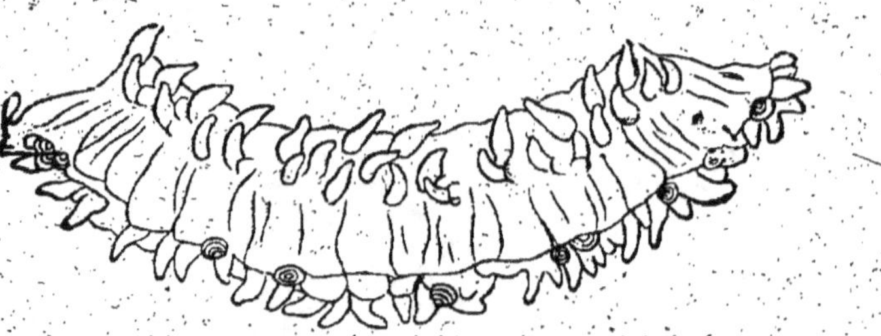

FIG. 38. — Yeux de Lamellibranches.

Cet observateur remarqua d'abord que des *Solen vagina* vivant dans le bassin de Santa Lucia, à Naples, se fermaient brusquement et rétractaient leurs siphons lorsque, avec la main, il interceptait l'arrivée des rayons solaires. Il répéta ses expériences sur des exemplaires de la même espèce provenant de la station zoologique de Naples et obtint un résultat semblable. Il étendit alors ses observations à un grand nombre d'individus et étudia successivement plusieurs Bivalves asiphonés et siphonés, parmi lesquels nous citerons des Huîtres, des Anomies, des Peignes, des Limes, des Spondyles, des Pinnes, des Moules. Les Siphonés étudiés par cet auteur appartiennent aussi à un grand nombre de genres tels que : *Solen, Mya, Mactra, Tellina, Petricola, Venus, Cardium.* Dans la plupart des cas, à l'exception des genres *Spondylus* et *Pecten*, Sharp trouve que la vue siège dans un certain nombre de cellules épithéliales pigmentées qui possèdent à leur extrémité libre une cuticule fine, homogène et fortement réfringente. Il n'a pas réussi à démontrer l'existence de fibres nerveuses allant se rendre à ces cellules, mais on peut supposer que ces éléments possèdent des nerfs semblables à ceux de la surface épithéliale des parois du corps. De plus, en comparant ces cellules à celles qui ont été trouvées par Fraisse à la base des tentacules des Gastéropodes du genre *Patella*, on trouve qu'elles sont identiques. Ainsi, chez les Lamellibranches, et dans les yeux les plus simples des Gastéropodes, les éléments visuels sont semblables ; seulement, tandis que, chez les Patelles, ils sont groupés en taches à la base des tentacules, chez les Lamellibranches ils sont dispersés au bord du manteau, surtout chez les Asiphonés. Chez les types pourvus de siphons, ils se localisent sur ces organes, ainsi que cela est surtout le cas chez les genres *Mactra* et *Solen* et semblent indiquer ainsi un passage vers l'état qui existe chez les Gastéropodes.

Les yeux des Arches et des Pecten, d'après les recherches de W. Patten. Conclusions de cet auteur[1]. — Parmi ces Mollusques à appareil visuel fort primitif, les Arches et les Peignes font exception ; ces êtres possèdent, en effet, des organes d'une structure à la fois complexe et intéressante que nous décrirons d'après les recherches de Carrière, Hickson et W. Patten. Les yeux des Arches surtout ont une disposition qu'il faut retenir, car elle permet de mieux comprendre celle des organes similaires des Arthropodes. L'Arche de Noé est extrêmement sensible

---

[1] W. Patten. Eyes of Mollucs and Arthropods (*Mittheilungen aus den zool. Stat. zu Neapel*, et *Journal of Morphology*, vol. 1, sept. 1887, n° 1).

aux moindres changements d'intensité lumineuse et, comme les Solen, elle ne manque jamais de fermer sa coquille lorsque l'ombre d'un objet arrive sur elle. Cette faculté est très développée et elle se manifeste même pour certains objets peu volumineux, comme la pointe d'un pinceau. Le bord du manteau de ces Lamellibranches est pourvu de trois crêtes longitudinales séparées par des

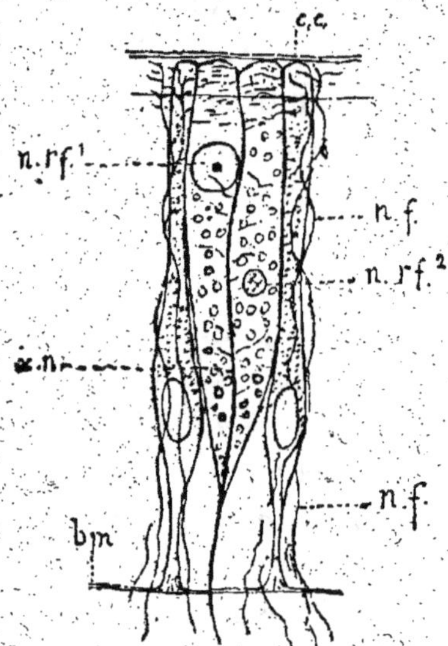

Fig. 39. — Un ommatidie isolé de l'hypoderme d'un Mollusque. — *cc*, Cuticule cornéenne. — *nrf¹*, Noyau nucléolé du rétinophore. — *nrf²*, Noyau avorté du rétinophore. — *axn*, Nerf axial. — *nf*, Fibres nerveuses. — *bm*, Membrane basale. (D'après W. Patten.)

sillons. La crête externe est désignée sous le nom de pli de la coquille ; le pli interne est le pli du velum, et, entre les deux, le pli moyen porte le nom de crête ou de pli ophtalmique. Les taches de pigment sont surtout nombreuses sur la face interne du pli ophtalmique ; elles se composent de groupes de cellules pigmentées en forme de cylindre, parmi lesquelles on rencontre un grand nombre de cellules incolores garnies de deux noyaux et d'une fibre nerveuse axiale. Ces éléments incolores sont habituellement entourés par des cellules pigmentées disposées en cercle et au nombre de quatre ; elles se distinguent des autres par leur couleur et leur forme. Ces taches pigmentées avec leurs groupes de cellules paraissent être les organes visuels les plus simples. W. Patten, à qui j'emprunte la description précédente, appelle chacun de ces yeux simples formés par des groupes de cellules pigmentées, un *ommatidium* (fig. 39). Ces yeux élémentaires, qu'à l'exemple de cet auteur et de certains de ses prédécesseurs, nous pourrions appeler des *ommatidia*, se réunissent en groupes distincts pour constituer les yeux pseudo-lenticulés, invaginés ou à facettes [1].

---

[1] Nous avons adopté pour la description des yeux des Mollusques et des Arthropodes la plupart des termes usités par W. Patten (fig. 41).

L'emploi de ces mots n'étant pas encore entré dans l'usage courant, nous croyons devoir brièvement indiquer ici à quoi ces dénominations correspondent.

Un œil élémentaire est une *ommatidie* (de ὀμματίδιον, petit œil).

Il se compose de cellules transparentes entourées de cellules à pigment. Les premières, ou cellules hyalines, sont les *rétinophores*.

Les secondes, chargées de pigments, sont les *rétinules*.

Ces cellules donnent naissance à des formations cuticulaires ou *bâtonnets*, renfermant une partie du réseau nerveux terminal ou *rétinidie*.

Dans certaines ommatidies, les parois opposées des rétinophores disparaissent, les fibres nerveuses entre les cellules deviennent libres au centre du groupe et constituent le *nerf axial*.

Les rétinules peuvent se réduire sur certains points à des bâtonnets hyalins et incolores, les *bacilli* de W. Patten.

Les rétinophores des Arthropodes se renflent à leur extrémité externe pour former le *calice* renfermant le *cône cristallin* des auteurs.

Les extrémités internes amincies, ou *style*, possèdent une expansion à leur extrémité interne : c'est le *rhabdome* de Grenacher, appelé aussi le *pédicelle*.

Les yeux pseudo-lenticulés sont au nombre de deux cents dans chaque individu ; ils sont dispersés irrégulièrement à la surface du pli ophtalmique et consistent en groupes d'ommatidies au-dessus desquelles la cuticule s'est épaissie pour former un corps lenticulaire.

Les yeux invaginés au nombre de huit cents sont des associations d'ommatidies qui s'enfoncent dans les téguments en formant une coupe dont l'ouverture se réduit à une fente étroite ; les bâtonnets des cellules ommatiales forment un plancher cuticulaire épais à chacun de ces organes.

Les yeux à facettes sont les plus volumineux et les plus remarquables de tous, on en compte environ deux cents, et ils offrent un intérêt spécial parce qu'ils possèdent tous les caractères des yeux dits composés des Arthropodes (fig. 40). Ces yeux à facettes des Arches sont des groupes d'environ quatre-vingt *ommatidia*, formant de petites saillies hémisphériques, disposées en lignes le long du sommet du pli ophtalmique, à la partie antérieure et postérieure du bord du manteau.

Les prolongements membraneux en fuseau de la rangée interne des rétinules constituent la *gaine du calice*.

L'*hypoderme cornéen*, ou *cellules corníagennes*, sécrète la cornée cuticulaire de chaque facette.

Un *retineum* est une réunion d'ommatidies dans lesquelles les rétinidies des rétinules et des rétinophores ou des derniers seulement forment une couche continue, les rétinules conservant leur pigment et leur disposition primitive autour des rétinophores.

Un *ommateum* est un groupe d'ommatidies dans lequel les rétinidies produites par les rétinophores seuls sont complètement isolées.

Une *rétine* est composée d'un groupe d'ommatidies dans lequel les rétinules ont perdu leurs bâtonnets et sont transformées en cellules ganglionnaires pigmentées. Ex. : Pecten et Vertébrés.

Dans ces appareils visuels les cellules centrales de chaque *ommatidium* qui correspondent aux rétinophores des yeux des Arthropodes sont larges et contiennent deux noyaux et une fibre nerveuse axiale. Aux extrémités externes de ces cellules centrales incolores on

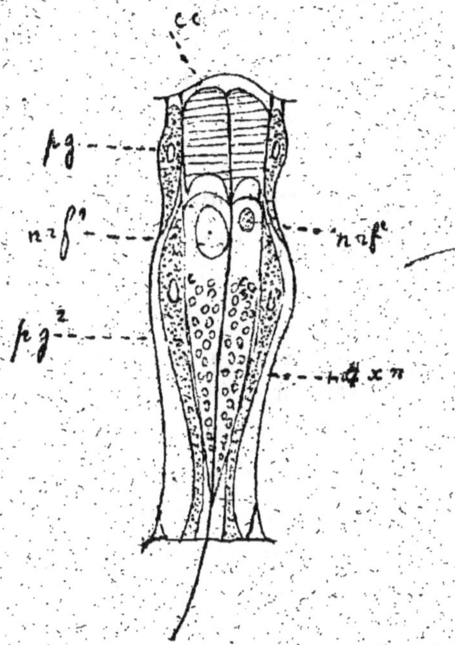

Fig. 40. — Ommatidie d'un œil composé d'*Arca* ou de *Pectunculus* Les réticules *pg¹* et *pg²* ont perdu leurs bâtonnets et servent seulement à protéger le bâtonnet des rétinophores ou bien se transforment en cellules ganglionnaires. — *cc*, Cuticule cornéenne. — *pg¹*, *pg²*, Premier et deuxième rang de cellules pigmentées ou rétinules. — *nrf¹*, Noyau nucléolé du rétinophore. — *nrf²*, Noyau dégénéré du rétinophore *axn*. (D'après W. Patten.)

trouve un bâtonnet double et large qui fait légèrement saillie au-dessus de la surface. Ce sont ces bâtonnets que Carrière a considérés comme de petites lentilles. La partie interne des rétinophores est conique et remplie de globules brillants et réfringents qui pourraient agir comme des réflecteurs. Des deux noyaux placés à l'extrémité externe des rétinophores l'un est large, bien coloré, et renferme un nucléole ; l'autre est habituellement plus petit et mal coloré par les réactifs histologiques. Chaque rétinophore résulte de la fusion de deux cellules ; il est entouré de huit cellules pigmentées ou rétinules disposées autour de lui en une double gaine de quatre cellules. Les cellules de la première de ces gaines sont pigmentées seulement à leur extrémité qui forme un étui complet à la partie profonde des rétinophores. Le tiers externe de chaque cellule est réduit à une membrane mince et incolore qui les unit avec les prolongements similaires des trois autres cellules pour former une gaine délicate de pigment autour de l'extrémité externe des rétinophores (fig. 40). Dans l'autre étui de cellules pigmentées les extrémités internes des quatre rétinules sont réduites à des tiges minces et incolores ou bâtonnets, tandis que les extrémités externes, renflées et chargées de pigment, forment une enveloppe complète de pigment autour des doubles baguettes des rétinophores.

L'étude attentive des yeux du genre *Arca* et d'autres types dans la description desquels le cadre de ce livre ne nous permet pas d'entrer, a conduit W. Patten à concevoir la structure des yeux des Mollusques et des Arthropodes d'une façon différente de celle de ses prédécesseurs. Il a exposé ses idées à cet égard dans le premier chapitre de son mémoire sur les yeux des Mollusques et des Arthropodes, paru dans le *Journal of Morphology*, vol. I, n° 1, septembre 1887. Ce mémoire est d'ailleurs

Fig. 41. A. Schéma d'un *ommatidium*, avec la facette cornéenne et ses cellules, d'un œil composé d'Arthropode. — *cc*, Cuticule cornéenne. — *x*, Limite réfringente des facettes adjacentes. — *a*, Séparation entre les moitiés de chaque facette. — *y*, Epaississement qui existe quelquefois aux parois non axiales du calice. — *cby*, Hypoderme cornéen. — *st*, Style du rétinophore ou cellules du cône cristallin. — *pd*, Pédicule. — *rb*, Bâtonnets ou cône cristallin. — *rf1*, Extrémités internes des cellules des cônes cristallins ou rétinophores. — *nrf*, Noyaux des rétinophores. — *rt1, rt2, rt3*, Prolongements hyalins des rétinules. — *pg*, Cellules pigmentaires. — *pg 1*, Premier cycle de cellules pigmentées. — *bc*, Bâtonnets. — *nf*, Fibres nerveuses. — *exn*, Fibres nerveuses externes. — B. Coupe transversale passant par le calice d'un *ommatidium* d'un œil d'Arthropode. — *pg*, Cellules pigmentaires. — *axn*, Nerf axial. — *exn*, Fibres nerveuses externes. — C, Coupe transversale passant par le milieu du style d'un *ommatidium* d'un œil d'Arthropode. — *pg*, Cellules pigmentaires. — *axu*, Fibres nerveuses externes. (D'après W. Patten.)

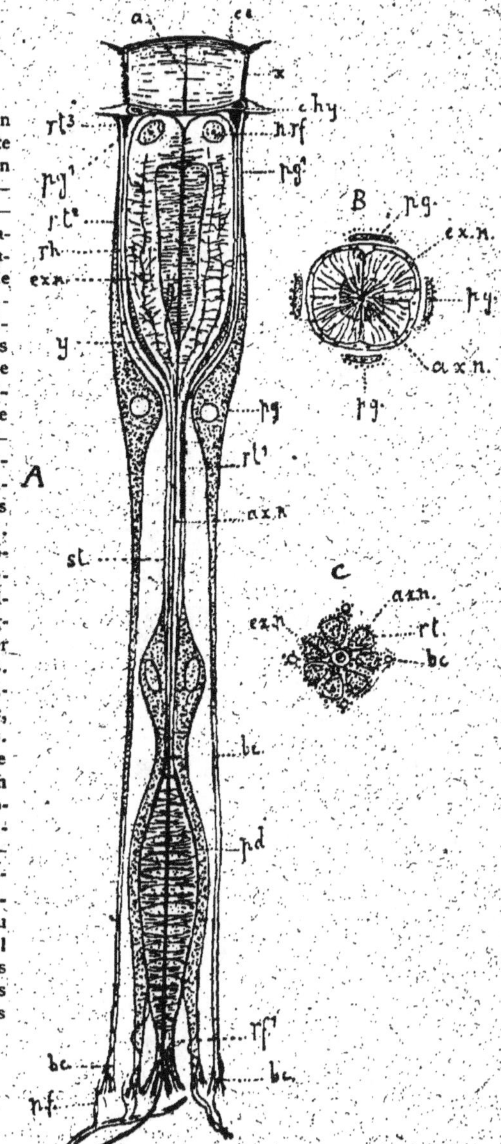

un simple résumé du travail original que l'auteur a publié dans les *Mittheilungen aus der zoologischen Station zu Neapel*, Bd VI, 4, 1886.

Nous donnons dans les lignes suivantes une traduction un peu abrégée de ce chapitre; la structure des yeux des Arches deviendra ainsi plus facile à saisir et la disposition des parties fondamentales de l'appareil visuel des Arthropodes sera plus aisée à comprendre (fig. 40 et 41).

« J'ai trouvé, dit W. Patten, que la rétine des Mollusques, comme celle des Arthropodes, se compose de cellules pigmentées disposées en cercle autour d'une cellule centrale incolore, caractérisée par sa structure remarquable et constante. Pensant que ces groupes de cellules constituent les éléments structuraux de beaucoup, sinon de tous les yeux, je les ai appelés des *ommatidia* ; mais il faut bien se persuader que, d'après mes observations, leur structure est absolument différente de celle que Carrière suppose avoir rencontrée dans les yeux composés des Arthropodes.

« Les *ommatidia* les plus simples que j'ai vus se trouvent dans les aires pigmentées des cellules épithéliales distribuées sur les régions exposées du corps des Lamellibranches, spécialement sur le manteau et le siphon. Ils consistent en un cercle unique de quatre à six cellules pigmentées entourant une cellule incolore; cette dernière est la partie la plus importante de l'*ommatidium*. Le corps central de l'*ommatidium* est une double cellule qui, large à son extrémité externe, renferme deux noyaux : l'un se voit sans difficulté, se colore facilement; une fibre axiale passe à travers le centre de la cel-

lule et sort à son extrémité interne. La portion interne
de cette double cellule est remplie de globules réfringents et incolores.

« Dans la couche épithéliale non différenciée du bord du
manteau des Mollusques les nerfs s'étendent le long des
parois latérales des cellules. Les fibrilles sont appliquées
à la surface des cellules et y adhèrent si étroitement
qu'elles paraissent pénétrer la paroi de la cellule et entrer
en communication directe avec son contenu protoplasmique. Les fibres nerveuses sont par suite intercellulaires. Mais si deux cellules dont les parois cellulaires
sont bien garnies de fibres nerveuses s'unissent et que
leurs parois opposées disparaissent, ces fibres nerveuses
qui primitivement étaient entre les cellules se trouvent
alors au centre d'une double cellule. Les cellules centrales ou *retinophoræ* des ommatidies chez les Lamellibranches ont été ainsi formées par la fusion de deux
cellules dont les parois accolées ont disparu, transfor-
mant les fibres nerveuses intercellulaires en fibres intra-
cellulaires ou nerfs axiaux. Dans quelques cas les bouts
externes de deux cellules composant le rétinophore ne
se sont pas unis, et comme chaque côté contient alors
un nucléus normal nous avons une démonstration de
l'existence de deux éléments dans le rétinophore. Quand
l'union est complète, comme dans le rétinophore normal, un des noyaux dégénère et disparaît souvent. Les
rétinophores sont entourés par une gaine de cellules
pigmentées ou *retinulæ*, dont les extrémités internes
sont souvent réduites en tiges hyalines plus minces ou
bâtonnets. Les rétinules ne sont jamais doubles et par
suite ne contiennent jamais aucune fibre nerveuse axiale.

La cuticule qui est souvent légèrement épaissie au niveau des aires pigmentées contenant des ommatidies consiste habituellement en deux couches : une mince couche sans structure extérieure par rapport à l'autre et dépourvue de fibres nerveuses, c'est le *corneal cuticula*, et une couche interne plus épaisse, ou *retinidial cuticula*. Cette dernière contient une partie du réseau de fibrilles nerveuses ou *retia terminalia*, produit par la ramification des fibres nerveuses intercellulaires. Cependant chaque cellule de ces ommatidies simples est surmontée par une double couche cuticulaire qui peut se continuer sur toutes les cellules ou se diviser plus ou moins exactement entre les aires hexagonales correspondant en dimension et en forme avec l'extrémité externe des cellules.

« Nous trouvons que dans le genre *Arca* les ommatidies simples précédemment décrites tendent à se réunir en un groupe bien défini formant par leurs dispositions variées les différents appareils visuels de ces Mollusques. Dans la formation de ces yeux, les ommatidies se développent davantage, le rameau nerveux augmente d'importance, quoique la couche cuticulaire interne s'épaississe et se divise en deux blocs distincts couvrant chaque cellule. Le réseau terminal s'étend dans ces blocs qui sont, par la suite, convertis en colonnes cuticulaires hexagonales ou bâtonnets. Ces bâtonnets, qui correspondent à ceux qu'on trouve dans la rétine de tous les autres yeux, contiennent cependant une partie spécialisée du *retia terminalia* ou *retinidium*. Le rétinophore de l'ommatidie des Mollusques est toujours double ; le bâtonnet qui le recouvre est aussi double et contient une fibre nerveuse axiale comme le rétinophore lui-même, quoique les bâtonnets des rétinules soient toujours simples et ne contiennent pas de cellules nerveuses.

« Le réseau terminal forme un plexus irrégulier de fibrilles très fines, surtout nombreuses autour de l'extrémité externe des cellules épithéliales où elles sont arrangées de telle sorte que beaucoup d'entre elles sont parallèles à la surface de la cuticule. »

Dans le même chapitre, l'observateur que nous citons résume aussi son opinion au sujet de la structure des yeux élémentaires des Arthropodes ; mais pour mettre un peu d'ordre dans cette exposition, nous préférons renvoyer l'analyse de la fin de son chapitre au moment où nous aurons fait connaître la structure générale et la disposition externe de l'appareil visuel des différentes classes de cet embranchement. Nous allons terminer auparavant l'étude des yeux des Mollusques en nous occupant d'abord du Pecten, qui est fort remarquable à cet égard et nous offrira l'exemple d'un type chez lequel l'œil pourrait se comparer pour la complexité de sa structure à celui des Vertébrés. Nous examinerons ensuite rapidement la constitution des organes de la vue des Gastéropodes et des Céphalopodes.

Ainsi que je l'ai déjà dit plus haut, Poli est le premier observateur qui ait attiré l'attention sur les yeux des Peignes. Depuis, ils ont été étudiés par plusieurs zoologistes et aujourd'hui leur structure est connue, surtout grâce aux recherches de Hickson et de W. Patten.

Ces yeux, situés comme tous ceux des Lamellibranches sur le bord du manteau, sont en nombre variable suivant les individus ; ils attirent l'attention par leur

volume et leur aspect irisé, et sont placés au sommet
d'un pédoncule semblable à la région basilaire d'un
tentacule ordinaire. Duvernoy se basant sur ces analogies
a même désigné ce pédoncule sous le nom de tentaculaire oculaire. Le pédoncule de l'œil, le bord du manteau,
les tentacules sont tapissés par un épithélium à cellules
cylindriques dépourvues de cils. Au niveau du bulbe oculaire, ces cellules épithéliales sont pleines d'un pigment
brun noirâtre qui manque au niveau du pôle antérieur de
l'œil où les mêmes éléments sont devenus complètement
hyalins et constituent ainsi un espace transparent comparable à une pupille et limitant l'entrée du rayon lumineux.

L'œil lui-même se compose essentiellement des parties
suivantes : une cornée, un cristallin et une rétine (fig. 42).
La cornée est formée par la couche épithéliale déjà
décrite et par une membrane conjonctive située à sa
base.

La lentille cristallinienne n'est pas ici, comme chez les
Annélides et aussi, comme nous le verrons bientôt, chez
les Gastéropodes, un corps lenticulaire homogène et
sans structure ; elle a, au contraire, une structure cellulaire bien nette. La forme de cette lentille a été elle-même
l'objet de la discussion des auteurs ; Krohn et Keferstein
la considèrent comme sphérique, d'autres comme Hensen
la regardent comme occupant tout l'espace entre la cornée et la rétine, comme étant ainsi irrégulièrement biconvexe. D'après Hickson, l'examen des yeux frais des *Pecten
Jacobæus* montre que la lentille est elliptique ; elle est
légèrement brune et possède un grand nombre de stries
fines disposées suivant le grand axe de l'œil. Les cellules

qui constituent ce cristallin ne sont pas toutes polygonales; elles ont cette forme au centre, mais à la périphérie elles deviennent plates et allongées et finissent par se transformer en lamelles; elles sont pourvues d'un noyau. La présence de ces éléments est intéressante à constater; un cristallin cellulaire est, en effet, une véritable exception parmi les Invertébrés.

Ce cristallin est suspendu dans un espace qui correspond à l'humeur vitrée de l'œil des animaux supérieurs. Cet espace chez le Pecten est rempli par une sorte d'humeur aqueuse.

La rétine affecte sur les coupes l'apparence d'une bande épaisse au-dessus de laquelle un espace assez considérable est occupé par un pigment rouge. La face antérieure de la rétine est convexe sur les bords et concave au milieu Hickson y rencontre cinq couches et W. Patten y a retrouvé les éléments constitutifs de la rétine des autres Mollusques.

Mais il existe une particularité anatomique qui mérite surtout d'attirer l'attention, et sur laquelle les auteurs insistent, parce qu'elle établit une nouvelle relation entre l'œil des Peignes et celui des Vertébrés; nous voulons parler de la direction des éléments de la rétine et de leurs relations avec le nerf optique (fig. 42). En effet, chez presque tous les autres Invertébrés, aussi bien chez les Mollusques que chez les Arthropodes, les bâtonnets rétiniens sont droits, leur extrémité externe étant dirigée vers la périphérie. Dans le cas actuel, au contraire, c'est-à-dire chez les Peignes, les éléments de la rétine sont renversés, de telle sorte que le nerf optique aborde par un de ses rameaux un côté de la rétine, la contourne et se distribue, à la façon du nerf optique des Vertébrés, sur sa face antérieure. L'autre rameau, moins volumineux, se rend aux parties annexes de cette membrane. Cette structure bien spéciale serait difficile à comprendre si l'histoire du développement, dans les détails de laquelle nous ne

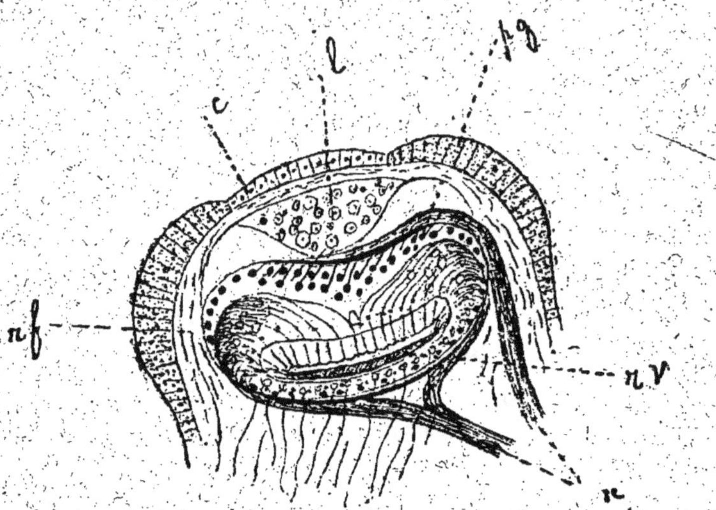

FIG. 42 — Coupe schématique d'un œil de *Pecten* dans les derniers stades de son évolution. — *c*, Cornée. — *l*, Cristallin cellulaire. — *pg*, Cellules pigmentées. — *rv*, Réticulum du corps vitré. — *rf*, Rétinophores. — *n*, Nerfs. (D'après W. Patten.)

saurions entrer, ne nous montrait pas que ces modifications sont survenues à la suite de processus semblables à ceux que l'on observe dans l'évolution de l'appareil visuel des animaux supérieurs.

Au-dessous de la rétine, on trouve un tapis véritable. Lorsqu'on l'examine sur un individu frais, cette couche offre des couleurs variées qui donnent aux yeux leur belle coloration métallique.

GASTÉROPODES. — L'existence d'un appareil visuel chez
les Gastéropodes entre dans le domaine des faits scientifiques connus de tout le monde ; on n'ignore pas, en
effet, que les Limaces et autres genres voisins possèdent
des yeux à l'extrémité de leurs longs tentacules. Mais
la présence de ces organes dans l'épaisseur de la coquille
chez certains genres que l'on place à la base des Gastéropodes, chez les Placophores, a étonné les gens peu habitués aux surprises que nous offre l'étude de l'anatomie
des animaux inférieurs.

C'est un savant anglais, M. Moseley, professeur d'anatomie à l'université d'Oxford, qui, en examinant un
Schizochiton incisus conservé dans l'alcool, remarqua sur
cette coquille des corps arrondis arrangés symétriquement
en lignes. En les étudiant avec attention, il a vu que ces
taches correspondaient à des yeux, et, en les cherchant
ailleurs, il les a rencontrées dans un grand nombre d'espèces appartenant aux genres *Acanthopleura*, *Corephium*,
Enoplochiton ; en même temps, il reconnaissait l'existence
de ces organes dans les *Chitons* et *Chitonellus*. Ces yeux
sont disposés à la surface externe de la coquille sur les
zones exposées et nullement sur les zones d'insertion :
ils sont circulaires et fort petits. L'étude de leur structure
montre qu'ils possèdent une cornée calcaire formée de
lamelles emboîtées, et un cristallin transparent et fortement convexe. Cette lentille est logée dans la cavité oculaire qui est piriforme et limitée par une choroïde
pigmentée, dure et chitineuse. La rétine rappelle par sa
structure celle des autres Mollusques gastéropodes, elle
reçoit un rameau du plexus nerveux sous-cutané qui
fournit aussi des fibres très nombreuses à un grand

nombre de petits organes que l'on considère comme tactiles. Ces organes du toucher sont surtout fréquents autour des yeux, où ils semblent former une zone sensitive de protection, et les organes visuels eux-mêmes paraissent en dériver. Dans quelques genres où les yeux manquent, on trouve à la place de ces organes des terminaisons tactiles de diverses tailles.

La structure générale des yeux de l'Escargot et des autres Gastéropodes est exposée dans tous les livres de zoologie. Il existe bien quelques questions de détail sur lesquelles les anatomistes ne sont pas encore parfaitement d'accord, mais les points principaux sont admis par tout le monde.

Les yeux de ces animaux sont situés dans la région céphalique ; ils peuvent cependant occuper des points différents suivant les espèces. Chez les Gastéropodes terrestres, tels que les Limaces, les Arions, les Hélices, ils sont placés à l'extrémité des grands tentacules, tandis que les genres munis de deux tentacules seulement, comme les Limnées, les Physes, ces organes se trouvent à la base de ces tentacules.

Un zoologiste allemand, Hilger, qui a étudié les yeux des Gastéropodes chez un grand nombre d'espèces, réunit les appareils visuels de ces animaux en deux groupes principaux. Dans le premier cas, l'œil reste à un état rudimentaire et apparaît comme une simple invagination de l'épithélium des parois du corps ; c'est le fait des genres *Margarita, Fissurella, Haliotis, Patella, Trochus* et de plusieurs autres Prosobranches et Cyclobranches (fig. 43). Dans le second cas, l'œil forme une capsule complète et fermée qui est recouverte par le tissu connectif; les espèces des genres *Conus*, *Cypræa*, *Fusus*, *Nassa*, *Murex* peuvent être citées comme exemple.

Dans l'état le plus simple, l'œil a la forme d'une coupe enfoncée dans la couche épithéliale des téguments. A ce niveau, la cuticule se divise en deux couches :

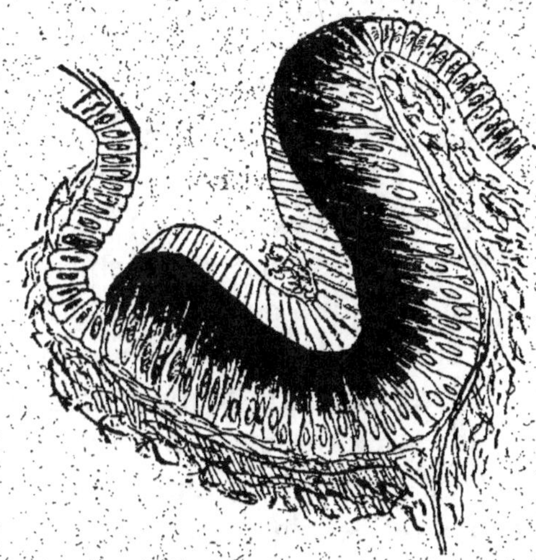

FIG. 43. — Coupe transversale de l'œil de *Patella rota*. (D'après Hilger.)

une interne, molle, demi-fluide, formant une sorte de corps vitré, et une externe, plus résistante, correspondant à un cristallin. En dehors de cette partie dioptrique de l'œil, on trouve une rétine que W. Patten a étudiée récemment chez l'Haliotis. Cet auteur, en examinant les cellules incolores signalées par ses prédécesseurs et considérées par quelques-uns d'entre eux comme des éléments glandulaires, arrive à admettre que ces cellules représentent de véritables rétinophores munis de deux bâtonnets, de deux noyaux et d'une fibre nerveuse axiale. Les cellules pigmentées, qui sont mêlées à ces éléments incolores et donnent à cette couche sa coloration brune, représentent les rétinules des yeux des autres Mollusques. Ces rétinules sont garnies elles-mêmes de bâtonnets en massue et contiennent un réseau de fibrilles formées par les ramifications des fibres nerveuses intercellulaires.

Chez les types plus évolués, dans les cas où l'œil acquiert l'état le plus parfait qu'il peut atteindre chez les Gastéropodes, comme dans l'Escargot, les Murex, nous voyons que l'appareil visuel s'isole complètement de la couche épithéliale des parois du corps et apparaît alors comme une vésicule parfaitement close dans laquelle on s'est appliqué à retrouver toutes les parties essentielles de l'œil des Vertébrés. L'appareil visuel tout entier est renfermé dans une coque conjonctive qui peut passer pour une sclérotique, le nerf optique se divise à la face interne de cette membrane de soutien et va se distribuer à une rétine pigmentée (fig. 44). Tous les éléments de cette couche sensible convergent vers le centre de l'œil où se trouve un corps réfringent sphérique ou cristallin qui est plongé lui-même dans une faible quantité d'un liquide transparent lui formant une enveloppe analogue à notre corps vitré.

Le cristallin des Gastéropodes est un corps homogène et sans structure dans lequel on n'arrive pas toujours à distinguer les stries concentriques indiquant la superposition des couches qui l'ont formé. Le corps vitré est aussi complètement transparent et on ne peut y distinguer les éléments histologiques qui le constituent.

La rétine est formée de groupes cellulaires également

composés par des éléments disposés d'une façon analogue, comprenant des cellules en bâtonnet et des cellules pigmentaires (fig. 44). Chaque cellule en bâtonnet est entourée par un certain nombre de cellules pigmentaires. Les bâtonnets sont hyalins et ont la forme

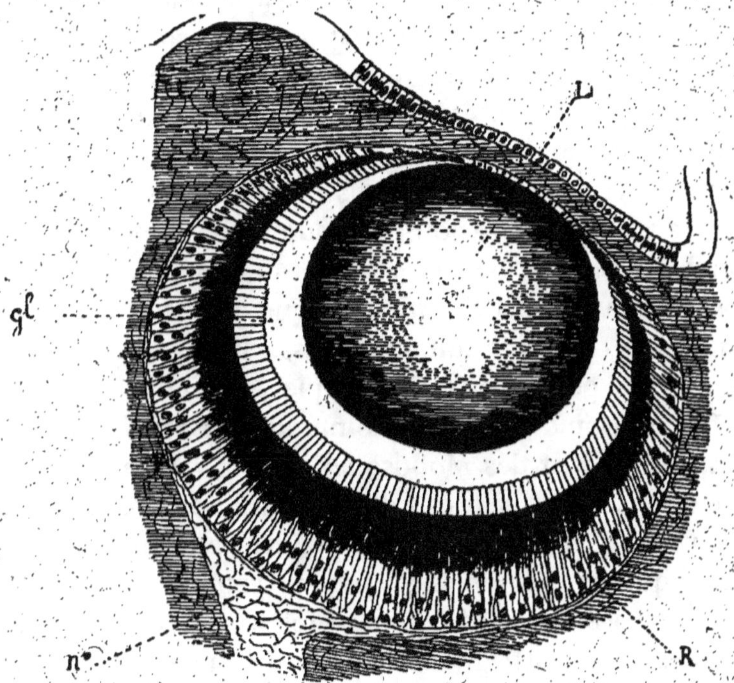

Fig. 44. — Œil du *Murex brandaris* en coupe longitudinale. — L, Cristallin — Gl, Corps vitré. — R, Rétine. — *no*, Nerf optique. (D'après Hilger.)

d'un prisme à plusieurs faces dont l'extrémité antérieure tournée vers la lentille ou le corps vitré est légèrement convexe ; au centre de ces bâtonnets, on trouve un axe dans lequel Hensen a même décrit un canal central. On voit que la rétine des Gastéropodes est sem-

blable à celle qui a été décrite chez quelques Lamellibranches ; nous devons donc admettre que cette couche
épithéliale, capable de percevoir les rayons lumineux,
résulte encore ici de l'association de deux sortes d'éléments anatomiques : cellules transparentes en bâtonnet
et cellules pigmentaires. Bütschli, à la suite du travail
de Hilger, a fait aussi remarquer les analogies de
structure qu'offre cette rétine avec celle des Céphalopodes telle qu'elle a été décrite par Grenacher. Toutes
deux renferment des cellules avec pigments et d'autres
hyalines et sans granulations pigmentaires. Butschli
saisit aussi cette occasion pour adopter les opinions de
Ray-Lankester et Bourne au sujet des yeux dits composés des Arthropodes, il pense que ces yeux, qui sont
considérés comme résultant de l'association d'un certain
nombre de petits yeux dits simples proviennent de la
différenciation d'une rétine commune et sont ainsi comparables à ceux des Mollusques. Nous verrons bientôt
que cette idée est celle qui doit aujourd'hui être admise,
et que le terme d'yeux *composés* ne peut plus repré-
senter qu'une opinion anatomique reconnue inexacte.

CÉPHALOPODES. — Avec l'appareil visuel des Céphalopodes, nous atteignons le type de différenciation le
plus élevé qu'il soit possible de rencontrer chez les
Invertébrés. L'apparence extérieure des yeux de ces
animaux, leur volume pourrait même faire croire qu'ils
sont construits sur le même plan. Si l'on pratique une
coupe d'ensemble dans leur épaisseur, on voit qu'ils
sont constitués par un bulbe oculaire en forme de
capsule que l'on peut appeler sclérotique. Cette sclérotique est, en avant, percée d'un trou en arrière duquel se

trouve la chambre antérieure de l'œil qui se prolonge sur les côtés et en arrière, en séparant la sclérotique du reste de l'organe. Dans la chambre antérieure, on trouve des replis cutanés analogues à un iris, la face antérieure et une partie du cristallin (fig. 37).

Le cristallin est sphérique, formé de lamelles superposées et sans structure. Il se compose d'un segment externe et antérieur, petit, et d'un segment postérieur volumineux, il est maintenu par un pseudo corps ciliaire qui est un repli des parois du globe oculaire. En arrière du cristallin, on trouve la chambre postérieure de l'œil occupée par une sorte de corps vitré.

La rétine a été étudiée d'abord par Hensen. Ce savant et ses successeurs y ont distingué deux feuillets dont les éléments essentiels sont constitués ainsi que nous l'avons déjà dit par des bâtonnets et des cellules pigmentaires ayant une disposition analogue à celle que ces éléments occupent dans la rétine des Gastéropodes.

Les yeux composés des Arthropodes ; Grenacher et W. Patten. — L'aspect extérieur des yeux des Arthropodes a été remarqué depuis longtemps par tous les observateurs qui se sont intéressés à l'étude de la structure des animaux inférieurs. Les gens les plus étrangers aux sciences naturelles ont certainement aussi été frappés par les dimensions des yeux des Insectes tels que les Abeilles, les Mouches et les Papillons, et beaucoup d'entre eux ont peut-être remarqué le carrelage particulier qui dessine leur surface.

Cette apparence qui rend ces yeux comparables à une mosaïque leur a fait donner quelquefois le nom d'yeux à facettes. En les étudiant plus attentivement quelques

savants reconnurent qu'à chacune de ces facettes corres-
pondait un groupe d'éléments anatomiques suffisant à
lui seul pour constituer un petit œil que l'on désigna
sous le nom d'*œil élémentaire*.

Les yeux des Arthropodes apparurent ainsi comme des
associations d'yeux simples et ils prirent le nom d'*yeux
composés*. Des appareils semblables n'existant dans
aucun autre type du règne animal, les yeux composés

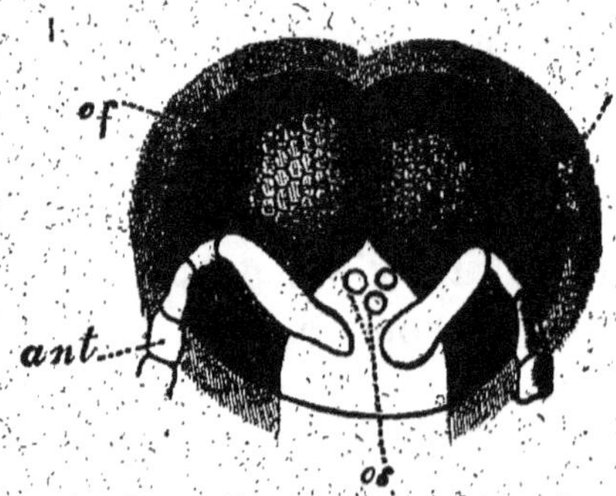

FIG. 45. — Ensemble de l'appareil visuel de l'*Apis mellifica*. — *of, of*, Les deux
yeux rétiniens avec leurs facettes cornéennes — *os*, Les trois ocelles. —
ant, Antennes.

furent considérés comme caractéristiques de cet embranchement. Une étude plus attentive fit voir aussi que
quelques Insectes possédaient, outre leurs gros yeux à
facettes, des organes visuels beaucoup plus petits. Ces
organes furent retrouvés chez quelques formes à l'état
larvaire et on constata qu'ils existaient aussi dans le
groupe des Myriapodes et des Arachnides fort mal doués
au point de vue des fonctions visuelles.

Ces petits yeux ou *ocelles* examinés avec soin apparurent comme identiques aux yeux élémentaires qui en

se réunissant forment les yeux composés. De plus on
découvrit que les Araignées et les Scorpions possèdent
des organes visuels intermédiaires par leur importance
entre les yeux simples et composés. Ces yeux étaient
plus volumineux que les ocelles et cependant ils n'of-
fraient aucune facette, ils furent désignés sous le nom
d'*yeux composés à cornée simple*.

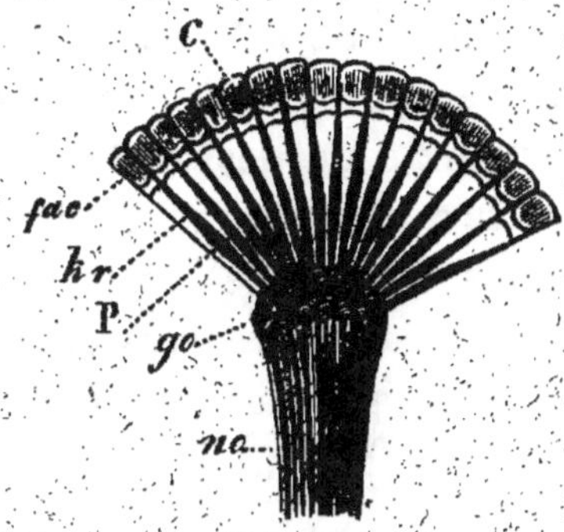

Fig. 46. — Schéma d'un œil rétinien d'Arthropode. — *c,* Cornée. — *fac,* Cônes.
— *kr,* Bâtonnets. — P, Gaines pigmentaires des bâtonnets. — *go,* Ganglion
du nerf optique. — *no,* Nerf optique. (D'après Nulin.)

Nous avons ainsi à étudier chez les Arthropodes plusieurs sortes d'appareils visuels. Nous examinerons
successivement les yeux à facettes, les yeux dits composés à cornée simple des Arachnides, et enfin les ocelles.

Les opinions des savants au sujet de la structure
générale et de l'aspect des yeux composés ont peu varié;
mais il faut reconnaître qu'il n'en est pas de même au
sujet de l'interprétation des différentes parties qui
entrent dans la constitution d'un œil élémentaire. Aujour-
d'hui même l'accord est moins parfait que jamais. Les
recherches récentes de W. Patten dont nous avons déjà

exposé en grande partie les principaux résultats ont remis en discussion les données classiques. Nous n'avons pas l'intention de passer en revue dans cet ouvrage les opinions des nombreux savants qui se sont occupés de ce sujet. Cette étude historique serait, je crois, déplacée. Mais les idées du naturaliste américain n'étant pas encore acceptées par tout le monde; nous croyons devoir faire précéder l'exposé de ses conclusions, d'une description de l'œil composé telle qu'on la trouve dans la plupart des ouvrages. Cette description n'est le plus souvent que le résumé des travaux d'un des anatomistes qui s'est le plus occupé de cette question, c'est-à-dire de Grenacher. Nous verrons ensuite en quoi les résultats de W. Patten diffèrent de ceux de ses prédécesseurs et comment les yeux à facettes se rattachent par l'intermédiaire des yeux composés à cornée simple aux taches visuelles des Arches.

Les appareils visuels de tous les Arthropodes sont situés, le plus souvent, au niveau de la région céphalique, au-dessus du cerveau. Ceci est vrai surtout pour les Crustacés et les Insectes ; ils peuvent en effet chez quelques Arachnides être disposés de chaque côté sur les flancs de l'animal. Certains Crustacés sont fort curieux par la situation de leurs yeux ; ces organes au lieu d'être appliqués sur les téguments céphaliques et à peine saillants sont portés à l'extrémité d'un appendice quelquefois fort long qui est un véritable membre. Cette particularité anatomique a même fait donner aux animaux chez lesquels elle existe le nom de Podophtalmes.

Les yeux des Arthropodes sont presque toujours remarquables par leur volume ; le nombre des facettes qui apparaissent à leur surface est en rapport avec leurs dimensions. Le chiffre de ces facettes est surtout élevé chez les Insectes et il est intéressant à connaître parce qu'il existe des relations étroites entre les facultés visuelles de ces animaux et le nombre des facettes de leurs yeux ; aussi croyons-nous qu'il est utile de rappeler ici dans le tableau ci-joint le chiffre approximatif des facettes cornéennes chez ces Arthropodes d'après les recherches de Muller.

Mordelle.	25,088
Hanneton.	8,820
Libellula.	12,544
Papilio.	17,355
Sphinx convolvuli.	1,300
Cossus ligniperda.	11,300
Bombyx mori.	6,236
Musca domestica.	4,000
Fourmis (d'après Forel).	1 à 1,200

La forme de ces petites cornées varie aussi dans certaines limites. Chez la plupart des Insectes elles sont hexagonales ; et il en est de même chez quelques Crustacés tels que les Crabes, les Pagures, les Gebies, les Squilles ; tandis qu'elles sont carrées chez les Écrevisses, les Galathées, les Scyllares. Les contours des facettes présentent quelques irrégularités qui peuvent les faire paraître velues comme chez les Abeilles.

Une coupe transversale de ces yeux montre immédiatement qu'ils sont formés d'un certain nombre de parties semblables qui s'épanouissent comme les branches d'un éventail. Sur ce point de structure fondamentale tous les auteurs sont d'accord ; les difficultés et les divergences ne commencent qu'avec l'étude d'une de ces parties ou d'un œil élémentaire.

D'après les auteurs classiques un œil élémentaire se compose d'une facette cornéenne, ou cornéule, au-dessous de laquelle se trouvent quatre noyaux, dits noyaux de Semper. Ces noyaux appartiendraient à tout autant de cellules chitinogènes chargées de sécréter la cornéule. En arrière de la cornée et de ses cellules, on trouve une masse transparente, le *cône cristallin,* qui se met en rapport par son sommet avec un corps fusiforme, le *rhabdome* de Grenacher, ou bâtonnet constitué de plusieurs cellules en forme de baguettes ; elles font partie de ce que les auteurs qui se sont occupés de cette question ont désigné sous le nom de *rétinule* et correspondent aux cellules rétiniennes de Weismann. Ces bâtonnets optiques sont eux-mêmes entourés de quelques cellules pigmentaires.

M. W. Patten pense que l'œil composé des Arthropodes n'est pas une association d'ocelles, mais qu'il correspond à un œil unique se distinguant de l'œil simple par une différenciation plus accusée et la fragmentation de la lentille cornéenne en une série de petites cornées lenticulaires. Ces cornéules sont sécrétées par des cellules particulières minces et aplaties qui correspondent à la couche cellulaire générale des parois du corps. M. W. Patten les désigne sous le nom de *hypodermis ommatéal* ou cellules cornéagènes. Cet observateur pense qu'elles peuvent jouer dans quelques cas un rôle physiologique important comme dans le genre *Galathea* où elles régularisent peut-être l'arrivée de la lumière et se comportent comme un iris.

Au-dessous l'œil tout entier est constitué malgré son

épaisseur par une seule couche de cellules s'étendant dans toute sa hauteur. Ces éléments sont encore ici de deux sortes. A chaque cornéule correspond un *ommatidie* formé de cellules centrales claires et réfringentes. Ces éléments ont pris une forme particulière, ils sont renflés à leur extrémité externe et amincis à leur partie moyenne

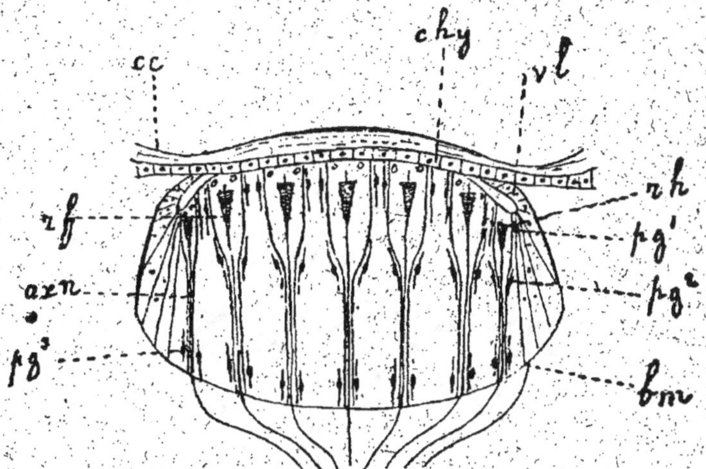

Fig. 47. — Coupe schématique d'un œil composé. — *cc*, Cuticule. — *chy*, Hypoderme cornéen. — *vl*, Couche cellulaire vitrée. — *rf*, Rétinophores. — *rb*, Bâtonnets ou cônes cristallins. — *axn*, Nerf axial. — *pg*1-3, Cellules pigmentées. — *bm*, Membrane basale. (D'après W. Patten.)

et à leur base. Leur portion basilaire allongée et étroite correspond au *rhabdome* de Grenacher, tandis que leur extrémité renflée n'est autre chose que le *cône cristallin* (fig. 41 et 47). Ces cellules sont ainsi analogues aux *rétinophores* des yeux des Mollusques ; leur nombre varie beaucoup suivant les cas ; quelquefois on en trouve quatre ou cinq, tandis que chez les Limules on en compte huit ou dix. Ces éléments sont groupés de façon que leurs

parties basilaires ménagent au milieu d'elles un espace en
forme de canal, constituant le canal axial. C'est dans
ces cellules que les nerfs viendraient aboutir en constituant un système de fibrilles ou *retinidium* situé dans
l'épaisseur de l'ancien cône cristallin. Celui-ci n'est donc
plus un organe de réfraction, un cristallin, mais un
organe récepteur sensible à la lumière. Autour de ces
rétinophores sont disposées des cellules pigmentées ou
rétinules arrangées en deux ou trois cycles.

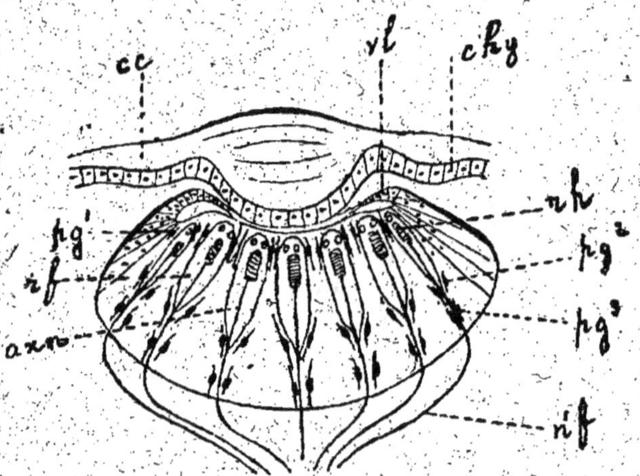

Fig. 48. — Coupe schématique d'un œil postérieur d'Araignée. — *cc*, Lentille
cuticulaire. — *chy*, Hypoderme cornéen. — *vl*, Couche cellulaire vitrée. —
rf, Rétinophores. — *rh*, Bâtonnets ou cônes cristallins. — *axn*, nerf axial.
— *nf*, Fibres nerveuses. — *pg*1-3, Premier, second et troisième cycles de
cellules pigmentées. (D'après W. Patten.)

Les yeux des Scorpions et des Araignées ont une
structure semblable. Ils sont seulement plus simples,
d'une structure moins spéciale et représentent une sorte
d'état intermédiaire entre les organes visuels des Insectes
et ceux des Mollusques (fig. 48). Les yeux des Scorpions

sont formés d'un certain nombre de groupes cellulaires renfermant chacun une double cellule incolore, avec double bâtonnet apical, comme chez les Mollusques, ou avec un double bâtonnet axial. Dans ce dernier cas, ce bâtonnet coïncide essentiellement avec le cône cristallin de l'œil composé et il a une structure analogue.

Enfin, les ocelles sont des *ommatidies* isolées ou des associations de quelques *ommatidies* ayant une cornée commune.

Une étude attentive des yeux des Arthropodes permet, sans doute, de comparer ces organes aux appareils analogues des autres animaux : mais on doit reconnaître que leur physiologie doit offrir des particularités en rapport avec leur structure spéciale et surtout avec la division de leurs cornées en un grand nombre de petites lentilles convergentes.

Théories physiologiques de la vue chez les animaux à yeux composés. — Deux théories physiologiques tiennent une place égale dans l'histoire de la vision chez les Insectes. Quelques savants admirent que le cône cristallin, qui était pour eux un organe dioptrique, fait subir aux rayons lumineux une nouvelle réfraction pour produire une image située à une profondeur plus ou moins grande dans le groupe cellulaire situé sous le cône. D'autres, et Exner en particulier, s'appliquent à prouver que l'image formée par la cornée est détruite par le cône cristallin. La plupart revinrent ainsi à une vieille et célèbre théorie, due à J. Muller, et que Plateau a résumée fort clairement dans les lignes suivantes :

« Il se forme, sur chaque rétine partielle, une petite tache lumineuse produite par les rayons émanant des points du ciel ou des points des objets extérieurs compris dans le champ visuel de chacun des éléments de l'œil à facettes, c'est-à-dire situés dans le prolongement du petit tube limité par les parois pigmentées de l'élément en question.

« La juxtaposition et, probablement, la fusion de ces taches lumineuses par leurs bords, donnent lieu, sur l'ensemble des rétines partielles, à une image unique, vague, permettant à l'Insecte ou au Crustacé de s'apercevoir de la présence et surtout des déplacements d'êtres sur la forme réelle desquels ces organes visuels ne sauraient lui donner que des notions incomplètes. »

Les théories précédentes sont toutes basées sur une conception de la structure de l'œil conforme aux descriptions de Grenacher. Elles supposent que le cône cristallin fait partie des milieux réfringents et que la région sensible de l'œil, la rétine, est située au-delà. Les conclusions des derniers observateurs tendent, au contraire, ainsi que nous venons de le voir, à considérer le cône cristallin, non comme un organe réfringent, mais comme étant lui-même un organe récepteur de l'impression lumineuse, puisque c'est dans son épaisseur que se trouve le réseau nerveux terminal.

Ces documents anatomiques devaient, nécessairement, donner naissance à une nouvelle théorie de la vision. Il se produirait une série de petites images renversées des objets extérieurs. Ces images viendraient se peindre à une profondeur variable dans le retinidium du cône ou de l'emplacement du cône. Le réseau nerveux qui se trouve dans son épaisseur réaliserait toutes les conditions de délicatesse nécessaires pour percevoir des images aussi petites que celles que fournissent les facettes cornéennes ; de plus, aucun appareil d'accommodation ne serait nécessaire, l'image pouvant se former à n'importe quel niveau du *retinidium* sans cesser de rencontrer des terminaisons nerveuses innombrables.

Un Insecte ou un Crustacé redresseraient les images comme nous les redressons ; ils combineraient un grand nombre de celles-ci, comme nous combinons les deux images produites dans nos deux yeux.

La théorie de W. Patten, qui est résumée dans les lignes précédentes, se rapproche de celle de Claparède et tend à faire supposer que la vision des Insectes est aussi nette que la nôtre.

Cette idée et cette conclusion physiologique sont loin d'être acceptées par tout le monde, et, aujourd'hui, il est possible de réunir les auteurs qui se sont occupés de cette question en deux groupes principaux, suivant qu'ils refusent ou accordent aux Articulés une perception nette de la forme des objets.

Marcel de Serres, Claparède, Dor, Thompson Lowne et Patten admettent que beaucoup d'Insectes ont une vue excellente. D'autres, avec Lamarck, Tréviranus, Muller, Grenacher, Exner, Notthaft, Sidney, Hickson, Carrière et Forel pensent, pour des motifs divers, que les yeux composés des Insectes ne peuvent leur fournir que des notions incomplètes sur la forme réelle des objets extérieurs.

Entre ces deux opinions, l'expérience pouvait seule décider, et nous devons à MM. Plateau, Forel et Lubbock des observations fort intéressantes que nous allons essayer de résumer dans les lignes suivantes.

Forel et Plateau s'accordent pour penser que les Insectes voient surtout le mouvement et fort peu la forme des objets ; nous allons examiner maintenant et dans des paragraphes distincts ces trois questions qui nous paraissent pouvoir être séparées : Perception de la forme ; perception des mouvements ; perception des couleurs.

Perception de la forme. — Forel observa un jour une Guêpe qui, ainsi que la plupart des représentants de son espèce, se livrait à la chasse aux Mouches, sur la paroi d'un péristyle, à la fin de l'automne. Elle se jetait violemment au vol sur les Mouches posées sur la paroi et celles-ci lui échappaient le plus souvent ; elle réussissait cependant à s'emparer, de temps en temps, d'une Mouche qu'elle transportait dans son nid. Près de l'endroit où elle chassait se trouvait un clou noir implanté dans la paroi et qui avait justement la grosseur d'une Mouche. Forel vit fort souvent la Guêpe, trompée par ce clou, se jeter dessus, puis l'abandonner après avoir reconnu son erreur par le toucher ; ce qui ne l'empêchait pas de commettre bientôt une erreur semblable. On peut donc conclure que la Guêpe voyait un objet de la grosseur d'une Mouche, mais qu'étant incapable d'apercevoir les détails, elle commettait une grossière confusion. Ces Insectes sont cependant susceptibles d'apprécier le volume des objets ; c'est ainsi qu'une Guêpe, devant laquelle on place sur une table des Mouches tuées et des Insectes plus gros ou plus petits, laisse de côté les pièces qui s'écartent par leur taille du volume des Mouches : elle fait un choix basé uniquement sur les dimensions des objets et saisit fort bien, au lieu et place des Mouches, des Insectes d'un volume analogue mais d'espèces différentes.

Le même savant rappelle que les Libellules y voient fort bien. La plupart des entomologistes savent avec quelle facilité, grâce au nombre de leurs facettes, ces Insectes attrapent au vol les plus petits Insectes ; ils n'ignorent pas aussi avec quelle aisance elles échappent au filet du chasseur d'Insectes. Elles paraissent capables d'apprécier la distance à laquelle on peut les saisir et se mettent aussitôt hors de portée.

Forel fait remarquer au sujet de cette faculté de juger de la distance que la lumière partant d'un point atteindra d'autant plus de facettes que ce point sera plus éloigné de l'Insecte, ce qui doit rendre la vue d'autant plus diffuse que l'objet s'éloigne davantage. Cette particularité doit servir à l'Insecte pour mesurer la distance et cela d'autant plus nettement que l'objet est plus rapproché.

Si les Libellules sont remarquables par la netteté de leur vue, il n'en est pas de même de tous les Insectes : les Fourmis surtout semblent fort mal douées à cet égard, et ce fait est en rapport avec le petit nombre de facettes dont leurs yeux sont pourvus. Parmi elles les ouvrières qui vivent à terre ou même dans la profondeur du sol ne voient pas les objets très petits ou immobiles ; c'est ainsi qu'elles peuvent passer tout près de leurs larves sans les apercevoir ; elles ne les distinguent que si elles manifestent leur présence par un léger mouvement. Elles se comportent souvent comme des Insectes entièrement aveugles.

Forel a vu des Fourmis des bois *(Lacius fuliginosus)*

placées subitement en plein soleil se diriger vers lui les antennes levées et le suivre, l'ayant pris pour un tronc d'arbre derrière lequel elles cherchaient à s'abriter. Elles le suivirent jusqu'auprès d'une touffe d'arbustes au milieu desquels elles trouvèrent l'ombre qu'elles recherchaient.

Les mâles sont, parmi les Fourmis, les mieux doués en organes de la vue; leurs yeux sont plus bombés et possèdent les facettes les plus nombreuses. Ils sont capables en effet de saisir et de poursuivre les femelles au vol.

La plupart des Insectes qui mènent une existence aérienne sont à cet égard supérieurs à ceux qui rampent sur le sol. Lorsqu'on recouvre d'une couche de vernis opaque les yeux des Mouches *(Calliphora vomitoria)* ces animaux ne s'envolent plus. Si on les lance en l'air ils volent rapidement dans des sens divers, se heurtent aux obstacles et retombent sur le sol; ou bien ils finissent quelquefois par s'élancer vers le ciel, soit directement, soit en décrivant des tours de spires. Les Hannetons rendus aveugles par le même procédé s'envolent facilement, mais sont incapables de se diriger, de choisir une branche et de s'y poser. Les Guêpes et les Bourdons dont les yeux sont vernis s'envolent plus rarement que les Diptères; se heurtent presque toujours à quelque objet et tombent. Si on les lâche dans une chambre, ces Hyménoptères ne se dirigent plus vers la fenêtre; ils vont heurter le plancher, le plafond ou les murs, et montrent ainsi qu'ils ne perçoivent même plus les lueurs.

Enfin des Insectes aquatiques de l'ordre des Hémiptères *(Hydrometra lacustis)*, qui s'enfuient très rapide à la moindre alerte, deviennent indifférents lorsqu'on

leur vernit les yeux et se laissent prendre avec la plus
grande facilité.

Ces observations montrent le rôle important de la
vue dans la vie des Insectes, en même temps elles indiquent combien certains de ces animaux sont mal doués
et à quel degré les images qu'ils perçoivent sont vagues.
Plateau a cherché récemment par des expériences suivies
à acquérir une idée juste des facultés visuelles des Arthropodes ; il a étudié la vision chez les Myriapodes et
les Araignées, et il a examiné successivement le rôle des
ocelles et des yeux comparés chez les Insectes. Il a pensé
qu'il fallait distinguer dans les phénomènes visuels de
ces êtres la vision des formes des objets immobiles et la
perception des déplacements des objets mobiles. Ses
observations sont aujourd'hui complètement publiées et
ses expériences l'ont conduit à des conclusions intéressantes.

Les premières observations de Plateau ont été faites
à l'aide d'une méthode qui a été considérée comme fau-
tive par plusieurs savants et que nous croyons cependant devoir rappeler. L'expérimentateur se plaçait dans
une chambre carrée, éclairée par deux fenêtres percées
d'un même côté. Ces fenêtres pouvaient se fermer à l'aide
de volets pleins parfaitement clos. On perçait alors dans
le volet d'une des fenêtres une ouverture unique, assez
grande pour qu'un Insecte de forte taille pût y passer
aisément au vol, et dans l'autre on pratiquait une série
de petites ouvertures, trop étroites pour lui livrer passage, mais dont l'ensemble laissait passer dans l'appartement une lumière égale ou légèrement inférieure à
celle fournie par l'ouverture unique. Les dimensions de

ces orifices variaient beaucoup suivant l'Insecte sur lequel on expérimentait. Sur une table placée à l'extrémité de la pièce se trouvait un photomètre permettant de vérifier à chaque instant les pouvoirs éclairants des orifices. De cette table aussi partaient les Insectes dont on voulait apprécier les capacités visuelles.

Plateau pensait que, si les Insectes volants allaient toujours sans hésiter à l'ouverture unique pouvant leur livrer facilement passage, on était en droit d'en conclure qu'ils distinguaient la largeur et la forme de l'orifice ; tandis que s'ils allaient fréquemment frapper contre les obstacles qui garnissent l'autre orifice, on aurait le droit de penser que ces êtres ne sont impressionnés que par des intensités lumineuses et qu'ils ne distinguent pas nettement les objets. A la suite des expériences qu'il pratiquait ainsi que nous venons de l'indiquer, Plateau crut pouvoir formuler la conclusion suivante : « Les Insectes pourvus d'yeux composés ne se rendent aucun compte des différences de formes existant entre deux orifices éclairés et se laissent tromper, soit par les excès d'intensité lumineuse, soit par les excès apparents de surface. En résumé, ils ne distinguent pas la forme des objets ou la distinguent fort mal. »

La méthode suivie par ce savant fut l'objet de nombreuses critiques dues surtout à Westhoff et à Forel. Plateau lui-même les a résumées dans les propositions suivantes :

« 1° Ce ne sont pas des objets que Plateau présente à ses Insectes, mais des orifices laissant passer la lumière (Forel) ;

« 2° Dans les expériences de Plateau, les animaux et les

objets qu'ils doivent chercher se trouvent dans des conditions tout à fait anormales. La situation est telle que
le développement libre du jugement est incomplet
(Westhoff).

« 3° Plateau attribue aux Insectes une faculté de raisonnement qu'ils n'ont pas : il leur demande de juger d'un
coup d'œil et à distance, s'ils pourront passer ou né pas
passer par tel trou. C'est exiger de l'œil et du cerveau
d'un Insecte ce que l'Homme même, dans certaines
conditions, ne sait pas distinguer.

« Plus d'un Vertébré commettrait, dans les mêmes
circonstances, les mêmes erreurs (Forel).

« 4° Il est peu probable que les Insectes puissent
s'orienter avec certitude par suite de l'éclairage imparfait de la chambre où l'on opérait (Westhoff). »

A la suite de ces critiques, Plateau modifia sur quelques points le dispositif général de ses expériences, de
façon à répondre aux objections de ses contradicteurs,
mais aussi de manière à pouvoir faire des essais comparatifs sur quelques Vertébrés. A la suite des nouvelles observations auxquelles il s'est alors livré, cet
auteur reconnut volontiers que Forel avait raison
lorsqu'il écrivait que des Vertébrés placés, ainsi que les
Insectes, dans l'alternative de choisir entre ces deux
espèces d'ouvertures, commettraient des fautes analogues. Cette méthode demande en effet aux animaux
en expérience certains raisonnements trop compliqués
pour la plupart d'entre eux et qu'ils n'ont pas le temps
de faire.

Plateau modifia alors ses procédés d'expérimentation.
Au lieu d'orifices lumineux, il plaça sur le trajet par

couru par certains animaux des obstacles et observa
comment ils se comportaient. Il fait remarquer que les
Vertébrés doués d'une bonne vue, même lorqu'ils sont
lancés à la course, évitent fort bien les obstacles placés
sur leur chemin. Un Lézard, un Chevreuil, un Lièvre se
se rendent parfaitement compte de leur présence et
savent les éviter ; tandis qu'un animal aveugle ou mal
doué sous le rapport des fonctions visuelles va se heurter
contre chaque objet ou n'arrive à se débrouiller qu'en
procédant avec lenteur et en s'aidant du toucher. Le
savant professeur de l'université de Gand se servit alors
d'un appareil auquel il a donné le nom de *labyrinthe*.

Cet appareil se compose d'une surface horizontale de
teinte neutre sur laquelle sont fixés des obstacles verti-
caux formés de lames rectangulaires de carton, blanches,
brunes ou noires. Ces lames sont disposées sous forme
d'enceintes concentriques elliptiques ou polygonales, et
les obstacles d'une enceinte alternant avec ceux de l'enceinte qui précède et qui suit.

Si l'on suppose un animal placé au centre du labyrinthe, il tendra à en sortir par des trajets différents
suivant l'acuité plus ou moins grande de ses facultés
visuelles. Si sa vue est tout à fait mauvaise, il se heur-
tera à tous les obstacles et n'arrivera à la périphérie
qu'après des tâtonnements nombreux. A l'aide de ce
dispositif expérimental, Plateau se livre à des séries
d'observations sur les Orthoptères : Taupe-Grillon,
Blatte, Forficule, Sauterelle verte ; sur des Coléoptères :
Carabe, Cicindèle, Nécrophore ; sur des Hyménoptères.
Dans ce dernier cas, il faut tenir compte d'une erreur
d'interprétation capable de fausser les résultats. Les

Hyménoptères semblent en effet se diriger; non pas d'après la vue d'un objet, mais d'après une impression d'ensemble dépendant de la quantité de lumière qu'ils perçoivent, de telle sorte que l'ombre et la pénombre formées par un objet suffisent pour les détourner de leur route et leur faire éviter les obstacles.

Plateau compléta ses expériences par des observations faites en plein air et arriva aux conclusions suivantes : Trente-deux espèces d'Insectes, les unes lucifuges, les autres recherchant le jour, appartenant à des classes différentes, ont montré, par leur façon d'agir, qu'ils percevaient souvent avec netteté la différence entre la lumière et l'obscurité : ils étaient cependant incapables de distinguer nettement les limites des corps et par conséquent leurs formes réelles.

Il était intéressant de voir comment agiraient des Vertébrés placés dans les mêmes conditions expérimentales. C'est ce que l'auteur dont j'analyse les observations a réalisé en donnant à son labyrinthe des proportions plus grandes, qui lui permirent d'opérer sur des Lapins, des Chats, des Cochons d'Inde, des Coqs, des Canards et sur plusieurs Reptiles tels que des Lézards, des Couleuvres, des Tortues. Tous ces Vertébrés se comportèrent d'une façon bien différente de celle des Arthropodes, et aucun ne commit les erreurs si fréquentes que l'on remarque chez les Insectes. Tous voyaient parfaitement la forme et les limites des obstacles, tous savaient les éviter et ils sortaient du labyrinthe en suivant un simple trajet sinueux ; de plus, le résultat fut le même si, au lieu de laisser ces animaux circuler paisiblement, on les excitait à une course rapide, ils se glissaient encore au milieu des obstacles et ne heurtaient rien.

La conclusion ultime qui s'impose, après ces expériences est qu'il y a une différence énorme entre la manière d'agir des Vertébrés et celle des Insectes. « Les premiers distinguent incontestablement les formes et les limites aussi bien ou presque aussi bien que l'Homme doué d'une vue normale : les seconds se conduisent comme s'ils ne distinguaient ni formes, ni limites, ou comme s'ils les distinguaient très mal, confusément. »

D'ailleurs, ainsi que Plateau le fait remarquer, les observations sur les Insectes en liberté confirment les résultats précédents, à la condition d'en éliminer les trois causes d'erreur suivantes : 1° celles qui se rattachent à la perception des mouvements et non de la forme ; 2° celles qui pourraient résulter de la présence de grandes masses blanches ou colorées ; 3° celles qui doivent être rattachées à des sensations non plus visuelles mais olfactives.

On trouve dans les observations des entomologistes quelques données au sujet de la question qui nous occupe ; c'est ainsi que J.-H. Fabre, dans ses *Souvenirs entomologiques*, raconte que les Hyménoptères du genre *Bembex* reviennent à leur terrier creusé dans le sable avec une précision extraordinaire qui ferait croire à une vision parfaite. Mais si, pendent les absences de ces Insectes, on modifie l'aspect de l'endroit qu'ils doivent retrouver, soit en le bouleversant, soit en le recouvrant d'une pierre plate, le Bembex se comporte comme s'il ne voyait ni obstacle, ni changement et se pose exactement au même point.

Les observations de Fabre sur les Chalicodomes conduisent à la même conclusion. — Ce naturaliste a pu
changer de place les nids de deux de ces Abeilles ma-
connes et, à leur retour, elles ont continué à travailler
comme avant au nid qui n'était plus le leur. Le Pom-
pile qui nourrit ses larves avec des Araignées passe
souvent à cinq ou six centimètres de son gibier sans le
voir.

Forel s'est demandé aussi si les Insectes percevaient
la forme des objets. Il lui semble qu'ils ne la perçoivent
pas aussi nettement que nous, mais il lui paraît évident
qu'ils sont capables de percevoir les dimensions et plus
ou moins distinctement les contours des objets. Cette
opinion est basée sur l'expérience suivante. Il posa une
Guêpe sur du miel placé sur un rond de papier blanc de
trois centimètres de diamètre, posé sur une table. La
Guêpe se gorgea de miel, partit et revint un instant
après ; Forel remplaça alors le rond de papier par un autre
identique mais sans miel et mit le rond avec du miel à
deux pouces de distance. La Guêpe revint, alla d'abord au
nouveau rond situé à son ancienne place et, n'y trouvant
rien, chercha pendant un instant, retrouva l'ancien
rond, se gorgea de nouveau de miel et partit. L'observateur profita de sa nouvelle absence pour mettre le
miel sur une croix de papier blanc. Ce premier essai ne
fournit que des résultats incertains, la croix était trop
peu différente du rond. Elle fut remplacée par une
bande de papier. La Guêpe, à son retour, alla d'abord
au disque blanc où elle chercha en vain son miel ; elle
chercha ensuite sur le fond gris de la malle, n'y trouva
rien et s'envola, elle se mit alors à fureter partout et

finit par rencontrer l'objet de sa convoitise sur la bande de papier. Forel mit alors une nouvelle bande de papier à côté de la première qu'il enleva et plaça le miel sur la croix. La guêpe revint de nouveau et alla droit à la nouvelle bande de papier.

On voit que cette Guêpe se souvenait du papier sur lequel elle avait mangé à la dernière de ses visites et qu'elle le retrouvait d'après sa forme et ses dimensions.

Plateau interprète l'expérience de Forel d'une manière un peu différente ; il pense que les résultats obtenus proviennent non pas de ce que l'Insecte percevait la forme des objets, mais de ce qu'il avait sensation d'une intensité lumineuse plus ou moins considérable. Les quantités de lumière émanant du disque, de la croix et de la bande de papier étaient tout à fait différentes.

Le zoologiste belge a fait lui-même quelques observations qui semblent intéressantes. On nous permettra d'en relater ici quelques-unes.

« 1° *Exemple de perception du mouvement avec absence de perception réelle de la forme.* — Au bord d'un étang, une *Libellula fulva* Müll. se pose sur un roseau à ma portée ; j'approche lentement le filet de tulle blanc ; quand il est à vingt centimètres, la Libellule part ; je reste exactement au même endroit ; l'Insecte parcourt une ellipse et vient voler au-dessus du filet, repart et revient ainsi quatre fois de suite ; à la cinquième, il se place sur le même roseau dont, pendant tout ce manège, mon filet s'était sensiblement rapproché presque jusqu'au contact. Je capture facilement ma Libellule.

« 2° *Cas où l'Insecte n'utilise même pas ses organes vi-*

suels. — J'observai au Jardin botanique de Bruxelles les manœuvres d'une *Ammophila sabulosa* qui circulait à la surface des rocailles supportant la collection des plantes africaines.

« L'Hyménoptère, ayant capturé une petite Chenille, avait, comme ses congénères, déposé sa proie pendant un instant, pour faire une visite au terrier qui devait la recevoir.

« L'examen terminé, l'Ammophile retourne à la Chenille, afin de la transporter définitivement. La distance à parcourir avec le fardeau sur le sol horizontal, au milieu des aspérités peu considérables et peu nombreuses, était d'environ 40 centimètres.

« Or, c'est *à reculons* que l'Insecte effectua le voyage, dans une position où, très probablement, il ne pouvait voir les détails de la route à suivre, ni à l'aide de ses yeux composés, ni à plus forte raison à l'aide de ses yeux simples. C'est à reculons aussi et, sans la moindre hésitation, qu'il entra dans son puits.

« Un animal doué de la perception parfaitement nette des objets immobiles aurait utilisé ses yeux ; celui-ci *suit* une piste en profitant du développement d'un autre sens, peut-être de l'odorat.

« 3° *Exemple d'erreur sur la forme*. — Tout le monde a vu des Syrphes (*Syrphus balteatus, S. Riberi*, etc.) planer devant des fleurs. Si la fleur ou l'inflorescence est dans une position convenable assez élevée au-dessus du sol, si, par exemple, elle appartient à un végétal conduit le long d'un mur, on peut, sans grande difficulté, faire l'expérience amusante qui suit : évitant d'effectuer des mouvements brusques, on avance lentement la main de façon à interposer, entre la fleur et l'Insecte, un doigt maintenu verticalement. Le Diptère ne s'aperçoit pas de la substitution, malgré la différence de forme, et souvent malgré la différence de couleur, car la fleur peut être blanche. Il plane maintenant devant le doigt et, lorsqu'on déplace doucement celui-ci de droite à gauche ou d'arrière en avant, on voit le Syrphe se déplacer aussi, dans le même sens, toujours en planant. J'ai réussi ainsi à conduire certains individus à plus d'un mètre de leur position primitive.

« 4° *Exemple de vision confuse.* — Au Jardin zoologique de Gand, une Guêpe (*Vespa germanica* probablement) volait le long du grillage en fil de fer noirci de la volière des Gallinacés. L'Insecte désirait ardemment passer au travers du treillis, au delà duquel il était attiré par une cause quelconque. Il se soutenait à une distance du grillage variant entre 5 et 20 centimètres, tantôt montant, tantôt descendant, et bien que les mailles en losange eussent 2,5 centimètres de largeur, il se montra aussi incapable que les Mouches arrêtées par un grossier filet, dont parlent Spencer et Stanley, et ne réussit jamais à voir un passage libre. Sa vue imparfaite transformait pour lui le treillis en une surface incomplètement transparente et continue. »

Ces observations de Plateau semblent difficiles à mettre d'accord avec l'opinion de ceux qui attribuent aux Insectes une vision nette des objets immobiles. Elles permettent d'attribuer les exemples de bonne perception à des cas où, soit l'objet, soit l'animal lui-même était mobile. On comprend qu'alors les conditions dans lesquelles la vision s'exerce étant entièrement différentes, les perceptions visuelles peuvent acquérir plus de valeur, et l'Insecte paraître doué d'une vue meilleure que celle qu'il manifeste pour les objets immobiles.

Nous sommes ainsi conduits à étudier dans un paragraphe distinct ce cas particulier de la vision chez les Arthropodes.

Perception des mouvements. — Les observations précédentes nous ont montré que les yeux des Insectes étaient fort mal disposés pour la vision nette de la forme des objets, et les expériences des naturalistes paraissent concorder avec cette conclusion théorique que les Arthropodes en général y voient fort mal. Si cette idée semble pouvoir être admise sans contestation, il en est une autre qui paraît au moins tout aussi fondée : c'est que les yeux composés des Insectes sont bien construits pour percevoir le mouvement. Si l'on suppose, en effet, un objet lumineux se déplaçant devant un œil composé, il est facile de comprendre que cet objet allant impressionner de nouveaux groupes d'éléments visuels, causera des excitations lumineuses sans doute élémentaires, mais brusques et capables, par leur succession, de donner à l'animal des notions précieuses sur la présence d'un objet.

Cette opinion a été d'abord exposée et soutenue par Exner ; elle est aujourd'hui adoptée par la plupart des naturalistes qui se sont occupés de la vision des Insectes et, parmi eux, nous citerons surtout, d'après Plateau, Notthaft, Nuel, Carrière, Forel et Bleuler. Plateau lui-même se range à cet avis, et ses récentes expériences confirment l'opinion de ses prédécesseurs, qui est basée, du reste, sur des faits connus des entomologistes et dont tout le monde peut vérifier l'exactitude.

Il est d'observation vulgaire que les Insectes, qui sont fort difficiles à prendre lorsqu'on s'approche d'eux par un mouvement brusque, se laissent aisément saisir lorsqu'on a la sagesse de procéder avec précaution et d'avancer lentement. Lorsque nous circulons, ainsi que le fait remarquer Plateau, dans les allées d'un jardin, tous les Insectes, dans un rayon de quelques mètres à peine de largeur, s'enfuient dans diverses directions ; si nous cessons les grands mouvements, l'émotion qui s'était emparée de cette petite population se calme et bientôt la confiance renaît entière, car on voit les Lépidoptères et les Hyménoptères reprendre leurs occupations habituelles et les Diptères se poser sur nos habits. Les mouvements semblaient seuls avoir inquiété ces animaux et, lorsque nous restons immobiles, ils nous confondent facilement avec les troncs d'arbres ou les quartiers de rocs voisins.

Plateau a soumis récemment à des recherches suivies la vision du mouvement chez les Insectes, il a étudié sur les représentants de différents groupes la distance à laquelle ils étaient capables de percevoir les mouvements.

Ses recherches confirment entièrement l'opinion de ses prédécesseurs et il conclut comme Forel que les Insectes voient surtout les mouvements des objets, soit que l'objet se déplace, soit que l'animal lui-même change de place relativement à l'objet. Il résume ses résultats dans les cinq propositions suivantes :

« 1° La faculté de percevoir les déplacements des objets mobiles est très développée chez beaucoup d'Insectes pourvus d'yeux composés ;

« 2° Les Insectes les mieux doués à cet égard sont les Lépidoptères, les Hyménoptères, les Diptères et les Odonates ;

« 3° La distance à laquelle les mouvements des corps un peu volumineux sont distingués ne dépasse cependant pas 2 mètres. Elle est *en moyenne* de 1^m,50 pour les Lépidoptères diurnes, de 58 centimètres pour les Hyménoptères et de 68 centimètres pour les Diptères observés.

« 4° La perception des mouvements joue un grand rôle comme cause déterminante des manifestations extérieures des Insectes. Elle explique, en effet, *sans vision nette des formes*, pourquoi les espèces à allures un peu rapides échappent souvent à leurs ennemis, pourquoi les individus de sexe différent parviennent à se poursuivre dans les airs, comment les Odonates chassent leur proie au vol, enfin pourquoi ces divers animaux circulent au milieu du feuillage agité par le vent.

« 5° D'un autre côté, les erreurs nombreuses commises par les Insectes qui se laissent toucher et capturer quand les déplacements du chasseur sont suffisamment lents, qui après avoir fui reviennent se poser à proximité d'un ennemi devenu immobile, ou même qui poursuivent des proies illusoires, nous prouvent encore une fois que la perception complète des contours fait défaut. L'Insecte muni d'yeux à facettes voit immédiatement qu'un objet bouge ; mais lorsque, soit l'odorat, soit un autre sens, soit la connaissance acquise par hérédité, de l'aspect caractéristique de certains mouvements n'interviennent pas, la nature même de l'objet lui reste inconnue. Cet objet, cessant de se déplacer, se confond aussitôt, pour l'Arthropode, avec l'ensemble absolument vague de tout ce qui se trouve dans le champ visuel. »

Perception des couleurs. — Les yeux composés des Insectes leur permettent de distinguer non seulement la présence des objets mais aussi leur couleur. La démonstration de ce fait intéressant est due à J. Lubbock qui avait été précédé dans cette voie par les recherches de P. Bert sur les Daphnies.

Les observations de J. Lubbock sont démonstratives et, à leur lecture, on ne peut conserver aucun doute sur la justesse de ses conclusions. Le naturaliste anglais mit une Abeille sur du miel placé sur un morceau de papier bleu et, à trois pieds de là, il disposa du miel sur une lame de verre au-dessous de laquelle il plaça un papier orange. L'Abeille mangea du miel, alla à sa ruche et retourna : lorsqu'elle eût fait deux voyages Lubbock transposa les papiers, l'Abeille, à son retour, revint quand même chercher le miel sur le papier bleu. Les jours suivants l'Abeille, étant retournée, les papiers furent de nouveau changés de place. L'Insecte, à son arrivée, faillit s'abattre à l'ancienne place, mais, s'apercevant du changement de couleur, elle s'élança sans hésiter sur le bleu ; et Lubbock ajoute : « Quiconque l'eût vue à ce moment, n'eût pas conservé le moindre doute qu'elle ne perçût la différence des deux couleurs. »

Lubbock plaça alors des plaques de verre avec du miel sur des papiers de différentes couleurs et, en variant ses expériences, il put s'assurer que les Abeilles distinguaient les différentes couleurs du spectre et il remarqua, de plus, qu'elles avaient une certaine préférence pour le bleu.

Des expériences analogues, pratiquées sur des Guêpes, montrèrent que ces Hyménoptères étaient capables de distinguer les couleurs, mais avec moins de sûreté que les Abeilles; elles se trompaient souvent et ne manifestaient aucune préférence pour la couleur bleue.

Forel répéta les expériences de Lubbock sur un Bourdon et arriva à des résultats semblables. Il remarqua, de plus, que ces animaux étaient impressionnés plutôt par la couleur que par la forme des objets.

Les deux observateurs précédents ont fait, sur la visibilité des couleurs par les Fourmis, des expériences fort intéressantes. Les Fourmis élevées par J. Lubbock étaient placées dans des cases aplaties, pleines de terre, et dont les parois supérieures et inférieures étaient fermées par des vitres. Il suffisait de découvrir ces parois pour observer les mœurs de ces Hyménoptères. Il ne fallait pas songer à utiliser, pour la vision des couleurs, la recherche de la nourriture; la vue, chez les Fourmis, est fort mauvaise, tandis que leur odorat est très développé. Aussi ces animaux se laissent-ils surtout guider par l'olfaction dans la recherche et le choix de leurs aliments. Cette circonstance empêchait Lubbock de soumettre ces Fourmis aux épreuves employées pour les Abeilles. L'idée lui vint alors d'utiliser l'aversion qu'elles ont pour la lumière lorsqu'elle pénètre dans leur nid. Il avait remarqué que s'il découvrait partiellement une de ces fourmilières artificielles, les Fourmis s'abritaient toutes dans les coins restés obscurs.

Il se procura des plaques de verre semblables et colorées en vert, jaune, rouge et bleu ou plutôt violet, ainsi que quelques solutions colorées. Il plaça ces morceaux de verre sur une de ses fourmilières et compta les Fourmis qui se trouvaient sous chacun de ces morceaux de verre. En additionnant les résultats de ses observations, il trouva qu'il y eut sous le rouge 890 Fourmis, sous le vert 544, sous le jaune 495 et sous le violet 5 seulement.

Le résultat le plus net est celui qui est donné par la couleur violette. Le verre violet de Lubbock était, pour l'œil humain, aussi opaque que le rouge, plus que le vert et beaucoup plus que le jaune ; les chiffres précédents montrent, néanmoins, que les Fourmis étaient fort rares dans la région de leur nid éclairée par les rayons violets ; elles paraissaient fuir cette lumière tout autant que la lumière blanche. Les résultats précédents indiquent aussi une différence tranchée entre le rouge d'une part, le vert et le jaune d'une autre. Lubbock varia ses procédés expérimentaux de différentes façons : il mit à contribution l'habitude qu'ont les Fourmis de transporter leurs larves à l'abri des rayons lumineux. Il pratiqua cette expérience à la lumière diffuse du jour et aussi sous l'action directe des rayons lumineux, en s'adressant à des espèces différentes. Dans ces conditions, les Fourmis transportent leurs puppes, de préférence, dans la partie de leur demeure qui était éclairée par les rayons rouges ou jaunes. Les Fourmis ont donc une grande répugnance pour le verre violet : mais cette répugnance ne va pas jusqu'à leur faire préférer la lumière violette à la lumière blanche.

Lubbock conclut de ces premières observations sur les Fourmis : 1° qu'elles savent distinguer les couleurs ; 2° qu'elles sont très sensibles au violet ; 3° que les sen-

sations produites sur elles par les couleurs ne paraissent
ressembler en rien à celles que nous en recevons nous-
mêmes. Mais le savant observateur anglais désira aller
plus loin dans ses observations et se demanda si les
limites de leur vision étaient les mêmes que celles de la
nôtre. On sait qu'un rayon de lumière blanche, en traversant un prisme, est décomposé en une belle bande
diversement colorée appelée spectre. Pour notre œil le
spectre est limité, à ses extrémités, par le rouge et le
violet. Mais un rayon de lumière blanche contient,
outre les rayons du spectre que notre œil peut percevoir, d'autres rayons désignés sous le nom de rayons
colorifiques et de rayons chimiques dont les limites
échappent à notre vision et s'étendent au-delà du rouge
et du violet. Lubbock essaya plusieurs expériences à
l'aide de la lumière solaire décomposée par un prisme.
Ses premières observations, fort difficiles à bien conduire, ne lui donnèrent que des résultats incertains. En
modifiant la disposition de ses expériences et en faisant
usage de la lumière électrique, ce savant arriva à de
meilleurs résultats. Il soumit des nids de Fourmis, renfermant des puppes, à l'action d'un rayon de lumière
électrique décomposé par un prisme et il manifestait les
limites des rayons chimiques ultra-violets en se servant
d'un papier imbibé d'une solution d'un sel de thallium
qui, sous l'influence des rayons ultra-violets, se colorait
en vert. Il obtint ainsi des résultats constants et semblables à ceux qui sont consignés dans l'expérience
suivante qui nous paraît bien démonstrative.

« Je disposai la lumière de façon à ce que le spectre
fût projeté sur le nid suivant une incidence verticale et je

mis les puppes dans les rayons ultra-violets. En une demi-heure elles furent enlevées et transportées dans l'espace obscur au-delà du rouge. Nous fîmes alors décrire au nid une demi-circonférence, de telle sorte que la partie occupée par les puppes se trouva de nouveau dans le violet et l'ultra-violet. La lumière se trouvait disposée de manière à laisser une ligne d'ombre le long d'un des côtés du nid. Les puppes y furent aussitôt transportées, il n'en resta pas dans l'ultra-violet. Nous fîmes alors mouvoir un peu le nid de sorte que quelques puppes se retrouvèrent sous les rayons violets et ultra-violets. Elles furent toutes transportées dans l'obscurité, celles qui étaient dans l'ultra-violet furent les premières enlevées.

« Dans ces expériences faites sous une incidence verticale il y avait moins de lumière diffusée, et les puppes ne furent jamais portées dans le jaune ou le rouge. »

Plusieurs observations semblables à la précédente et d'autres expériences de contrôle démontrèrent que les Fourmis n'étaient pas sensibles aux rayons ultra-rouges et que, de ce côté, les limites de la vision sont à peu près les mêmes pour les Fourmis que pour nous tandis qu'elles perçoivent des rayons ultra-violets qui échappent à notre appareil visuel. Lubbock conclut : « Qu'il est probable que les rayons ultra-violets produisent sur les Fourmis la sensation d'une couleur distincte (dont nous ne pouvons nous faire d'idée), couleur aussi différente des autres que le rouge du jaune ou le vert du violet. »

Les expériences de Lubbock, reconnues exactes, furent interprétées différemment par Graber. Ce savant fait rentrer la perception des rayons ultra-violets dans le groupe des sensations *dermatoptiques* et ne pense pas, comme le dit Lubbock, que les Fourmis possèdent la notion d'une couleur que nous ne voyons pas.

Forel, à l'exemple de Graber, vérifia les résultats des observations de l'auteur anglais. Ses expériences faites avec beaucoup de soin lui montrèrent que, ainsi que Lubbock l'avait vu, les Fourmis normales avaient une grande aversion pour les rayons ultra-violets. Il plaça ensuite à côté de ces Fourmis normales d'autres dont les yeux étaient recouverts d'une couche épaisse de vernis opaque et étudia leurs mœurs. Les observations fort nombreuses auxquelles il s'est livré lui ont permis de poser les conclusions suivantes :

« 1° Les Fourmis perçoivent la lumière et tout particulièrement l'ultra-violet, comme l'a démontré Lubbock.

« 2° Elles paraissent percevoir l'ultra-violet principalement avec leurs yeux, c'est-à-dire qu'elles le voient, car lorsque leurs yeux sont vernis elles s'y montrent presque indifférentes ; elles ne réagissent alors nettement qu'à une lumière solaire directe ou moins forte.

« 3° Les expériences ci-dessus semblent indiquer que les sensations dermatoptiques sont plus faibles chez les animaux étudiés par Graber. »

Nous devons donc admettre que certains animaux perçoivent des rayons lumineux que nous ne voyons pas. Cette faculté procure à ces êtres des notions que nous ne concevons pas. On doit aussi admettre que leur vue s'exerce dans des conditions différentes de la nôtre. Chez nous les rayons ultra-violets, remarquables par leur action chimique, n'arrivent pas jusqu'à notre rétine ; on pense qu'ils sont arrêtés par le cristallin, qui possède la propriété d'absorber ces rayons du spectre.

La vue chez les Araignées et les Myriapodes. — Les théories et les expériences précédentes s'appliquent uniquement aux yeux composés des Insectes. Nous avons vu que les Araignées possédaient des appareils visuels plus simples dont nous devons examiner les propriétés.

Jusqu'à ces dernières années on connaissait fort peu de faits précis au sujet de facultés visuelles de ces Arthropodes. Muller et Lacordaire attribuent aux Araignées une vue nette à courte distance. Grenacher fit voir qu'il existait des yeux de deux espèces, mais sans démontrer par des expériences le rôle de chacune de ces catégories d'appareil visuel. Les recherches de Plateau ont, pour la première fois, apporté des documents scientifiques précieux sur cette question un peu délaissée.

Les expériences de ce savant ont été exécutées sur les représentants de plusieurs familles. Il s'est d'abord adressé au groupe des *Attides*, composé de petites Araignées chasseuses qui se promènent le long des murs, sur les troncs des arbres, à la recherche d'une proie. Dahl et Forel avaient déjà constaté sur ces animaux quelques particularités curieuses. Ce dernier avait fait remarquer l'insuffisance de leurs facultés visuelles qui fait qu'une Araignée sauteuse ne voit pas une Mouche qui se promène devant elle à deux ou trois pouces. Lyster, à propos d'une Araignée exotique, avait observé qu'elle ne distinguait pas sa proie au-delà de 5 centimètres et Hutchinson rapporte qu'un représentant du groupe des Araignées sauteuses, l'*Epiblemum scenicum*, a une vue si mauvaise que, placé sur un miroir, il y poursuit sa propre image. Plateau a fait ses premières observations sur la même espèce. Il a vu qu'à la distance de 10, 12 et même jusqu'à 20 centimètres l'attention de ces Araignées pouvait être attirée par une Mouche que l'on déplaçait devant elles, mais ce n'est qu'à 2 centimètres que l'*Epiblemum* distingue assez nettement sa proie pour sauter dessus. Au-delà de 2 centimètres, il semble n'y avoir que perception des mouvements et nullement de la forme ; c'est ainsi que ces Araignées passent à 4 ou 5 centimètres d'une Mouche immobile sans la voir et qu'elles suivent à la même distance et sans reconnaître leur erreur une boulette de cire noircie que l'on traîne devant elles à l'extrémité d'un fil ; à 1 centimètre et demi, elles s'aperçoivent qu'elles sont dupes d'une illusion.

Des résultats analogues furent obtenus sur des *Thomisides*, sur des *Lycosides*. Sur les Araignées de cette dernière famille, Forel avait déjà fait une observation capable de montrer l'insuffisance de leur vue, et Plateau est arrivé à la même conclusion que lui.

Les observations de cet auteur sur les Tégénaires de la famille des Agalénides nous semblent particulièrement intéressantes. Ces Araignées tendent de grandes toiles en nappe et se logent au fond d'un tube où elles attendent les Insectes. Si l'on promène à la surface de la toile d'une Tégénaire un grossier simulacre de Mouche formé par un débris de plume fixé à l'extrémité d'un fil, on voit l'Araignée sortir de sa retraite, saisir cette proie et la percer de ses crochets. La méprise est complète au point que si l'on continue à imprimer de légers mouvements à cette grossière imitation, la Tégénaire recule pour s'élancer de nouveau et répéter ses morsures jusqu'à ce qu'un mouvement trop brusque lui montre son erreur et la fasse retourner au fond de son tube. La vue des Tégénaires est fort mauvaise et elles ne doivent pas reconnaître les Insectes à leur forme.

Les expériences sur des genres appartenant à d'autres familles fournirent des résultats semblables qui sont tous résumés dans le tableau suivant que nous empruntons au mémoire de l'auteur [1].

	OBSERVATEURS	DISTANCE EN CENTIMÈTRES à laquelle l'Araignée voit les mouvements des petits objets	DISTANCE EN CENTIMÈTRES où la vision est assez bonne pour que l'Araignée essaie de capturer la proie	OBSERVATIONS
Attus arcuatus.	Dahl.	20	1 1/4 à 1 1/2	
Araignée sauteuse.	Forel.	5,5 à 8	2,5	
Araignée sauteuse.	Lyster.	5	2,5	
Epiblemum scenicum.	Plateau	10 à 12	1 à 2	
Marpessa muscosa.	—	4	1	
Xysticus cristatus.	—	2,5	»	Araneides se laissant tromper par des imitations grossières.
Dolomedes fimbriatus.	—	2	1	
Lycosa amentata.	—	2	1	
Lycosa paludicola.	—	»	1	
Tegenaria civilis.	—	»	»	
Tegenaria domestica.	—	»	»	
Agalena labyrinthica.	—	»	»	Araneides ne reconnaissant guère l'existence d'une proie qu'aux vibrations de la toile et se laissant aussi tromper par des imitations grossières.
Amaurobius ferox.	—	»	»	
Zilla x. notata.	Dahl.	»	»	
Meta segmentata.	Plateau.	»	»	
Epeira sclopetaria.	Dahl.	»	»	
Epeira diademata.	Plateau.	»	»	
Epeira cornuta.	—	»	»	

[1] Plateau, *Recherches expérimentales sur la vision chez les Arthropodes,* deuxième partie. *Vision chez les Arachnides* (Mémoires de l'Académie royale de Belgique, Bruxelles, 1887).

De ce tableau et des détails de ses expériences, Plateau conclut que :

1° Les Aranéides, en général, perçoivent à distance le déplacement des corps *volumineux*.

2° Les Araignées chasseuses (Attides, Lycosides) sont probablement les seules qui voient les mouvements des *petits* objets;

3° Elles perçoivent ces mouvements à une distance qui oscille, d'après les observateurs et suivant les espèces, entre 2 et 20 centimètres.

4° La distance à laquelle la proie est vue assez bien pour que la capture en soit tentée, n'est que de 1 à 2 centimètres;

5° Même à cette faible distance, la vision n'est pas nette, puisque les Araignées chasseuses commettent de nombreuses erreurs;

6° Les Araignées tendant des toiles ont une vue détestable à toutes les distances; elles ne constatent la présence et la direction de la proie qu'aux vibrations de leur filet, et cherchent à prendre de petits objets tout autres que des Insectes, dès que la présence de ces objets détermine dans le réseau des secousses analogues à celles que produiraient les mouvements d'Arthropodes ailés. La vue des Scorpions est au moins aussi mauvaise que celle des Araignées, les observations des auteurs ne laissent aucun doute à cet égard et celles de Plateau sont surtout démonstratives.

Ces animaux ne chassent pas à proprement parler, ils marchent à l'aventure les pinces tendues, et les Mouches privées d'ailes peuvent circuler impunément à 3 centimètres des Scorpions sans que ces derniers s'en aperçoivent. Il faut leur mettre directement les Mouches entre leurs pinces pour qu'ils se doutent de leur existence et se décident à les saisir. S'il la manque, le Scorpion marche les pinces étendues, ouvertes, et fort excité, tantôt au hasard, tantôt dans une direction qui lui est indiquée par les mouvements de l'Insecte; il s'arrête en effet dès que la Mouche devient immobile et se remet en marche lorsqu'elle se déplace de nouveau. Mis dans un labyrinthe semblable à celui que nous avons décrit plus haut, le Scorpion ne contourne aucun obstacle, il se heurte à tous et les franchit perpendiculairement, il semble se diriger en aveugle avec le seul secours de ses pinces qui lui rendent le même service que les antennes des autres Arthropodes.

On peut donc conclure que la vue des Scorpions est fort mauvaise; la distance de vision distincte ne dépasse pas chez eux 1 centimètre pour les yeux médians et 2 1/2 centimètres pour les yeux latéraux du *Buthus europæus*. L'observation de leurs mœurs montre aussi que ces animaux ne chassent pas mais qu'ils errent au hasard ou attendent une proie au fond de leur retraite. Ce sont leurs pinces et non leurs yeux qui les avertissent de l'existence des obstacles placés sur leur route, de la présence et de la nature d'une proie.

Les Phalangides sont des Arachnides remarquables par la longueur de leurs pattes grêles. Ils sont connus sous le nom vulgaire de Faucheurs. Ces Arachnides ne distinguent aucun des corps, que l'on approche de leurs yeux. Que ces corps soient en mouvement ou immobiles, le *Phalangium* reste tranquille et ne manifeste rien tant qu'il n'y a pas contact ou que le corps approché

trop brusquement et causant un courant d'air ne révèle
ainsi son approche. Si leur vue est fort mauvaise et si,
chez ces êtres, il semble n'y avoir de vision distincte à
aucune distance, on peut se demander quel est le moyen
qu'ils emploient pour saisir leur nourriture. Quiconque
a observé ces animaux vivants remarquera que si leur vue
est bien obtuse, leur toucher est au contraire des plus
délicats. Le contact le plus léger d'une de leurs longues
pattes suffit pour les impressionner vivement; aussi
n'est-il pas étonnant que, chez eux comme chez toutes
les Araignées le tact supplée à la vue et leur permette de
reconnaître leur proie.

Grenacher, en considérant la structure de l'œil des
Myriapodes émit l'opinion que ces animaux ne pouvaient avoir d'autres notions que celles de lumière et
d'obscurité. Les observations des naturalistes qui ont
étudié les mœurs de ces êtres, aussi bien que les expériences de ceux qui ont examiné attentivement leurs
facettes visuelles, s'accordent pour confirmer l'idée
théorique de Grenacher.

On sait que la plupart des Myriapodes mènent une
existence souterraine; ils vivent sous les feuilles, sous
les pierres à l'abri de la lumière qu'ils semblent fuir;
nous avons vu au début de ce chapitre que cette particularité de leur existence avait été utilisée pour démontrer que les espèces aveugles ont cependant la faculté
de distinguer la lumière de l'obscurité. Cette faculté
existe aussi naturellement chez les espèces possédant
des yeux, mais la présence d'appareils visuels bien
différenciés ne semble pas donner à ces derniers des
capacités visuelles bien puissantes. Plateau qui a étudié

attentivement la vision des Myriapodes conclut de ses observations d'abord que ces animaux distinguent la lumière de l'obscurité, que cette propriété existe aussi bien chez les Myriapodes, normalement aveugles que chez ceux qui possèdent des yeux et peut s'expliquer partiellement par des sensations dermatoptiques; il pense ensuite que d'une façon générale les Myriapodes voient très mal et qu'ils suppléent à l'insuffisance de la vue par le toucher; enfin certains d'entre eux lui ont semblé aptes à distinguer les grands mouvements et à percevoir des obstacles placés sur leur route et réfléchissant beaucoup de lumière.

On voit donc qu'en résumé les Myriapodes sont encore plus mal doués que les Araignées au point de vue des fonctions visuelles.

Rôle des ocelles. — Lorsque nous avons étudié la structure des yeux des Arthropodes nous avons fait remarquer que quelques-uns d'entre eux possédaient dans leur région frontale, entre les yeux composés, des taches visuelles fort petites que l'on désignait sous le nom d'ocelles. Ces ocelles existent chez plusieurs Insectes adultes, tels que Fourmis, Guêpes, Abeilles, de l'ordre des Hyménoptères, ainsi que sur quelques Orthoptères, Névroptères ou Hémiptères; mais on les rencontre également sur certaines larves, les Chenilles par exemple. Leur présence a été notée par un grand nombre d'entomologistes, mais bien peu se sont appliqués à déterminer leur rôle; Swammerdam, Réaumur, Marcel de Serres, firent cependant quelques expériences propres à éclairer leur fonction. Les expériences de ces derniers portèrent sur des Hyménoptères des genres

Polistes, Vespa, Xylocopa, Apis, Philonthus, Scolia, etc., ainsi que sur quelques Orthoptères. Les Insectes qu'il priva de leurs yeux simples n'en parurent guère gênés et se conduisirent à peu près comme des individus normaux, tandis que les autres, ceux chez lesquels il annula l'usage des yeux composés, tournaient en tous sens, sans pouvoir se diriger, se heurtant contre les murs ou contre d'autres obstacles.

Dugès s'est livré à quelques essais et arrive à la conclusion que la suppression des ocelles n'a qu'une influence insignifiante sur la vision.

Forel a repris l'étude de cette question et il a vu que les Guêpes, les Bourdons, les Fourmis, privés de leurs yeux simples seulement, se comportent sur le sol et pendant le vol comme des animaux intacts. Si chez les mêmes Insectes on supprime les yeux simples, on observe des modifications considérables dans leurs allures. Ces animaux deviennent incapables de se diriger ; si on les lance en l'air, ils volent vers le ciel directement ou en décrivant une hélice, ils s'élèvent ainsi à une grande hauteur et on ne tarde pas à les perdre de vue. Forel, dans un travail récent, a émis, au sujet du rôle probable de ces ocelles, une idée qui mérite d'être retenue ; pour lui, les yeux simples frontaux auraient pour fonction la perception de la lumière dans des milieux relativement obscurs, et la vue des mouvements rapprochés. Cette opinion concorde avec cette particularité que les ocelles existent chez des Insectes comme les Abeilles, les Guêpes, les Fourmis mâles et femelles, qui mènent une existence aérienne, il est vrai, mais qui ont aussi besoin de distinguer les objets dans la demi-obscurité de nids.

Plateau s'est occupé aussi du rôle que les ocelles remplissent dans la vie des Insectes. Tantôt il supprimait les yeux simples, tantôt les yeux composés en se mettant à l'abri de toutes les causes d'erreurs possibles. Il enduisait les yeux de ses Hyménoptères d'une couche de peinture à l'huile de lin et au noir de fumée, ou bien il introduisait à leur base une aiguille à cataracte de façon à les séparer du cerveau. Ses essais, dans le détail desquels je crois inutile d'entrer ici, ont porté sur un grand nombre d'espèces et il déduit de ses recherches des conclusions de deux ordres : les premières correspondent à des faits définitivement acquis pour la science et difficilement contestables ; les secondes sont de la catégorie des hypothèses plausibles.

Les faits bien démontrés sont :

« 1° Les Insectes diurnes ailés (Hyménoptères, Diptères, Lépidoptères) que l'on aveugle, soit en enduisant la *totalité* des yeux de couleur noire, soit en sectionnant *tous* les cordons nerveux optiques, puis qu'on lâche à l'air libre, s'élèvent verticalement vers le ciel à une grande hauteur.

« 2° Lorsqu'on supprime l'usage des yeux composés en respectant les ocelles frontaux, les Insectes (Hyménoptères, Odonates, Diptères) se comportent absolument comme si ces ocelles avaient été supprimées en même temps. C'est-à-dire que, lâchés à l'air libre, ils s'élèvent aussi verticalement et que, volant dans une chambre éclairée par des fenêtres situées d'un même côté, ils offrent encore une fois les particularités propres aux individus dont tous les yeux ont été recouverts ou incisés.

« 3° Si l'on supprime l'usage des ocelles frontaux seuls, en laissant les yeux composés intacts, les Insectes diurnes ailés semblent ne pas s'apercevoir qu'on les a privés de certains organes sensoriels et paraissent se comporter entièrement comme des individus normaux.

« 4° Chez les Insectes diurnes munis d'yeux composés, les yeux simples sont d'une utilité à peu près nulle et, dans tous les cas, ne permettent à ces Animaux que des perceptions très faibles dont ils ne savent pas se servir. »

Les conclusions que le même auteur considère comme des hypothèses plausibles déjà appuyées sur un certain nombre de faits sont :

« 1° Les Insectes diurnes chez lesquels on a supprimé l'usage de *tous* les yeux auraient encore des perceptions dermatoptiques.

« 2° Ils seraient à peu près réduits à ces mêmes perceptions lorsqu'ils n'ont plus à leur disposition que les ocelles frontaux.

« 3° Les perceptions dermatoptiques seraient la cause première du vol ascendant chez les Insectes aveugles lâchés à l'air libre.

« 4° Les ocelles frontaux ne serviraient ni à la perception des mouvements des objets rapprochés, ni à la perception de la lumière dans des milieux relativement obscurs.

« 5° Les yeux simples qui, ainsi que je l'ai montré, fonctionnent d'une façon déjà imparfaite chez la plupart des Myriapodes, chez beaucoup d'Arachnides et et chez les Chenilles, auraient perdu tout usage, chez la grande majorité des Insectes munis d'yeux composés. »

Les ocelles des Chenilles ont fait aussi l'objet des observations de Plateau et ces recherches l'ont conduit à un résultat curieux. Ces larves lui ont paru capables, non seulement de distinguer la lumière de l'obscurité, mais même de voir les objets dans le véritable sens du mot. Cette vue est naturellement fort courte, elle ne dépasse pas un centimètre; au delà, les Chenilles perçoivent de grandes masses, mais elles n'en distinguent pas la nature. Le sens visuel est aidé chez elles par un toucher des plus délicats dû à l'existence de poils, quelquefois fort longs, qui garnissent toute la surface de leur corps.

On voit par les lignes précédentes que nous possédons aujourd'hui des notions bien précises sur les facultés visuelles de la plupart des Arthropodes à vie aérienne. Il n'en est pas de même des autres Invertébrés. Nous n'avons à leur sujet que des notions vagues, fondées uniquement sur des études anatomiques et non sur l'observation directe.

FIN

TABLE DES MATIERES

FIN DE LA TABLE DES MATIÈRES

TABLE ALPHABÉTIQUE

FIN DE LA TABLE ALPHABÉTIQUE

LYON. — IMPRIMERIE PITRAT AÎNÉ, 4, RUE GENTIL.

ÉLÉMENTS DE ZOOLOGIE
Par Henri SICARD
Professeur à la Faculté des Sciences de Lyon, Agrégé à la Faculté de Médecine.

1 vol. in-8, xvi-842 pages avec 758 fig., cartonné. . . 20 fr.

Les *Éléments de zoologie* de M. Sicard embrassent à la fois la zoologie générale et la zoologie descriptive et analytique. Dans la première partie l'auteur traite de la constitution des animaux, de l'accroissement et du perfectionnement des organismes, de la structure et des fonctions des organes en général, du développement des animaux et de la classification. La théorie de l'évolution de Lamarck et le système de Darwin y sont résumés avec la plus grande clarté. La seconde partie, de beaucoup la plus développée, est consacrée à la zoologie descriptive. L'auteur s'est toujours attaché à ne donner que les résultats acquis et non sujets à révision. Aussi, au milieu de la multiplicité des classifications proposées, a-t-il cru préférable de s'en tenir à celle qui est en quelque sorte classique en France. L'auteur parle des formes inférieures les plus simples pour s'élever progressivement jusqu'aux formes supérieures les plus complexes. La même marche a été suivie dans la description de chaque embranchement, de chaque classe, de chaque genre. Cette uniformité, jointe à la netteté et à la précision des descriptions, sera très appréciée.

CHATIN (Joannès). *Les organes des sens* dans la série animale. Leçons d'anatomie et de physiologie comparées. 1 vol. in-8 de viii-726 pages avec 136 figures. . . . . 12 fr.

COLIN (de). *Sous les mers.* Campagnes d'explorations du *Travailleur* et du *Talisman*; 1 vol. in-16, avec 46 figures. . . . . . 3 fr. 50

FREDERICQ. *La lutte pour l'existence* chez les animaux marins. 1 vol. in-16 de 303 pages avec 50 figures. . . . . 3 fr. 50

GIRARD (M.). *Les Insectes.* Traité élémentaire d'entomologie, comprenant l'histoire des espèces utiles et leurs produits, des espèces nuisibles et des moyens de les détruire, l'étude des métamorphoses et des mœurs, les procédés de chasse et de conservation. Ouvrage complet, 1873-1885, 3 vol. in-8, avec atlas de 118 pl. Figures noires, 100 fr. — Figures coloriées. 170 fr.

IROD. *Manipulations de zoologie.* Guide pour les travaux pratiques de dissection. Animaux invertébrés, 1889, in-8° avec 25 planches en noir et couleur, cart. . . . . 10 fr.

MOQUIN-TANDON. *Histoire naturelle des Mollusques terrestres et fluviatiles de France,* contenant des études générales sur leur anatomie et leur physiologie et la description particulière des genres, des espèces, des variétés, 1855, 2 vol. gr. in-8 de 450 pages avec un atlas de 54 pl. Figures noires, 42 fr. — Figures coloriées. . . . . 66 fr.

BIBLIOTHÈQUE SCIENTIFIQUE CONTEMPORAINE

A 3 FR. 50 LE VOLUME

Nouvelle collection de volumes in-16, comprenant 300 à 400 pages,
imprimés en caractères elzéviriens et illustrés de figures intercalées dans le texte.

80 Volumes sont publiés

La *Bibliothèque scientifique contemporaine*, d'un format commode et
un prix modique, s'adresse à tous ceux qui, désireux de ne pas rester
étrangers au mouvement scientifique de leur époque, n'ont ni le temps ni
la facilité de recourir aux sources.

Les questions d'actualité sont présentées avec des développements en
rapport avec leur importance, et débarrassées des formules techniques;
les nouvelles découvertes et les nouvelles applications de la science sont
exposées à mesure qu'elles se produisent; les recherches originales sont
vulgarisées par leurs auteurs.

Ménager le temps du lecteur, et lui présenter ce qu'il a besoin de connaître sous une forme condensée et attrayante, tel est le but que se pro-
posent les auteurs qui ont promis leur concours à cette œuvre de vulgarisation.

Aucune traduction n'est admise à prendre place dans la collection : il
n'est publié que des livres originaux, par des auteurs écrivant en langue
française.

Parmi les plus illustres représentants de la science, qui concourent à la
rédaction de la *Bibliothèque scientifique contemporaine*, nous citerons :
MM. de Quatrefages, Albert Gaudry, Claude Bernard, de l'Institut et du
Muséum ; M. Fouqué, de l'Institut et du Collège de France ; MM. Duclaux
et Velain, de la Faculté des sciences; MM. Ed. Perrier et B. Renault, du
Muséum ; MM. Brouardel et A. Gautier, de la Faculté de médecine;
M. G. Planté, lauréat de l'Institut; MM. Bouant et Maurice Girard, de
l'enseignement secondaire; M. Foville, inspecteur des établissements de
bienfaisance; M. de Baye, de la Société des antiquaires de France; M. Knab,
de l'École centrale; MM. Riant, Galezowsky, Moreau (de Tours), etc.

Paris n'est pas seul à fournir à la *Bibliothèque* ses collaborateurs. Au
nombre des savants qui lui prêtent le concours de leur talent, nous citerons : MM. Beaunis, A. Charpentier, Bleicher, Léon Garnier, Schmitt
et Vuillemin, de la Faculté de Nancy; M. Azam, de la Faculté de Bordeaux; MM. Cazeneuve, Loret et Max Simon, de la Faculté de Lyon

ENVOI FRANCO CONTRE UN MANDAT POSTAL

MM. Marion et Heckel, de la Faculté de Marseille; MM. Moni[er], [De-]
bierre, de la Faculté de Lille; M. Imbert, de la Faculté de Montp[ellier];
M. Girod, de la Faculté de Clermont-Ferrand; MM. Bourru et Burot, [de]
l'École de Rochefort; M. Lefèvre, de l'École de Nantes; M. de Saporta, correspondant de l'Institut, à Aix; M. de Folin, à Biarritz; M. Cullerre, [à la]
Roche-sur-Yon; M. Ferry de la Bellone, à Apt, etc.

En Belgique et en Suisse, M. Léon Fredericq, de l'Université de Liè[ge];
M. Dollo, aide-naturaliste au Muséum de Bruxelles; M. Herzen, de l'A[ca-]
démie de Lausanne.

Dans le cadre de cette *Bibliothèque* sont comprises toutes les scien[ces]
physiques, chimiques, naturelles et médicales.

Parmi les sujets traités, nous signalerons :

En astronomie et en météorologie : *la Prévision du temps, les Phénomènes électriques de l'atmosphère, les Merveilles du ciel.*

En physique : *le Microscope, la Lumière et les Couleurs, les Ano-
malies de la vision.*

En Chimie : *le Lait, la Coloration des vins, les Ferments et les fer-
mentations, l'Eau.*

En applications industrielles des sciences : *la Photographie, la Galva-
noplastie et l'Électro-métallurgie, la Navigation aérienne, la Télégraphie moderne.*

En agriculture : *la Truffe, les Abeilles, l'Alcool.*

En minéralogie et en géologie : *les Tremblements de terre, les Vosges,
les Minéraux utiles, les Volcans, les Glaciers.*

En paléontologie : *les Ancêtres de nos animaux, les Plantes fossiles,
l'Origine des arbres cultivés.*

En anthropologie et en archéologie : *les Pygmées, l'Homme avant
l'histoire, la France préhistorique, l'Archéologie préhistorique,
l'Égypte au temps des Pharaons.*

En zoologie : *le Transformisme, Sous les mers, les Parasites, les
Laboratoires de zoologie marine, la Famille et les Sociétés chez les animaux, les Industries animales.*

En botanique : *la Biologie végétale, la Vie des champignons.*

En physiologie : *Magnétisme et hypnotisme, le Somnambulisme
provoqué, Double conscience et altérations de la personnalité, le
Cerveau et l'Activité cérébrale, la Suggestion mentale, le Monde des
rêves, Variations de la personnalité.*

En hygiène : *Nervosisme et névroses, le Cuivre et le Plomb, les Nouvelles Institutions de bienfaisance, Hygiène des orateurs, Hygiène
de la vue.*

En médecine : *le Secret médical, Microbes et maladies, la Folie chez
les enfants, Fous et Bouffons, les Frontières de la folie.*

DERNIERS VOLUMES PARUS

LA TÉLÉGRAPHIE ACTUELLE

EN FRANCE ET A L'ÉTRANGER

LIGNES, RÉSEAUX, APPAREILS, TÉLÉPHONES

Par L. MONTILLOT

Sous-Directeur de télégraphie militaire.

1 vol. in-16 de 344 pages avec 131 figures. . . . . . 3 fr. 50

L'ARTILLERIE ACTUELLE

EN FRANCE ET A L'ÉTRANGER

CANONS, FUSILS, POUDRES ET PROJECTILES

Par le Colonel GUN

1 vol. in-16 de 316 pages avec 96 figures. . . . . . 3 fr. 50

LES THÉORIES ET LES NOTATIONS

DE LA CHIMIE MODERNE

Par A. de SAPORTA

Introduction par C. FRIEDEL, membre de l'Institut.

1 vol. in-16 de xvi-332 pages. . . . . 3 fr. 50

LES PLANTES FOSSILES

Par B. RENAULT

Aide-naturaliste au Muséum d'histoire naturelle, Lauréat de l'Institut.

1 vol. in-16 de 400 pages avec 53 figures. . . . . . 3 fr. 50

LA LUTTE POUR L'EXISTENCE

CHEZ LES ANIMAUX MARINS

Par L. FRÉDÉRICQ

Professeur à l'Université de Liège.

1 vol. in-16 de 320 pages avec 40 figures. . . . . . 3 fr. 50

LES ANIMAUX LUMINEUX

Par H. GADEAU de KERVILLE

1 vol. in-16 de 320 pages avec figures. . . . . . 3 fr. 50

ENVOI FRANCO CONTRE UN MANDAT POSTAL